# Eat the Beetles

An Exploration into Our Conflicted Relationship with Insects

# 新昆蟲飲食運動

## 讓地球永續的食物？

大衛・瓦特納-托斯——著
黃于薇——譯

DAVID WALTNER-TOEWS

## IT'S FOR YOU

This book is dedicated to my grandchildren,

Ira, Annabel, Wendell, and Nikolas.

# 導讀
# 好吃的昆蟲

詹美鈴

一直以來，我就對昆蟲與人類之間的關係充滿好奇，如食用昆蟲、法醫昆蟲、文化昆蟲、家中昆蟲等，也寫過和辦過不少相關文章及活動。其中食用昆蟲部分最令我著迷，早在民國八十七年就曾演講過「好吃的昆蟲」主題，希望讓大眾知道昆蟲很好（ㄏㄠˋ）吃，幾乎無所不吃，昆蟲也很好（ㄏㄠˇ）吃，幾乎是所有生物的食物。我特別能體會人類對於昆蟲的愛恨糾結，總希望能改變大家對昆蟲的誤解。聯合國糧食及農業組織（ＦＡＯ）近年來大力推動昆蟲飲食，希望藉此減少因飼養家畜而產生溫室氣體和對環境的汙染，同時減少飼養空間，期待昆蟲能成為人類未來的永續食物。儘管每個人一生或多或少都曾吃過蟲，至少昆蟲殘屑，但大多數人仍視食蟲如畏途。

這本書有如充滿魔法般深深吸引我，雖然多達二十餘萬字，但翻了幾頁就希望能速速讀畢以汲取書中所有精華並咀嚼作者想傳達的理念。作者為了撰寫本書，看遍無數相關書籍、論文和影片，也訪遍與昆蟲飲食相關國家、地區、餐廳及人物，並吃遍各國昆蟲料理，再透過他的獸醫背景、深厚的文學及哲學造詣、生活經驗和幽默感，讓本書精彩豐富、鉅細靡遺、內容詳實又不失趣味性。作者以俏皮口吻要讀者將本書想成是老爸諄諄教誨的「約會完全手冊」，提醒我們在對昆蟲飲食充滿期待的同時，也該多層面考量如何讓昆蟲飲食得以永續。而「進食可說是人類與環境間的性行為，環境以各種形式的食物進入我們的身體，再化為我們的血肉」的妙喻，則直接道出整個宇宙環境是生命共同體，每個人都無法獨立於外。想一想，如果環境中充斥各種化學藥劑及汙染物，我們又如何能吃到健康食物呢？

書名為「Eat the beetles!」，巧妙將昆蟲飲食與具劃時代意義的樂團披頭四（Beatles）、具流行文化象徵的福斯金龜車（Beetle），還有在昆蟲綱中占最多種類的鞘翅目甲蟲（Beetles）連結在一起，令人不覺莞爾。全書共分七大部分，每部分主題均與披頭四歌曲完美結合，為科學性的論述帶來詼諧。作者認為昆蟲飲食的推動不能只是喊口號，而是和其他食用動物一樣，該以嚴謹科學角度進行全盤考量，例如要如何持續取得蟲源？如何辨識、飼養、收成、加工、保存、正確料理？如何讓非食蟲文化人們接受？食品安全又該如何把關？以及是否該尊重昆蟲倫理和訂定相關法規？都要仔細斟酌思量。如過度的昆蟲採集可能造成物種滅絕，而過度發展工業化養殖也可能造成生態衝擊，如果想避免，唯有認識各種食用昆蟲種類、習性、季節性、營養成分等，了解昆蟲語言且重視昆蟲與環境間的對話，才能朝共享生態健康方向前進。

全書文字深入淺出，例子適切又有趣，雖然作者的西方幽默和寬廣的知識與經驗偶爾會讓人不知「哏」在哪，但讀者還是能立即掌握重點並常有恍然大悟之感。作者以「昆蟲飲食就是自然主義式的聖餐儀式，是一種慶頌我所吃的終將也會吃掉我的儀式」說明了他對昆蟲飲食的觀點，「在考慮以昆蟲為食同時，也應培養人蟲共榮的關係，以創造彼此相互尊重的聖地。」這是本值得一讀再讀的書，相信每次的閱讀都能看到更多的深度與廣度，也讓我們能更進一步省思，我們是否真的在乎過這個人類和其他生物共同生存的地球。

（本文作者為國立自然科學博物館生物學組副研究員）

導讀

# 所以，你想不想活下去？

黃仕傑

「糧食危機到來！有一天人類將沒有足夠的糧食可以食用！」這是聯合國糧農組織在二〇一三年對全世界發出的警訊，同時也提供解決方案「吃昆蟲」。許多人聞吃昆蟲色變，更有甚者認為吃昆蟲是慘忍、貧窮、骯髒的象徵，但這世界上確實有許多國家的人民依靠吃昆蟲維生，吃昆蟲是他們生活的一部分。先進如瑞士才在二〇一七年將蟋蟀、麵包蟲、飛蝗這三種昆蟲列入合法的食物清單，意味著可以在超商或市場選購。日本這 嚴謹講求衛生的國家，在數個不靠海的縣市也有豐富的昆蟲飲食習慣，在商店或網路都能購買昆蟲罐頭，近期還推出全世界第一台昆蟲食物販賣機。

吃昆蟲一直是人類現代生活中從沒消失但被選擇遺忘的記憶。台灣在經濟尚未起飛的年代，昆蟲一直是農家或生活較為困苦的家庭，另類蛋白質的來源。母親口中的灌肚猴（蟋蟀）、烳筍龜（大象鼻蟲）、坐月子吃的麻油蜂蛹，是那樣的記憶鮮明，還有山產店看到的鹹酥蠶蛹、炸蟋蟀與蜂幼蟲炒蛋，就連常見的虎頭蜂酒也算昆蟲飲料不是？人類靠山吃山靠海吃海，利用自然資源本稀鬆平常，吃蟲到底有什麼可怕？是因為外型看起來噁心嗎？還是覺得昆蟲骯髒？如果您是這樣想的，那怎麼能將蝦蟹當成美食？牠們可是超強的垃圾清道夫呀！可在短暫的時間將動物的腐屍吃得一乾二淨，再者，蝦蟹也是節肢動物，是昆蟲的親戚，或許只要轉念，就能發現昆蟲食物的美好。

作者在書中從各種角度與體驗來闡述人與昆蟲還有生態之間的關聯，從基本的認識昆蟲與昆蟲營養學說起，看來似乎是艱澀的題目，但內容出乎意料讓人喜愛。其他章節討論吃昆蟲的倫理、生態關係、各種動物類比，閱讀後讓人對吃昆蟲這件事豁然開朗。撰寫本文的同時，口中嚼著日本進口的昆蟲食物「蝗蟲甘露煮」，濃郁的醬油香搭配爽脆的口感，是的！吃昆蟲已經成為我的生活日常，如果因為吃昆蟲而讓這世界變得更美好更健康，我想大家都應該義無反顧吧！

如果以上種種敘述你都認同了，建議可以拿起這本書走向櫃檯，準備好好體驗吃昆蟲這件事。

曾有人問過我：「吃昆蟲真的沒有道德的問題嗎？」

那吃牛羊豬雞魚該怎麼辦？

所以，再問一次，如果真的發生糧食危機，你想不想活下去？

（本文作者為科普作家，生態觀察愛好者）

# 目錄

# 序言

# 前往食蟲世界的車票

**你有看到那些小小砂蚤嗎？**

---

＊標題取自披頭四歌名〈搭乘火車的車票〉(Ticket to Ride)
＊副標取自披頭四歌曲〈小豬〉(The Little Piggies) 歌詞：
「你有看到那些小豬嗎」(Have you seen the little piggies)

經歷了多倫多到巴黎的跨海飛行，我的雙腿痠痛不已，腦袋也還昏昏沉沉的。和許多人一樣，我是為了美食佳餚前來造訪被譽為「啟蒙之都」的巴黎；但與其他人不同之處在於，我要找的是蟲子。

我沿著巴丁諾勒大道前進，然後走上可蘭谷街的坡道。彎曲的可蘭谷街位於蒙馬特區，附近就是聖心堂及其鄰近的夜店區；夜店開在聖心堂這樣的告解場所周遭，也算是適得其所吧。我在好幾間店用我的加拿大英語摻著法語問了幾次路，照著店家的指引繼續往上坡前進，再走下一段階梯，穿過拉馬克街，然後又是一段往下的階梯，接著穿越達爾文街，才到達坡路上鋪著鵝卵石的布特噴泉街。拉馬克和達爾文都是十九世紀進化論的代表人物，這段路程經過紀念這兩位偉人的街道，其中也許有什麼深意，但我恐怕是沒有體會出來，因為我忙著尋找一家以威廉・S・布洛斯（William S. Burroughs）的迷幻小說《裸體午餐》（*Naked Lunch*）為名的酒館。

以小說法文書名取名為「Le Festin Nu」的這家酒館，在二〇一三年曾被《商業內幕》雜誌（*Business Insider*）形容為「巴黎第十八區的新潮場所」，而且是巴黎第一家以昆蟲入菜的餐廳。差不多在同一時期，Le Festin Nu還登上了「精緻飲食饕客」（Fine Dining Lovers）網站，該網站形容食用昆蟲是法國精緻飲食文化中「正在興起的一股風潮」；在英國廣播公司（BBC）一篇報導「法國高檔餐廳」以昆蟲入菜的文章中，也出現了Le Festin Nu的店名。不過，就算對奇異食物特別狂熱、又讀過幾本作家吸食迷幻藥時所寫的小說，為什麼我這樣一個看似正常、神智也還算清楚的傢伙會專程飛到巴黎，就為了來一家酒館吃蟲？

西元二〇一三年，聯合國糧食及農業組織（FAO）發表了一份報告，標題為《可食用昆蟲：食物和飼料保障的未來前景》（*Edible Insects: Future Prospects for Food and Feed Security*）。這份聯合國報告指出：「至少有二十億人口的傳統飲食中包含了昆蟲。根據傳聞，有超過一千九百種昆蟲曾被人當作食物。」[1]當時我並沒有把這項資訊放在心上。我心想，對啦，確實有人會吃蟲，但這個世界上充斥著各種生態災害和政治危局，已經是紛擾不堪，何必去管這種古怪的飲食習慣？接著，在二〇一四年三月，無國界獸醫組織（VWB/VSF）根據「改善寮國和柬埔寨人民生計與糧食安全」這項大型計劃，推動了一項小規模蟋蟀養殖專案。我對此感到萬分疑慮：蟋蟀能算是獸醫處理範圍的「動物」嗎？大部分的昆蟲不都是害蟲和病媒嗎？當我放下自己習以為常的觀點，實際去調查研究之後，才發現為數驚人的報告、網誌、影片、書籍和論文，多到差點將我淹沒；從這些資料看來，西元二〇一四年是「昆蟲飲食」（entomophagy）的轉捩點，而所謂的昆蟲飲食，就是食蟲愛好者如今對食蟲行為的稱呼。

二〇一四年五月，《可食用昆蟲》報告的主要作者阿諾・范赫斯（Arnold van Huis）主辦了一場全球研討會，首度探討在世界人口急速成長之際，昆蟲能否成為糧食供應來源。在大西洋另一端的美國，身為食蟲愛好者的網誌作家丹妮艾拉・瑪汀（Daniella Martin）不僅主持了一個名為「女孩遇上蟲」（*Girl Meets Bug*）的昆蟲與旅遊節目，還出版了《可食昆蟲！食蟲探索之旅和拯救地球的最後希望》（*Edible: An Adventure into the World of Eating Insects and the Last Great Hope to Save the Planet*）一書。瑪汀在她的網站中宣稱，她已經吃過「蜜蜂、蟋蟀、蟑螂、蒼蠅蛹、蠟蛾幼蟲、麵包蟲、蠶、菸草天蛾、竹蟲、蚱蜢、竹節蟲、螽斯、蠍子、蠍蛛、蝸牛、椿象、捕鳥蛛、蟬、切葉蟻、螞蟻蛹、糞金龜、白蟻、黃蜂與其幼蜂[2]，還有蝴蝶的毛蟲、蜻蜓和水蟲。」

哇，我按著心口想道，**真的假的？還有什麼是她「沒有」吃過的？**

一連串令人驚異的事實，旋風般地顛覆了我對農業和食物一成不變的想像。我這才得知，與其他牲畜相比，昆蟲含有更多蛋白質和不飽和脂肪（也就是好的脂肪），而且許多昆蟲富含利於人體造血的礦物質，例如鐵和鋅。昆蟲生產過程的溫室氣體排放量比其他牲畜來得低，所需的土地和水也較少，整體上耗費更少的資源，有些昆蟲甚至可以靠廚餘大量繁殖。而且，養殖昆蟲需要的實體設施是最少的，還能為世界上貧困地區的自給農戶帶來更多收入以及更豐富的營養。知名雜誌《經濟學人》（*The Economist*）的一位作者就在報導中寫到，熱帶農村地區的婦女最有可能從中受益，她們不僅能藉此獲得經濟收入，還能改善個人健康狀況（因為可以吸收更多鐵質和鈣質）。[3]

而且我還發現，這並不是常見的那種號召「一起來幫助窮人」卻徒勞無益的行動。二〇一五年五月，我在加拿大卑詩省蘭里市，看著一輛輛卡車來到安特拉農場（Enterra Farms）傾倒蔬菜廢棄物。這座農場會用蔬菜廢棄物餵養蠅類幼蟲，將腐朽化為高蛋白營養品，用來飼養鮭魚和雞隻，取代以往養殖使用的魚粉和大豆粉；這兩種傳統飼料對於環境都有嚴重的負面影響。[4] 在安大略省彼得堡市郊，位處綿延丘陵上的伊托摩農場（Entomo Farms）[5] 則是將雞舍轉型為具有環保意識的家庭農場，販賣烤過的蟋蟀、麵包蟲以及蛋白質粉（用磨成粉的蟋蟀製成），可供人食用。我就站在他們的不鏽鋼烤爐旁邊品嘗了摩洛哥風味的烤蟋蟀。

相對於這些農場，法國的安托萬．聿貝赫（Antoine Hubert）處於技術層面的另一個極端。他是二〇一五年麻省理工學院「三十五歲以下新創家大獎」的得主，也是歐洲昆蟲生產商協會（European Association of Insect Producers）的主席，並擔任因賽克公司（Ynsect）的執行長。聿貝赫提倡透過生物技術，將昆蟲作為優質的生物活性物質和營養產品來源；他認為，運用高科技發揮昆蟲的食用價值是一項「破壞式科技」，將會改造全球農業。「破壞式科技」一詞為哈佛商學院教授克雷頓・M・克里斯汀生（Clayton M. Christensen）所創，指的是「不僅能徹底改變現有科技，還能完全顛覆特定市場之規則和商業模式的科技，且影響層面擴及整個產業和社會。」[6]

這股浪潮，究竟會湧向何方？

二〇一四年，前任聯合國秘書長科菲・安南（Kofi Annan）在《昆蟲食譜：讓地球永續的食物》（*The Insect Cookbook: Food for a Sustainable Planet*）一書的序言中描繪了以昆蟲為食的假想世界：昆蟲成為跨國交易的商品，為世界各地人口提供可兼顧經濟價值與環境永續的營養來源，並成為糧食供應的保障。

所以，早在我前往Le Festin Nu品嘗這家酒館的點心之前，我的腦袋就已經一片混亂。在我周遭的世界，蟲子正在顛覆我原本對食物、飼育和農業的所有認知。我以前怎麼會一無所知？

Le Festin Nu酒館的面寬只有幾公尺，以深色風化木和貼著手寫告示的平板玻璃櫥窗構成深色系的門面。走道旁的矮凳上坐著一對男女，他們倚著玻璃啜飲啤酒，在起著薄霧的暖和午後輕聲談笑著。店內兩頭都拉下了金屬百葉窗，在這塊小空間的尾端是一個倒丁字形的吧台。經過吧台，穿越昏暗的門廊，有十來個人坐在教堂椅上，一邊喝啤酒一邊觀賞法文字幕的《綠寶石》（*Romancing the Stone*）；片中的麥克・道格拉斯和凱薩琳・透納看起來多年輕啊！（不過丹尼・德維托都沒什麼變。）

酒保亞歷克斯・卡布侯爾（Alex Cabrol）臉上帶著似笑非笑的微妙表情，他那頭深色的波浪捲髮上面是一頂破舊的草編費多拉帽，帽子還開了個洞，讓我想到一九六八年經典名曲〈腳踏車之歌〉（Motorcycle Song）的演唱者阿洛・蓋瑟瑞（Arlo Guthrie）。我跟他說我要點昆蟲，他比了比菜單板，問我要吃哪種昆蟲。

「全部都來一份。」我說道，一邊暗自希望這樣不會讓人覺得我是蒙提派森劇團作品中那位克里奧梭特先生*譯註的食蟲翻版。「我們的昆蟲餐點有兩種料理方式，」Le Festin Nu主廚埃利・達維洪（Elie Daviron）在接受那次ＢＢＣ訪問時曾這麼說，「農產業者只會將昆蟲攪碎變成蛋白質粉，但我希望讓客人體會到這些昆蟲都是真實而完整的動物。」真實而完整的動物。我試著想像了一下那畫面，但立刻判定這是下策。**撐住，只要點餐然後吃掉就對了**，我這樣告訴自己。**不過就是食物而已**。

卡布侯爾向我說明，由於八月是許多巴黎人外出度假的季節，主廚達維洪此時不在店內，廚房的食材庫存也有缺貨。菜單上列出的六種昆蟲當中，現在只供應五種，因為他們的田鱉沒貨了。他倒了一款店裡相當有名的精釀啤酒給我，我小口小口地喝著，一邊懷疑我能否說服自己相信吃掉蟲子和蟋蟀是件可以接受的事情。

我問卡布侯爾，這些蟲是哪裡來的。他說有些來自東南亞，隔天他就要前往柬埔寨考察可能採用的新貨源；不過他們同時也跟一家叫做「迪米尼蟋蟀」（Dimini Cricket）的法國養殖業者兼經銷商購買蟋蟀和麵包蟲。我聽到的第一個念頭是，這家業者的名字實在太可愛，應該是衍生自迪士尼動畫《木偶奇遇記》（*Pinocchio*）劇中那隻會說話的昆蟲「吉米尼蟋蟀」（Jiminy Cricket）。我想起在卡洛·科洛迪（Carlo Collodi）的原作故事中，年輕任性、木頭腦袋講不通道理的小木偶，在惱怒之下拿木槌扔向蟋蟀，把蟋蟀打死了。在迪士尼的版本中，小蟋蟀風趣聰明、一路相隨，顯然不至於因激怒別人招致謀殺。但是你會吃掉小蟋蟀嗎？我想知道，以迪士尼的道德觀體系來說，吃掉蟋蟀跟吃掉小鹿斑比會是一樣可惡的事情嗎？不過我後來得知，這家養殖業者的名稱是取自其中一位農場創始人的姓氏，由此可見跨文化的品牌命名有許多需要留心之處啊。

大約二十分鐘過後，卡布侯爾端出五個小盤子，看起來就像西班牙開胃小點。盤中的昆蟲經過精心擺飾，每道都搭配著無花果、日曬番茄乾、葡萄乾，還有切成小塊的熱帶水果乾。我把啤酒一飲而盡，打量著我面前的餐點：黑菌蟲幼蟲、蟋蟀、蝗蟲、小黑蟻，還有一種口器較尖、肥滋滋的幼蟲，我後來才知道是棕櫚象鼻蟲的幼蟲。

我又叫了一杯啤酒，然後，小心謹慎、有條不紊地一口接一口，把這些蟲全都吃完。蟋蟀和蚱蜢吃起來脆脆的，沒什麼強烈的味道，螞蟻則味道偏酸，有著很濃烈的風味。棕櫚象鼻蟲的幼蟲帶點耐嚼的口感，就像無花果乾一樣。在世上各種酒吧食物當中，這些餐點算是比較油膩的那類。我想如果有兩大罐精釀啤酒，加上三五好友，這些蟲子也是蠻不錯的。但牠們會是全球糧食

＊譯註：蒙提派森劇團（Monty Python）為英國的荒誕幽默表演團體，克里奧梭特先生（Mr. Creosote）為其電影作品《生命的意義》（*The Meaning of Life*）中的角色，是一位身材肥胖的餐廳顧客，不斷點用大量食物。

安全的未來希望嗎？

稍晚，當我在蒙馬特大街小巷的觀光人潮之中穿梭漫步時，想到自己竟安然通過了巴黎酒吧吃蟲挑戰，沒有受到巨型蟑螂的想像畫面折磨，不禁洋洋得意；因為自從我聽聞這家酒吧的名號，腦海中就縈繞著大衛．柯能堡（David Cronenberg）改編的《裸體午餐》電影裡那些與人等身大的巨型昆蟲。這讓我開始思考，為什麼我先前會覺得吃蟲是件奇怪、甚至令人作嘔的事情。在酒吧裡享用昆蟲跟炸雞翅的差別是什麼？這種由啤酒、膽量和嫌惡感交織而成的情境，就是食用昆蟲的未來寫照嗎？食用昆蟲這件事的概念，會不會從噁心的「吃蟲」大冒險，轉變成許多食蟲提倡者口中所稱、更為中性而衛生的「昆蟲飲食」？

造訪Le Festin Nu之後不到一週，我就前往寮國首都永珍，與VWB/VSF蟋蟀養殖專案負責人湯瑪斯．維格爾（Thomas Weigel）度過了一個愜意的夜晚。我們一杯接一杯地喝著BeerLao寮國啤酒，共享一大盤配上大蒜和卡菲爾萊姆的炸蟋蟀。酒吧內，從寬闊滑門的軌道凹槽處一直到通往街道的水泥露臺，全都擺滿了桌子，我坐在最裡面的位置觀察著別桌的寮國人。收銀台上的電視機傳出泰國歌手節拍不穩的歌聲，螢幕上還有字幕跳動著。有幾組二十多歲的客人都已喝得半醉，他們乘著酒興扯開歌喉，荒腔走板地跟著唱起那首關於心碎與失戀的歌曲。沒有半個人認為吃著炸蟋蟀的維格爾和我有什麼奇怪之處。吃炸蟋蟀不是一項挑戰，也不需要克服厭惡感；在永珍，這是再普通不過的一件事。但在全球各地又是如何呢？

如果把在日本採訪的時間算進去，我的研究是從二〇一五進行到二〇一六年，期間我在卑詩省、安大略省、法國、英國、寮國、日本和澳洲造訪了多家昆蟲農場、酒吧及餐廳，讀過數百本相關書籍、科學論文和新聞報導。我在這段期間內開始思考，我們是否正在逐漸接受一種「對於普通的新定義」；倘若確是如此，那又會是什麼樣的光景。是否如同安南想像的那樣，有朝一日會出現一套公平貿易的通路，將經營家庭農場的農民與北美、歐洲、東南亞和非洲的收購者連結在一起？我們是否會不時大啖蝗蟲或蟬，或是在盛產季節採集白蟻、虎頭蜂、蜜蜂或蚱蜢？當我走進附近的食品雜貨店，能不能在貨架上琳瑯滿目的洋芋片和玉米片旁邊找到幾包燒烤風味的蟋蟀？食品雜貨店可以販賣昆蟲嗎？如果不行的話，原因是什麼？昆蟲在糧食系統當中會以什麼方式管理？是像蜜蜂[7]那樣散養，還是像蠶和蟋蟀那樣密集養殖？昆蟲是否大部分都會被磨成粉狀，變成動物飼料中的熱量和營養成分，還有健身愛好者的能量棒？

我在研究過程中發現，以昆蟲作為食物和飼料的世界，並非只是在餐盤上點綴一些蟲子，而是一件更為複雜、刺激且有著隱憂的事情。套用一下知名生物學家J．B．S．霍爾丹（J.B.S. Haldane）的名言，可以說吃蟲不僅比我們所想像的更為複雜怪異，而且比我們所**能夠**想像到的更為複雜怪異。[8]

范赫斯曾在荷蘭瓦赫寧恩大學擔任熱帶昆蟲學教授，他在退休臨別演說中所做的結論是：「以昆蟲替代傳統肉類作為食物和飼料的優點多到數不完，昆蟲很有潛力成為農業和食品飼料產業的新領域。」[9]聽了范赫斯和他同事的演講內容，會讓你以為人類食用昆蟲面臨的最大挑戰就是固執己見又保守的歐美消費者，以及各種不合時宜或有待制定的法規架構與貿易協定。這些確實都是重要考量，但若更審慎地解析問題，就會讓我們意識到應該重新考慮整件事情。FAO在二○一三年《可食用昆蟲》報告的執行摘要中申明，若要發揮昆蟲飲食的「巨大潛力」，勢必要進行更多深入研究並提出更詳盡的報告文件，藉此確認昆蟲的營養價值，以及牠們與其他蛋白質來源相較之下對環境造成的影響多寡。范赫斯曾指出：「我們必須釐清昆蟲採集與養殖活動所帶來的社會經濟利益，並有效善用，尤其是為極度貧困的族群加強糧食供應的穩定性。」[10]

對於出身於不吃蟲文化的人來說，過去幾十年間昆蟲飲食的推廣主力，都著重於「農場到餐桌」這個食品供應鏈當中屬於「餐桌」的這一端。昆蟲飲食的提倡者不斷回歸到同一個問題：為什麼人們不吃蟲？這個問題其實是要問：為什麼歐洲人的後裔不吃蟲？提倡者想找出嫌惡吃蟲的文化根源並徹底拔除，同時說服人們將昆蟲當成一種日常飲食；如果從上述觀點出發，這就成了一種公關活動，可以將消費者心態研究和精巧的推銷廣告結合起來操作，甚至遊走在道德勒索的邊緣，暗指不吃蟲就等同於缺乏環保意識。

這個複雜問題的另一個層面，則是所謂的供給永續性：在永續發展的前提下，地球能夠生產多少食物？這又引出了其他不同的問題。我們要將昆蟲作為人類的食物，還是動物的飼料？取得的方式是採集還是養殖？如果要從野外採集昆蟲，人類的採集活動會不會影響這些昆蟲在自然生態系統中發揮的作用？大多數從生態考量出發的論點都假設我們會以養殖的方式取得昆蟲，尤其在歐美更是如此。這些農場會是由電腦控管的高科技實驗室（如同法國因賽克公司的研發目標），還是較為傳統的家庭農場（像加拿大的伊托摩農場）？過去百年來的經驗顯示，並非所有養殖方式都對環境同樣友善且能永續經營。

為了通盤考慮這些問題，我們似乎應該審慎思考其他的牲畜養殖方式。

我們承襲祖宗的觀念，認為牛、雞和豬是適合當作食物來源的動物；這些動物生活在我們周遭，為我們所熟知。大約在西元一六〇〇年，法國國王亨利四世宣布，他要讓家家戶戶的農民每星期日鍋子裡都能有一隻雞。從那時開始，歐美對於雞隻（還有豬和牛）的飼育方針就完全著重在設法將肉食的成本降低到人人負擔得起，而且最好是天天都吃得起。乍看之下，這個目標與昆蟲飲食提倡者對於鞏固全球糧食安全的夢想似乎相去不遠。但是一百年前，人類在制定農業和食物系統時並不清楚生態和社會的複雜性，也不了解能量與營養的回饋循環機制，更不知道只專注於追求單一目標會帶來什麼意外後果。回首過去，可以看出我們讓雞肉、牛肉或豬肉平價化的方式欠缺周全考量，也因此付出種種代價，包括環境破壞、氣候變遷、疾病，以及因財力、性別、族群背景和政治勢力所造成的不平等。我們的農糧系統強化了傳統的父權體制，這樣的說法並非只是隱喻而已。這套體系並未將科學和技術用於廣納新知及學習新事物，卻是讓農用工業的壁壘更加堅固，所謂的「生物保全」（biosecurity）一詞可說是其來有自。

我們以往管理牲口的方式，造成全球生態系統中的水資源和營養物質嚴重錯置，使得其他地方出現汙染水源的大量動物糞便。產毒性大腸桿菌（*E. coli*）菌株可引起嚴重腹瀉和腎臟病，起初是在漢堡中被人發現，但如今在農糧系統中已無所不在。具有毒性的氮元素滲入了河川和地下含水層，所以許多採行集約農業的地區都缺乏飲用水。我們飼養雞隻的方式，造成沙門氏菌和曲狀桿菌等食品病原細菌在世界各地流行。在英國，由於家禽屍體遭到曲狀桿菌汙染的情況太過嚴重，英國食品標準署在二〇一五年建議消費者不要清洗雞肉，而是要在未清洗的情況下將雞肉煮到全熟，因為清洗雞肉只會讓細菌擴大汙染到整個廚房。當然，還有每年感染幾十萬人口的禽流感和季節性流感，這些疾病之所以肆虐，也是因為病毒從水鳥傳播到豬、雞和人類的身上。我們對養殖動物及分配食物的方式做了種種系統性的改變，雖然出發點是好的，卻導致這些意料之外的後果。

向來很少有人質疑前人在演化和歷史發展過程中所做的選擇。畢竟木已成舟，事已定局。但是現在，我們首度有機會在深思熟慮的情況下做出清楚明智的抉擇，決定如果真的要吃的話，要在餐盤中加入哪一種迷你六腳家畜（這是養殖昆蟲的別稱）。在考慮將昆蟲入菜的同時，我們也前所未有地得到汲取歷史教訓的機會。我們可以選擇要獵捕昆蟲還是加以養殖；如果要進行養殖活動，我們還能選擇養殖的方式和場所。不同於前人在摸索之中促成改變全球的農業革命，我們掌握了百年來科學、經濟和文化研究的成果。不是每一家農場都要擁有龐大規模，也不是每一種食物都要在全球流通、要大量生產，或者要廣受喜愛。

在某種層面上，進食可說是人類與環境之間的性行為。環境以各種形式的食物（包含動物、植物和礦物質）進入我們的身體，再化為我們的血肉。我們所吃的食物，構成了我們自身。所以在匆忙走進廚房飽餐一頓之前，我們應該多了解這些蟲子一點。牠們是誰？來到人類家門口之前，牠們在做什麼？牠們是否遠道而來？牠們是以人道方式飼養長大的嗎？如果我們聽到吃蟲的第一個反應是覺得噁心，原因是什麼？這是在某些資源匱乏的生態系統中，對可能有毒的食物發展出來的本能反應，或者只是社會族群用來區分同類與異己的一種方式？如果這個反應「確實是」後天養成的，是因為工業化農產企業的大老闆們想保住自己的權勢和財源、杜絕競爭對手，還是受到更深層的倫理問題影響？

圍繞著昆蟲飲食的種種疑問，有技術性和科學性的問題，也有文化性、倫理性的問題，以及對某些人而言屬於精神層面的問題。還有一些問題則涉及組織、法律和行政管理，這些可能也是最具挑戰性的問題。一九八〇年代早期，我曾與安大略省的一百位酪農業者合作。其中有些業者想在市面上銷售有機牛奶，他們表示消費者有這樣的需求，而他們可以採用有機養殖方式來生產大量的牛奶。然而，就如同政府現在不知道該怎麼規範以昆蟲製成的食品和飼料一樣，當年沒有人知道在專為標準化量產而非多樣化生產所設計的現行產銷架構中，該如何納入有機產品。酪農們需要合法的認證流程，也需要有機牛奶專屬的乳品加工廠。如果食品雜貨店要銷售有機牛奶，也同樣需要穩定的供應來源。這會不會就像美國曾經鼓勵農民大量種植經濟作物一樣，成為「不擴大就改行」的另一個案例？安大略省的牛奶製造商最後成功解決這個規模經濟的問題，他們成立了家庭農場的合作社，與其他酪農和政府部門共同發展出管理規章，並與加工業者合作，建立了將有機牛奶從產地送到消費者手中的產銷機制。如今我只要走進安大略省任何一家食品雜貨店，就能買到他們生產的牛奶和乳酪，跟購買其他食物沒有分別。當昆蟲生產商從曖昧不明的邊緣地帶往糧食系統的主流移動時，會不會發生類似這樣的事情呢？

我會在本書中提出這些問題，也會探討更多其他議題。我希望，當我們打量著盤中的蟋蟀跟麵包蟲時，看到的不只是永續性的蛋白質來源。我希望我們同時也會因這些昆蟲感到震撼、不安還有驚奇，會為此自問：我們是誰、我們享有什麼樣的權利，又承襲了什麼樣的生物性和社會性責任？我希望餐桌上的昆蟲可以讓我們同時感到心神不安，而又怡然自適。

如果瑪汀的著作《可食昆蟲！》可以當成你和昆蟲飲食的快速相親指南，不妨把這本書想成老爸諄諄教誨的約會完全手冊。就把我想成一九八〇年代電影《與螂共舞》（*Meet the Applegates*）

當中的艾伯蓋特先生，藏起身為螳螂的真面目，喬裝成一個平凡守舊的老爸，守在門前問你：

「所以，你要嫁的這個傢伙是什麼來頭？」

昆蟲飲食讓我們有機會提出質疑、改善事態，而非只是用更高的效率去走以前的老路。若是錯失這樣的機會，那就太可惜了。

# 第一部

# 認識蟲子們

所以說，我們要來吃蟲了，對吧？要吃什麼蟲？牠們的名字是什麼？世上究竟有多少蟲，又為什麼會有這麼多蟲？牠們真的像某些人說的那麼營養、那麼適合當作食物嗎？昆蟲飲食對地球來說是好的嗎？食用昆蟲會是我們逃離災難世界僅剩的最佳出路嗎？這樣真能帶領我們奔向如同披頭四歌曲〈喔拉迪，喔拉達〉（Ob-La-Di, Ob-La-Da）那樣歡欣鼓舞的天堂嗎？現在就來一探究竟吧！

# 呼喊你的名字

## 我是否曾經見過你／
## 卻不知道你的真名

---

＊標題取自披頭四歌名〈呼喊你的名字〉（I Call Your Name）
＊副標取自披頭四歌曲〈我將會〉（I Will）歌詞：
「我是否曾經見過你／卻不知道你的真名」
（For if I ever saw you / I didn't catch your name）

某個舒爽宜人的夏夜，我和嚴慶棣（Alan Yen）在澳洲墨爾本一位友人家的露天平臺上小酌談天。嚴慶棣是澳洲生物學家，數十年來致力於研究昆蟲以及人類與昆蟲之間的關係。當我告訴他我在寫這本書的時候，他問我為什麼把書名取做《吃甲蟲吧！》（*Eat the Beetles*）※譯註，我要寫的是可以食用的甲蟲嗎？那其他昆蟲呢？

的確，為什麼是甲蟲呢？我得承認，起初是想玩一下文字遊戲，因為與披頭四（Beatles）有關的雙關語實在太有意思了，我實在忍不住。況且這是很不錯的行銷策略，我甚至可以在腦中編出一大串歪理來合理化這個書名。披頭四在流行音樂史上，就如同寒武紀大爆炸在地球演化史上一樣重要。他們的音樂從黑暗荒蕪之處萌發，在短短幾年的時間內成長進化，用樂曲描寫出聖母夫人與烏克蘭女孩、解放神學、人文主義與無神論、天主教徒、共產主義者、印度教徒，還有精神冥想與世俗商業共存的大千世界，他們開創了搖滾樂、藍調、古典樂、插電與不插電音樂交織的新紀元；早在搖滾音樂錄影帶出現之前，他們就製作了彷彿是幾段錄影拼接而成的搖滾音樂錄影帶；他們的編曲不但有大型交響樂，也有小型室內五重奏；樂器囊括電音、鋼琴和弦樂；風格從嘲諷、辛辣、甜美到抒情，無所不包；所有你想得到的其他音樂組成形式，都來自這個名字起源於甲蟲的狂熱樂團。所以，這本書就如同一九八四年上映的《完全披頭四》（*The Compleat Beatles*）電影的紙本版，讓你了解如何放鬆自在地面對昆蟲飲食，或許還能每週來個「昆蟲星期二」大啖昆蟲小吃（不知道製作《星期二》（*Tuesday*）這部影片的保羅．麥卡尼會不會看到？）。

不過，以上都是穿鑿附會的理由，而且這確實是一本科學讀物。書名的由來，除了可以當作宣傳噱頭的文字遊戲之外，也能用來簡單介紹一下本書探討主題的淵源。

聯合國糧食及農業組織於二〇一三年發表《可食用昆蟲：食物和飼料保障的未來前景》報告，其中記載了一千九百種已知的可食用昆蟲。但昆蟲飲食的可能選項其實遠遠多過於此，報告中所列的物種就像是焦糖烤布蕾最上面那層脆脆硬硬的焦糖，只佔了整體的一小部分而已。世上的昆蟲種類不勝枚舉，所以食材和烹調方式的可能組合幾近於無限多種。也因此我們要問：世界上有多少不同種類的昆蟲？牠們的名字是什麼？地球上所有種類的昆蟲總數究竟是多少？

如果要開始食用昆蟲，我們必須知道昆蟲到底有多少，也必須知道牠們是哪種昆蟲，還有牠們在變成食物之前是如何維生。假如面對昆蟲飲食的選項時無法對食材「指名道姓」，那就好像在說我們可以吃哺乳類動物，而哺乳類動物除了牛、羊、豬之外，還包括了犀牛、貓熊、老虎、猩猩、狗、貓、老鼠、人類嬰孩和猴子等等。當然我們可以什麼「都吃」，但除了營養價值和飲食偏好之外，我們也會因為某些重要的理由而「不吃」某些動物。這點在昆蟲上也是一樣的，而且我們在後面也會了解到，這在未來的昆蟲飲食中具有重要的含義。

人類賦予周遭萬物的名字，會反映出人的世界觀。對經濟學家而言，世界分為「富人」和「窮人」。在冷戰期間，全球在政治層面上被劃分為第一世界（歐洲、美國及其盟國）、第二世界（蘇聯、中國及其盟國）和第三世界（未加入聯盟的國家，多半位於南半球）。另一種看待世界組成的方式，則是將世界區分為具有吃蟲傳統的文化（食蟲文化）以及不存在這種傳統的文化（非食蟲文化）。這種劃分方式未必與政治和經濟疆域相符，但比較容易讓人理解二十一世紀

＊譯註：此處書名《吃甲蟲吧！》為原文書名直譯。

昆蟲飲食提倡者所面對的主要難題。一般來說，大部分食蟲文化都位於熱帶或副熱帶區域，例如東南亞和非洲撒哈拉沙漠以南地區，非食蟲文化則大多位於溫帶區域，例如歐洲、俄國和北美洲北部地區。

原住民族、都市消費者、農民以及科學家區分自然萬物的方式，反映了這些族群各自對周遭環境的認知與認同。比方說，不同的昆蟲可能會分別被歸類成害蟲、食物或藥物，其下還可以有更細的分類。這些分類並非蟲子們與生俱來的特質，而是依我們認為昆蟲在人類生活中扮演的角色而定。正所謂魔鬼藏在細節裡，這些分類的細節牽涉到如何為昆蟲飲食制定出適用於不同文化和生態的定義。釐清這些細節也是非常耗人心神的事（至少對我來說是如此），但可能是因為我不像滾石樂團的米克．傑格（Mick Jagger）和英國詩人約翰．密爾頓（John Milton），我實在不怎麼同情住在細節裡的魔鬼。

或許有人認為，會吃蟲的族群一定很擅長辨認及區分可食用的昆蟲，或是各種成長階段的昆蟲（比方說幼蟲跟成蟲）；對於可能有毒的昆蟲，也一定能用正確的方式處理後再吃。在食蟲文化背景下傳承的知識和分類系統，確實能讓食蟲者掌握重要的資訊，但也伴隨著一些問題。

有些昆蟲會刺人吸血，有些會咬人皮肉；有些昆蟲會飛，有些只會爬行或跳躍。有些種類的昆蟲屬於不完全變態，也就是若蟲和成蟲的外觀相似（比方說蟋蟀）；有些昆蟲則會經過完全變態，就像蝴蝶和蛾那樣，是從毛毛蟲成長為外觀截然不同的成蟲。因此在某些地方，人們或許會為可以食用的幼蟲取名以供辨識，但卻不會識別牠們的成蟲。天蠶蛾（*Gonimbrasia belina*）的幼蟲就是一例，牠們的外型肥胖如香腸，因為會啃食可樂豆木（*Colophospermum mopane*），在非洲南部地區被稱為「可樂豆木毛蟲」（mopane caterpillars或mopane worms）；這種幼蟲就與長成後的天蠶蛾外形完全不同。根據嚴慶棣的紀錄，同一種的昆蟲在澳洲原住民語中有時會有不同的名稱，而這些名稱在翻成英文的時候也並不一致。澳洲原住民口中的witjuti grub包含了多種幼蟲，不吃蟲的科學家們認出其中一種幼蟲是某種木蠹蛾（*Endoxyla leucomochla*），生長在坎培那相思樹（*Acacia kempeana*，又稱witjuti bush）的根部。至少有兩個原住民族群採用不一樣的雙名法為這些幼蟲命名，一個表示這種幼蟲是可以吃的，另一個則是幼蟲通常食用的植物。嚴慶棣在紀錄中寫道：「澳洲中部原住民根據植物分辨出至少二十四個型式可食用的毛蟲，其中大部分在生物分類上都很可能是獨立的物種。」[11]

相對地，非食蟲者通常不會根據能否食用來分辨昆蟲。比方說，麵包蟲又稱為黃粉蟲，牠們之所以得名，並不是因為可以用來製成食物，而是因為牠們常常住在碾過的種子和穀物當中並以此為食，也就是吃掉了人類的糧食庫存。對非食蟲者而言，命名上的差異則反映了科學規則和科學界中不同的次文化，因此族群、集合、群體等字詞，都被用來描述大群的蚱蜢或蝗蟲。昆蟲學家傑弗瑞．洛克伍德（Jeffrey Lockwood）就認為，並沒有「絕對」正確的字詞，但這並不代表怎樣命名都是可以的。洛克伍德認為：「一個詞只要能準確反映研究者的概念架構，而且能將這個觀點有效傳達給其他人，就是正確的字詞。」[12]

他的看法當然有道理，但矛盾的是，這為昆蟲飲食的提倡者帶來了一些難題。我們該採用非食蟲者使用的學名，還是食蟲者所用的名稱？我們希望能快速認出可食用的昆蟲，但學名比較方便用來辨識新的物種，也較有利於達成跨文化的溝通交流。

人們現在對科學的概念源自於十七世紀那些不吃蟲的歐洲人，而科學學科之一的生物學以域、界、門、綱、目、科、屬、種的層級，為各種生物界定分類。[13]

節肢動物門屬於真核域之下的動物界。節肢動物具備含有幾丁質的堅硬外骨骼，身體分節，腳部具有關節，並擁有開放式的循環系統；牠們是地球上物種最多、最多樣化的一門動物，也很可能是最早登上陸地的多細胞生物，為植物的生長預作準備。昆蟲在分類上屬於昆蟲綱，牠們也是節肢動物，但節肢動物並非都是昆蟲。節肢動物門之下，除了有包含昆蟲和幾個較小類群的六足亞門，還有甲殼亞門（蝦子、螃蟹、龍蝦）、螯肢亞門（蜘蛛和蠍子），以及多足亞門（馬陸、蜈蚣和綜合綱動物）。這些動物都曾經成為人類的菜餚，不過本書的主題是昆蟲，所以只有在這些近親物種與昆蟲飲食的討論有重要關聯時，我才會提到牠們。

所以，家蟋蟀（*Acheta domesticus*）在生物學上的分類如下：

- 真核域（擁有以膜包覆的細胞核）
- 動物界（動物）
- 節肢動物門（節肢動物）
- 六足亞門（六腳節足動物）
- 昆蟲綱（昆蟲）
- 直翅目（蚱蜢、蟋蟀、螽斯）

（長角亞目〔有長形角的直翅目動物〕）

（蟋蟀總科〔蟋蟀〕）

- 蟋蟀科（真蟋蟀）

（蟋蟀亞科〔田野蟋蟀〕）

- 屬名 *Acheta*
- 種名 *domesticus*（家蟋蟀）

以家蟋蟀來說，物種分類似乎蠻容易的，即使額外加上亞目和總科的分類也不算困難。但在一般情況下，昆蟲的命名和統計（這兩者密切相關，因為若是無法辨識物種就很難進行統計）其實比表面上看起來難度更高，即使對科學家而言也不例外。某些昆蟲的分類在科之上還有總科，而新的基因研究也讓昆蟲的分類方式出現改變。所以科學命名法並非完美，但仍是個不錯的起點。

「節肢動物」和「昆蟲」這兩個詞的出現，遠早於歐洲非食蟲文化所孕育的科學。西元第一世紀的老普林尼（Pliny the Elder）是羅馬的博物學者，也是軍隊司令；他以軍隊統領特有的野心，試圖找出描述所有生物的方式。老普林尼對自然界做了大量的描述紀錄，有些日後證明是正確的，也有些錯得離譜（例如他認定毛毛蟲是從蘿蔔葉上的露水中產生的）。他遺留下來的紀錄中使用了「insectum」一詞，意指「有凹凸或分段的身體」或「分成多節」。老普林尼用的這個詞，其實是他從希臘文的「entomon」翻譯而來，在早於他的幾百年前，亞里斯多德就是用「entomon」這個詞來指稱昆蟲，我們也是從這個詞衍生出「entomology」（昆蟲學）以及近期出現的「entomophagy」（昆蟲飲食）。

我們的身體和心智往往也以各種方式分成許多區域，不過節肢動物的分節（頭部、胸部、腹部）比起其他動物更為明顯，也經過更顯著的特化。節肢動物門是動物界最繁盛的一門，現存的節肢動物包括蛛形綱動物（蜘蛛、壁蝨和蟎）、多足亞門動物（馬陸、蜈蚣和綜合綱動物）、甲殼亞門動物（螃蟹、淡水螯蝦、藤壺和磷蝦），以及昆蟲。所有節肢動物都擁有體外骨骼（稱為「外骨骼」）和以關節連接的附肢；這些附肢未必是腳，但你若對腳情有獨鍾，不如在夏季花幾個月的時間站在角落，好好觀察所有飛過的昆蟲。

昆蟲綱之下大約有三十個目，我之所以說「大約」，是因為在我為了撰寫這本書進行相關研究的期間，這個數字曾經變動過。這些目包括鞘翅目（糞金龜和科羅拉多金花蟲等甲蟲）、半翅目（蟬和臭蟲等真蟲）、直翅目（蚱蜢和蟋蟀）、雙翅目（蒼蠅和蚊子）、膜翅目（蜜蜂、螞蟻和胡蜂）、蚤目（跳蚤），以及鱗翅目（蝴蝶和蛾）。或許有人會認為，更精細的科學和更完整的資訊（例如對基因組的了解）可以讓我們掌握的昆蟲知識變得更清楚、更容易理解。不過，實際上並非如此。二〇一四年有一份學術文章，題為〈以中南美海洛甲族甲蟲（鞘翅目擬步行蟲科擬步行蟲亞科）的譜系學初步分析體現分類法重新規劃之必要〉（A Preliminary Phylogenetic Analysis of the New World Helopini (Coleoptera, Tenebrionidae, Tenebrioninae) Indicates the Need for Profound Rearrangements of the Classification）[14]，部分內容是關於以陰莖構造作為甲蟲的分類依據。作者不僅談到一般用於分類的目、屬和種，為了探討牠們的親源關係，也加入了族（tribe）和支序群（clade）的分類群，基於被認定為祖先和後裔的遺傳變異所做出的分類，顯示為多系群（polyphyly）、多枝性（polytomy）和並系群關係。

在目前已命名的現存物種中，昆蟲所占的比例超過百分之八十，其中絕大多數屬於鞘翅目、雙翅目、膜翅目和鱗翅目這四個目。雖然已命名的昆蟲約有一百萬種，但某些研究人員估計可能另有一百萬種（甚至幾百萬種）昆蟲尚未被人發現或命名。也有另一種相反的可能性，就是某些已命名的物種其實只是其他物種的變異。就整個動物界而言，地球上約有兩萬種魚類、六千種爬蟲類、九千種鳥類、一千種兩棲類，還有一萬五千種哺乳類，所以動物大部分都屬於節肢動物，而節肢動物大多數都是昆蟲。有句經常被人引用的名言是說，若以一次近似的概念而言，所有動物都是昆蟲；這句話據說是出自古生物學家J．庫卡洛娃．佩克（J. Kukalová-Peck）。

這個論點讓我回歸到之所以在書名中使用「甲蟲」（beetle）的原因。為什為要說是吃甲蟲？為什麼不說昆蟲（insect），或是蟲（bug）？「bug」在英文中也指別稱「真蟲」（true bug）的半翅目昆蟲，包括臭蟲、蟬、蚜蟲、田鱉、椿象和介殼蟲等；在世界上的數百萬種昆蟲當中，半翅目昆蟲「只」占大約八萬種。儘管如此，許多由昆蟲學家針對昆蟲和其近親物種撰寫的重要著作，在書名中都有「bug」一字，像是梅．貝倫鮑姆（May Berenbaum）的《自然系統中的蟲》（*Bugs in the System*）、史考特．理查．蕭（Scott Richard Shaw）的《蟲蟲星球》（*Planet of the Bugs*），以及吉伯特．瓦德鮑爾（Gilbert Waldbauer）的《蟲有什麼益處？》（*What Good Are Bugs?*）。「bug」這個字源於威爾斯語和日耳曼語系，最初在中世紀時是指惡魔、妖怪、鬼怪，以及其他肉眼看不到、有時令人害怕的討厭事物；這也確實反映了中世紀歐洲人所遇到的是什麼樣的節肢動物。如今，「bug」一詞仍帶有這個語源的包袱，而且附加了更多意涵，可用於指稱小型昆蟲、致病的細菌[15]、隱藏式麥克風以及電腦的故障問題。

不過，如果我們只考慮人類所食用的昆蟲，情況就大不相同了。世界各地大約有一千九百種昆蟲是被人當成食物的，但其中某些科和某些目的昆蟲特別受到歡迎，像是鞘翅目、半翅目、膜翅目、等翅下目、鱗翅目、直翅目。在全球昆蟲飲食的食材當中，鱗翅目（蝴蝶和蛾，通常是拿幼蟲來食用）、膜翅目（蜜蜂、胡蜂和螞蟻）和直翅目（蚱蜢、蝗蟲和蟋蟀）分別占了百分之十到二十的比例。蟬、葉蟬、飛蝨、介殼蟲、椿象、白蟻、蜻蜓和蒼蠅，則各占不到百分之十。以種類來說，人類的昆蟲食材中最大宗的是鞘翅目（也就是甲蟲），大約占了食用昆蟲總數的三分之一。許多地區的人會直接食用成蟲型態的甲蟲，不過在北美洲和歐洲，最受歡迎的是麵包蟲（擬步行蟲的幼蟲）。

世上有將近三十六萬種甲蟲，比其他所有動物的種類加起來還要多。如果以一次近似的概念而言我們全都是昆蟲，那我要再補上一句：以二次近似的概念而言，我們全都是甲蟲。這聽起來也蠻像英國科幻作家道格拉斯．亞當斯（Douglas Adams）書中角色會講的話。「beetle」這個字來自古英文，原本是指搥打工具，後來這個字義淡化，演變為「小小的咬人者」；這也是我在書名中採用這個字的原因之一。這個字不僅成為德國車款的名稱，在略為更動拼寫方式後又成為樂團「披頭四」（Beatles）的團名，不過放在昆蟲飲食提倡者的廚房裡，應該還不至於讓人混淆才對。

過去數百年來，不吃蟲的科學家們一直試圖以林奈分類法的學名取代傳統慣用的昆蟲名稱，不過食蟲者的知識與非食蟲者的科學如何相互印證，則還無法確知。但基於我們還不知道昆蟲究竟有多少種，而許多本土文化正在逐漸消失，或是被其他具備所謂「全球性」和厭蟲傾向的空泛文化所吸收，不免讓人感到有如喬治．盧卡斯在星際大戰系列之前的電影作品《五百年後》裡，那位在白霧中踽踽獨行的囚犯。

釐清了節肢動物和昆蟲的關係後，我們看到維多利亞時代關於物種和基因沸沸揚揚的討論，就可以發現大部分的科學家很顯然都出身於非食蟲文化。大約有一百萬種昆蟲是以林奈的二名法命名，我在其中完全找不到與食物相關的字眼，而且許多學名不僅與該物種的生態無關，也不容易普遍為人所理解。有些學名與宗教行為相關，像是意為「禱告蟲」的 *Mantis religiosa*（薄翅螳螂）；也有些學名既怪異又有文化上的局限性，例如 *Dicrotendipes thanatogratus* 的第二個字，就隱含了發現這種搖蚊的昆蟲學家對搖滾樂團「死之華」（The Grateful Dead）的熱愛；還有叫做 *Heerz Lukenatcha*（英文諧音「他正在看你」）的寄生蜂，以及命名為 *Pieza kake*（英文諧音「一片蛋糕」）的蒼蠅，這些學名都得要特定語言的使用者才能領略其中的趣味。此外，還有不少昆蟲是以知名人士命名，而且大多是歐美名人。舉例來說，已有數種不同的寄生蜂被昆蟲學家們分別以艾倫・狄珍妮（Ellen DeGeneres）、喬恩・史都華（Jon Stewart）、史蒂芬・柯貝爾（Stephen Colbert）、巴哈和貝多芬等人命名。二〇一三年，約翰・修伯（John Huber）和約翰・諾伊斯（John Noyes）宣布他們在哥斯大黎加發現了一種歸類於新屬新種的纓小蜂，這兩位科學家異想天開地以《小飛俠》故事中的小仙子 Tinker Bell 和狗兒 Nana 之名，將這個新物種命名為 *Tinkerbella nana*。纓小蜂是一種擬寄生蜂，牠們會在其他昆蟲的卵中產卵，將被寄生的卵殺死；這點不免讓迪士尼版《小飛俠》電影中的小仙子和狗兒蒙上一點不祥的陰影。

若有人覺得這些命名以及目、屬、種的區別是一種林奈式的強迫症，那也是情有可原。但這套命名系統反映了我們的語言，還有不同的人在自然觀察過程中產生的複雜差異。佛洛伊德曾以「微小差異的自戀」一詞，形容人類藉由放大細微差別來強調自我獨特認同的現象；昆蟲也演化出自己的一套「微小差異的自戀」，對昆蟲而言，這些重要的差異就和牠們小小的體型以及高繁殖率一樣，是讓牠們得以在生物圈中占有一席之地的特質，也是牠們能在地球上繁衍茁壯的原因。

對於昆蟲飲食提倡者來說，能否辨識不同種昆蟲的差異，可不只是專家、後殖民時代所定義的原住民，以及後現代食蟲提倡者三方之間的歧見而已。在探討昆蟲飲食的議題時，昆蟲的差異性有助我們更明智地從整體面重新衡量環境管理、經濟效益和人體健康。這些差異從根本上決定了哪些昆蟲會被我們視為入侵物種、哪些昆蟲會讓人覺得牠們一有機會就會反過來吃掉我們、哪些昆蟲令人厭惡，又是哪些昆蟲在刺激我們的味蕾之餘，還能讓我們編織對地球美好未來的想像。

在這趟深入了解全球昆蟲飲食的旅程中，我們將會更明白其中的某些差異，不過我現在要舉幾個例子來說明這個觀點。廚師們口中的「麵包蟲」其實是擬步行蟲科昆蟲的幼蟲，成蟲又稱為「擬步行蟲」，其中包括某些生長在雞糞中的甲蟲；雞會吃掉這些甲蟲和牠們的幼蟲，而這些甲蟲會啃食雞舍的地板和牆壁，並傳播細菌和病毒，感染禽鳥及其食用者。其他同科的甲蟲還包括扁擬穀盜（真的就叫這個名字）、黃粉蟲，和其他以森林地被層碎屑為食並加以代謝循環的甲蟲。所以在談到擬步行蟲和麵包蟲時，為了避免引起昆蟲飲食提倡者、雞農和森林生態學家之間無謂的紛爭，勢必要使用更精確的名稱。

橘紅腎圓盾介殼蟲（*Aonidiella aurantii*）是一種危害柑橘的害蟲，在美洲屬於入侵物種；由於昆蟲學家把所有體外寄生性的黃小蜂（*Aphytis*）都當成同一個物種，導致橘紅腎圓盾介殼蟲的控管工作延宕了六十年。昆蟲學家們後來才發現，黃小蜂其實包含了許多物種，其中還有一些會攻擊橘紅腎圓盾介殼蟲。同樣地，加州的無花果產量也曾有十年停滯不前，直到昆蟲學家和農民在數百種寄生蜂當中，找出可為無花果樹傳授花粉的那一種並引進加州為止。在一七〇〇年代晚期，澳洲農民開始將牲口帶到田野間放牧，由於起先沒有分辨出不同種類的糞金龜，也未曾注意到牠們專吃特定物種糞便的挑剔食性，結果帶來災難般的灌木叢蠅以及嚴重的土地管理問題。

在一九七〇年代之前，人們都以為甘比亞瘧蚊（*Anopheles gambiae*）是非洲撒哈拉沙漠以南地區最主要的瘧疾病媒。後來才發現這「一種」蚊子其實包含了七種不同的蚊子，牠們的外觀幾乎相同，差異在於致病能力和對農藥的抗藥性。事關瘧疾這種每年導致數百萬人死亡的疾病，若是無法準確分辨出病媒蚊的種類，就會導致悲劇性的後果。

就連「昆蟲飲食」（entomophagy）這個字本身也不無爭議，至少在學界並未達成全面的共識。人類學家茱莉・蕾斯妮克（Julie Lesnick）曾在文章中寫到，「食蟲性」（insectivory）可以明確表示人類以外的動物具備食用蟲子的習性，而她自己不太喜歡的「昆蟲飲食」（entomophagy）一詞，則適用於人類食用昆蟲的情形。基於人類也是動物，而我自己已經從學界正式退休，對於昆蟲飲食和食蟲性的用詞之爭，在此就不多做評斷。就和傑弗瑞・洛克伍德一樣，我贊同使用各種各樣的詞彙，只要能夠清楚達意即可。對於「為了大量減少自己的碳足跡並促進地球環境復育，因而攝取昆蟲蛋白質的人」，伊托摩農場的人們稱之為「geoentomarian」[16]，意即「地球食蟲者」。出於某些原因，我總覺得這個詞會令人聯想到上了年紀的老人，比方說我自己。

海瑟・洛依（Heather Looy）和約翰・伍德（John Wood）在二〇一五年發表了一篇相當發人深省的文章，題為〈想像、款待與喜愛：食用昆蟲特有的性質？〉（Imagination, Hospitality, and Affection: The Unique Legacy of Food Insects?），文中寫道：「隨著我們越來越重視昆蟲在永續生活中扮演的重要角色，以及牠們作為食物來源的重要性，我們的語言也會隨之出現必要的變化。

如果我們想要促成這樣的改變，就必須找出新的稱呼，將昆蟲想成食物的一種成分，進而讓昆蟲真的成為飲食的一部分。像『昆蟲食品』或『可食昆蟲』這樣的講法，肯定比『昆蟲飲食』這種技術性名詞好得多。但是我們仍然需要大量平易近人而精細的詞彙，來指稱出自昆蟲綱的食物。」

我非常同意洛依和伍德的看法，我們需要豐富的語彙來描述這個龐大的動物家族，而且要像原住民族賦予這些昆蟲的數百萬種名稱一樣，兼具環境特色、地區性和烹調方式上的意涵；我們需要使用別開生面的詞彙，要能囊括昆蟲飲食、昆蟲佳餚還有熱鍋上的螞蟻（取其字面上的意思）等，而且字義要更為全面。我們必須納入可以用來討論瘧疾和登革熱防治的語彙，還有可以讓人想到蜂蜜魅力和白蟻醫療用價值的語彙。在本書中，需要明確區分用詞時，我會小心使用專有名詞，但如果細分用詞會顯得過度強調細節，就好像經濟學家為了讓空泛的理論顯得更可信而在小數點後面多添幾位數字一樣，我就會使用像蟲子還有節肢動物這樣的一般詞彙。

我們的肉眼、想像力和科學體系，都習於以感官即刻接收到的資訊還有影響人類自身存亡與繁衍的因素，來決定如何看待周遭、分辨差異以及為事物命名。因此，我們會把孩子（基因的延續）、牛（食物、肥料、勞動力）和老虎（具有威脅性的掠食動物）視為個體或小族群。不過，除了某些會鑽入皮膚底下、而且部位有時令人尷尬的特例之外，我們之所以會注意到大部分昆蟲（螞蟻、蜜蜂、黑蠅、蚊子、蝗蟲、蟑螂），往往是因為牠們令人難以忽視的龐大數量。

好了，我已經用透徹全面的闡述和自圓其說的解釋，逐一解析了本書書名的趣味所在。在我列出晚餐該請哪些昆蟲上桌之前，讓我們再用幾頁的篇幅探討一下這個六腳大家族的規模。不開玩笑，講認真的，晚餐邀請函該發幾封才好？

# 這裡那裡，無處不在

# 昆蟲的數學難題

**牠們從不向我們透露自己的數目／**
**只讓我們知道牠們的居處**

＊標題取自披頭四歌名〈這裡那裡，無處不在〉（Here, There And Everywhere）
＊副標取自披頭四歌曲〈你從不給我錢〉（You Never Give Me Your Money）歌詞：
「我從不向你透露我的號碼／只讓你知道我的情況」

對於昆蟲這種會讓主廚們備受考驗的食材，為牠們命名只不過是昆蟲飲食這個難題的其中一環。如果數量龐大是主張食用昆蟲的原因之一，我們自然也要知道牠們實際的數量究竟有多少。而且，如果我們想透過某些方式來採集、管理或養殖昆蟲，勢必也要知道：是什麼特性讓牠們數量能夠如此龐大？

西元一六九一年，著有《上帝智慧彰顯於造物》（*The Wisdom of God Manifested in the Works of His Creation*）一書的英國博物學者約翰・雷爵士（Sir John Ray），藉由估算自己家鄉的昆蟲在當地所有動物種類中所占的比例，進而推估全世界的物種數量。透過這種最為合理的方法，他推算出全球約有一萬種昆蟲。十八世紀時，瑞典生物學家兼醫師卡爾・林奈（Carl Linnaeus）建立了生物命名的二名法則。他最初描述的動物共有四千零二十三種，其中包括兩千一百零二種昆蟲。到了一八〇〇年代中期，已有超過四十萬種昆蟲經過命名。在二十世紀初期，英國昆蟲學家大衛・夏普（David Sharp）和湯瑪斯・德・格雷（Thomas de Grey）提出，昆蟲應有多達兩百萬種；但美國的查爾斯・瓦倫泰・萊利（Charles Valentine Riley）則認為，考慮到熱帶地區未知物種的數量仍無從估算，實際上昆蟲可能多達一千萬種。其他還有各種估計數字，有的是採納專家意見，有的是以昆蟲在已知動物種類中所占比例去推估全球昆蟲物種總數，從幾百萬到三千萬種的說法都有。在科學文獻中，也可以看到昆蟲學家們持續爭論著這個問題。二〇〇九年，昆蟲學家梅・貝倫鮑姆在一份關於昆蟲多樣性的概要報告中，還將副標題訂為「數以百萬計」（Millions and Millions）。

在貝倫鮑姆的報告發表之後，有其他通過同儕審查的科學論文指出，地球上約有八百七十萬種生物，其中約有百分之九十尚未歸類或描述。《創世記》中上帝將為萬物命名的工作交給人類，如今看來這工作似乎沒有結束的一天。比方說，二〇一六年就有一群研究人員發現二十四種新的椿象，並加以描述命名。考慮到這些估算數字都有極大的不確定性，貝倫鮑姆那句解讀空間很大的「數以百萬計」倒也不失為合理的可能。

下一個問題則是：既然世界上有這麼多物種，那麼「動物個體」的總數究竟會有多少？身兼詩人的博物學者比爾・荷姆（Bill Holm）在詩作中將自家房屋周圍的梣葉槭蝽比擬為成年挪威男性，藉由想像牠們會占用多少空間推估梣葉槭蝽的總數。[17]不過，大部分科學家所採用的方法並沒有這麼富有想像力（但也不見得更準確就是了）。

聯合國將各國所記錄的動物數量全部加總，得到的評估結果是地球上一般約有十億頭牛和一百九十億隻雞。理論上我們可以採用同樣的方式，也就是估算每種昆蟲的數量，然後全部加起來得出總數。不過這種做法是有前提的，我們得先知道世界上有多少種昆蟲，還要算出每種昆蟲的數量，這樣才有辦法加總。但這樣一來，這些統計數字可能會龐大到超出人類想像。

享譽全球的生物學家愛德華・威爾森（E.O. Wilson）在美國昆蟲學會（Entomological Society of America）的網頁上寫道：「生活在這世界上的昆蟲個體總數大約有一千京（等同於十的十九次方）。」根據二〇一六年出爐的統計報告，地球上約有七十四億人口。如果昆蟲的「平均」體重是三毫克，再假設人類的「平均」體重為六十公斤，那麼地球上所有昆蟲加起來的重量，就是全體人類的七十倍。當然，上述這些都只是臆測，因為我們並不知道地球上到底有多少蟲子。但如果你真的需要知道更精確的答案，我可以推薦優秀的精神科醫師給你。總之，這一切的重點在於：昆蟲的數量比人類更多。

世界上為什麼會有這麼多六腳生物呢？生物學家霍爾丹曾表示昆蟲數量之所以如此龐大，八成是所謂的造物主「對甲蟲情有獨鍾」；不過還是有人提出比較務實的解釋。一般來說，昆蟲的數量和多樣性來自於幾個互有關聯的特徵，包括體型袖珍、擁有多種生態棲位、具備多功能的附肢、具有學習飛行的能力、在求偶和繁殖方面有巧妙的演化和適應能力、（大部分）多子多孫、經過完全變態會出現完全不同的樣貌，以及可以喬裝成葉子和花朵。

我們來仔細了解一下，是什麼原因讓昆蟲多不勝數。有些昆蟲繁殖速度較慢，例如只能存活幾個月的采采蠅每九到十天才生出一隻幼蟲；不過除了這些特例之外，大部分的昆蟲都屬於生物學家所謂的「r-對策者」，牠們會產下大量幼蟲，藉此提高其中部分個體存活的機率。舉例來說，在溫度和食物適宜的情況下，蟋蟀一天可以產下十顆卵（一生可產下一百顆）；黑水虻的壽命只有五到八天，期間卻能生產數百顆的卵；而螞蟻和白蟻的蟻后每天都能孕育數以萬計的子嗣（一生就多達數百萬隻）。一個螞蟻蟻窩內可能有數十萬隻螞蟻，白蟻的蟻窩內約有數百萬隻白蟻，蝗蟲群則包含了數十億的蝗蟲。昆蟲不僅繁殖力強，有些物種還能單性生殖，也就是由雌性在沒有雄性參與的情況下自行生育後代。單性生殖的現象，在某些魚類、鳥類、爬蟲類和兩棲類身上都會發生（據說人類也出現過處女懷胎），不過最常見的還是節肢動物。以螞蟻、蜜蜂、蚜蟲、輪蟲和其他昆蟲而言，單性生殖可能會產生不同於親代的後代，這些後代需要不一樣的食物來源，因此昆蟲可以適應更多元的氣候和生態環境。

大部分昆蟲體型都很小，且具有良好的適應能力，所以牠們擁有非常多種生態棲位。許多昆蟲會啃食樹根和樹根的特定部位、土壤中的真菌、植物的嫩芽、莖、花、果實以及葉片的上面和背面，或是在牠們生活史中的特定階段以這些東西為主食；而這些啃食根莖花葉的昆蟲本身，也會成為某些昆蟲的食物。強納森．史威夫特（Jonathan Swift）有一首經典詩作〈詩觀：一首敘事詩〉（On Poetry: a Rhapsody，其實這是一首很長的仿諷之作，但作為敘事詩而言又短了點），他在其中寫到：

博物學者觀察發現，跳蚤
身上寄生著比牠更小的跳蚤
小跳蚤上又有更小的跳蚤吸食
如此類推下去，乃至於無窮無盡*譯註

膜翅目昆蟲在昆蟲飲食的發展過程中扮演了重要的角色，也必定是我們邁向永續未來時不可或缺的夥伴，因此我就以牠們來舉例。在兩億多年前的三疊紀時期，鞘蜂從樹梢上演化出現；牠們大多以花粉、嫩芽或樹葉為食，卻是數百萬種蜜蜂、螞蟻和胡蜂的老祖宗，就連有個討喜別名「仙女蜂」的纓小蜂（Mymaridae）也是牠們的後代。纓小蜂科蜂類的體型極為迷你（身長不到一公釐），目前已知有一千四百種，屬於擬寄生昆蟲，意思就是牠們會以其他昆蟲為食。和許多寄生蜂一樣，纓小蜂是植食性昆蟲的重要掠食者，而這些掠食者是天然的昆蟲數量控管方式，缺

*譯註：因難以轉譯英詩格律，改採類似形象詩的形式，以每句增加一字的格式體現內容的層疊感。

之不可；如果我們真的要發展昆蟲飲食，一定要對此有所認識。我在後面的章節中會進一步探討這個話題，不過現在我們先專心討論昆蟲數量的問題。纓小蜂的雌蜂會在其他昆蟲的卵上產卵，幼蟲孵化後就可以享有新鮮的食物來源。如果你真的非常非常嬌小，世界上就會有非常多的居住和飲食選擇！不過，也有一些擬寄生昆蟲會找別的擬寄生昆蟲當宿主，牠們自己也可能同時被其他擬寄生昆蟲當成宿主，這完全是將格言「革命會吞噬自己的兒女」的命題逆轉。以這種情況而言，昆蟲進化革命的兒女反倒吞噬了牠們演化意義上的父母。舉例來說，歸類於姬蜂科之下的優姬蜂（*Euceros*）就是重複寄生者，其宿主則是姬蜂科中的其他昆蟲（超過八萬種）；優姬蜂會將卵產在葉子上，當鞘蜂經過時就會把卵沾附到身上，等到鞘蜂身上出現初級擬寄生者後，優姬蜂就轉而寄生到初級擬寄生者體內啃食對方。

昆蟲數量如此龐大驚人的另一個原因在於，許多昆蟲在進化史上早就演化出飛行能力，可以尋覓新的繁殖地點和食物來源，使得許多大型掠食者對牠們束手無策。我以前參加過在溫尼伯湖湖畔舉辦的夏令營，印象最深刻的就是某天從湖中冒出一大群飛蟲；這些飛蟲我們稱為魚蛉，但其實應該叫做蜉蝣。當時牠們如同末日來臨一般（這是基督教夏令營形容「數量很龐大」的用語）鋪天蓋地，周圍所有的小屋、樹木、灌木叢、路面和露營者身上，全都是這些蟲。我們的輔導員從沒告訴我們，這一大群閃亮生輝的昆蟲其實是在舉行一場狂歡盛宴。在翩翩起舞的過程中，有著長腿的雄蟲會將精莢轉移到初次受孕的女伴身上，雌蟲隨後會回到湖面上將受精卵產在水中，趕在被魚類或鳥類吃掉之前完成傳宗接代的使命。天啊，要是我們那時候知道有多好！這會為正值青春期的我們帶來多少想像空間！那位不相信進化論的輔導員也沒有告訴我們，蜉蝣是最古老的飛行動物之一，牠們早在三億年前就演化出翅膀。在長達一億五千萬年的期間內，昆蟲曾是地球上唯一會飛的動物。

兩億年前，昆蟲發明了（喔應該說是演化出）完全變態，也就是在生長過程中會經歷數個差異甚大的階段，例如從毛毛蟲演變成蛹，再長成蝴蝶。一方面來說，完全變態意味著牠們在未成年階段（幼蟲）與成年階段（蛾）的外觀完全不一樣，這也就是我們在討論可食用昆蟲的命名時談到的問題。不過在生態學上，完全變態還具有其他含義，其中最重要的大概就是幼蟲不需要與成蟲爭奪相同的食物來源，有些成蟲甚至根本不進食。現存的昆蟲種類當中，有超過百分之七十五會經歷完全變態。對於昆蟲飲食提倡者來說，完全變態提供了更多元的食材選擇；但對於關心昆蟲以外食物的人而言，昆蟲的多種型態卻帶來不少問題。

像是根瘤蚜（*Daktulosphaira vitifoliae*）這種蚜蟲，在十九世紀時就曾差點摧毀法國釀酒業，現在也仍是令全球葡萄酒商和品酒師聞之色變的昆蟲。根瘤蚜屬於半翅目，據說牠們擁有多達十八種變化型態，不僅生殖方式和食性各不相同，還有是否長出翅膀的差別。對於根瘤蚜複雜巧妙、利於繁殖的生活史，我們可以從任何階段切入討論，不過我還是從對大家來說最直截了當的雌雄之分講起吧！根瘤蚜會將卵產在葡萄葉的背面，從這些卵中孵化出來的根瘤蚜不具備消化系統，牠們會和所有精力旺盛又沒胃口吃飯的男女從事同樣的活動：交配。這些根瘤蚜在交配完後就會死亡，但雌蟲死去前會在葡萄樹的枝幹上產下一顆卵。這顆卵孵化出的若蟲會爬到葉子上注入唾液，形成蟲癭，並且在未經交配的情況下直接在癭中產卵。下一世代的若蟲可能會遷移到其他葉片上，也有可能沿著樹莖往下爬，在根部注入毒素、吸取樹汁，進而造成葡萄樹死亡，然後進入冬眠，等冬眠結束後再以單性生殖的方式繁殖，如此最多可繁殖七個世代（如果你讀過那些關於永續發展的書，可以想見這種昆蟲的影響有多大）。在根瘤蚜結束冬眠後，如果春季的天氣適宜，牠們可能會隨著向上流動的樹汁來到葉子上，也可能會移動到別的植物上，或是長出翅膀飛到新的植物上。

至於不想費事改變實際外型的昆蟲，則演化出更豐富的身體機能來因應生存所需。昆蟲綱動物的分節附肢看似簡單，卻發展出多重用途。在《蟲蟲星球》一書中，作者史考特．理查．蕭對於昆蟲的腳是這樣描寫的：「昆蟲的腳可以用來行走、奔跑、跳躍、打鬥、抓取食物、品嘗食物、清潔身體、游泳、挖掘、作繭結網、求偶示愛、製造聲響，甚至還可以用來聆聽聲音。」不過，昆蟲之所以種類繁多、擁有許多生態棲位，且能在大自然中扮演眾多重要角色（包括成為人類的食物來源），用途廣泛的分節附肢只不過是原因之一。

除了體型小、繁殖速度驚人、演化出多用途的附肢以及完全變態之外，許多昆蟲還會假扮成其他物體。牠們在偽裝和擬態上的功力，就連美國海軍海豹部隊和大腳怪也難以望其項背。我們都知道竹節蟲，但你看過地衣螽斯、枯葉螳螂、蘭花螳螂，或是宛如綠葉的螳螂嗎？就算看過，恐怕你自己也不知道，因為牠們看起來就和枝條、地衣、枯葉、花朵、樹葉沒有兩樣。如果你非常非常有耐性，也許有機會看到牠們走動或飛行。這些行動會讓偽裝露餡，牠們也打從骨子裡就知道這點，所以如果你不耐煩地想試著讓牠們動一下，牠們也不會順你的意。大概是媽媽在牠們成長過程中就一直耳提面命，直到這些教訓牢牢刻在牠們的基因裡：「你知道外公的事吧？他當時就是動了一下，然後就被吃掉了！」

總之，就演化而言，數量龐大的族群是有必要的，但這不見得就能讓種族永久存續。不同於恐龍和三葉蟲，在導致其他物種滅亡的幾次全球性大災難中，許多昆蟲都成功存活了下來（有句話叫「勝者為王」，這裡該說是「存活者為王」了）。在數億年前的二疊紀，甲蟲的科級滅絕率是所有物種裡面最低的，部分原因就是牠們多元化的食性，以及牠們擁有的多種生態棲位。昆蟲毫無疑問是生存的贏家。

對於昆蟲飲食提倡者來說，面對數以百萬計的昆蟲，管理方式的重要性絕不亞於數量問題。有些昆蟲適合採集或是較鬆散的半人工養殖，有些則比較適合採用養殖的方式。相較於繁殖量大但不具群聚性的昆蟲（像是蟋蟀、蠶、飛蛾幼蟲和蒼蠅），數量龐大且具有嚴謹社會組織的昆蟲（也就是所謂的真社會性昆蟲，例如白蟻、蜜蜂和螞蟻）就比較難採取密集養殖。人們大多認為蜜蜂已經馴化，成為工業化農業的生產工具，但其實蜜蜂並不適合被塞到讓養蜂人易於獲利的蜂箱裡頭，這種養殖方式會對蜜蜂造成許多問題。

昆蟲的龐大數量、多樣性和稱霸地球的生存策略不僅令人佩服，也關係到我們選擇食用什麼昆蟲，還有何種方式才能有效採集或養殖昆蟲。不過，在我們打開麵包蟲桶大啖、把昆蟲當成日常飲食之前，應該先了解吃蟲對我們到底有沒有好處。說服更多人食用昆蟲，究竟能不能提升人類族群健康，並且讓生物圈更具恢復力？

有時候
她分享蛋白質給我

# 昆蟲與營養

**我 們 越 是 深 入 探 究 ，**
**看 到 的 就 更 多**

---

＊副標取自披頭四歌曲〈太多〉（It's All Too Much）歌詞：
「我越是深入探究，看到的就更多」（the more I go inside, the more there is to see）

近來的大眾讀物和科學文獻中常出現一種說法，認為昆蟲和其他牲畜同樣適合為人體提供蛋白質和能量（甚至可說是更為優良的營養來源），而且以生態和社會影響而言，昆蟲的益處更是遠勝其他牲畜。不過，一旦仔細檢視這些說法的理論根據，就會發現證據其實並不明確。

二〇一〇年時，FAO為二〇〇八年在泰國舉辦的一場工作坊出版了論文集，標題是《可食用的森林昆蟲：當人類反咬一口》（*Forest Insects as Food: Humans Bite Back*）。[18] 其中某篇論文的作者重提一九六〇年就已有人發表的說法，指出包括幼蜂在內的整個蜂巢「幾乎可說是食物和營養補充品的終極來源，可提供熱量，還有均衡的碳水化合物、蛋白質、脂肪、礦物質和維生素。」這份報告的另一位作者則在文章中寫著，家蠶（*Bombyx mori*）的蛹經過乾燥後，鈣質含量與牛奶和豌豆相當，對於乳糖不耐症患者或日常較少食用乳製品的中國等地民眾來說，可作為鈣質補給的替代來源。這位作者還表示，蠶蛹約有百分之五十是蛋白質，百分之三十三是脂肪，因此「許多人認為三個蠶蛹就等於一顆雞蛋的營養。」這些對於蜂巢和蠶蛹營養價值的描述或許是正確的，但若要以此制定全球性的糧食對策，我們還是希望能有比「許多人認為」這說法更確鑿可靠的證據支持。

對於昆蟲營養價值的吹捧大多是來自傳聞佚事，或是未曾被人重現驗證過的單一研究結果。自十七世紀以來，科學研究追尋的目標就在於人類對萬物的所有知識都必須具有可否證性；意思就是，當有人提出某個主張時，我們應該要能設計出用來反駁對方論點的研究方法，如果以各種方式都無法證明這個主張有誤，我們才會（至少暫時性地）認同這個主張是正確的。傳統科學界所接受的研究類型都必須符合一套嚴格的實驗指南，因此許多科學家對於具有地域性或由傳聞得來的說法，已習慣抱持懷疑心態。比方說，傳統中藥的療效原本一直被斥為民俗傳說，直到科學家在控制實驗條件的情況下重現中藥效果，並以安慰劑或其他療法作為對照，才證實其療效。同樣地，在日本也有人推崇發酵的胡蜂燒酒（以中華大虎頭蜂製成），聲稱許多人在飲用後達到膚質改善、疲勞消解之效。這些經歷可能是真的，或者在某些時間地點確實有效果，但是在通過控制條件的實驗之前，科學家多半都抱持懷疑的態度。我們聽到的這些經歷有可能「純粹」只是安慰劑效應：有些人之所以病情好轉、體重減輕或是體態改善，是因為他們「認為」自己吃的藥物或食物是有幫助的，或者是與這些藥物或食物無關的社交環境發揮了影響效果。舉例來說，所謂的地中海飲食之所以能夠改善健康，或許並非因為紅酒或橄欖油含有什麼神奇的化學成分，而是地中海地區大多數居民用餐時的社交情境（與好友至交一起悠閒自在地享用食物）有助於紓解壓力、促進健康。

話雖如此，若我們自以為是地將所有來自傳聞軼事的主張一概斥為「不科學」，必然會錯失許多重要的資訊。發揮作用的也許不是紅酒中的特殊化學物質或是昆蟲，但我們若是好好重視這些由博物學家和醫者代代相傳的資訊，仍會獲益良多。如果沒有經過實驗反覆證明這些事物對人類或地球「有害」，而只是一味認定傳統醫藥和經驗不足為信，那就太愚蠢了。

缺乏研究重現的情況並非只出現在昆蟲飲食的相關研究；有多份針對二十一世紀科學文獻所做的正式審查報告指出，許多學術研究並未經過重現驗證，連評估我們醫療體系用藥療效的那些研究也包括在內。這意味著，我們在探討昆蟲飲食時所抱持的虛心和質疑，也應該套用在那些宣稱有療效的各式療法和萬靈藥上，包括由科學家背書的療法和藥品。

處理這個問題的方法之一，就是查詢各式各樣的資訊來源，確認是否相符。這種方法稱為三角驗證法，當有多種迥異的資訊來源時，這種做法相當適合用來查證可信度。我們或許很難針對永續性與健康的相關主張進行隨機臨床試驗，但若採信的資訊有許多來源佐證，並通過各種不同的觀點檢驗，就會讓我們更有信心。想要做到這點，必須格外留意某些細節，比方說這些營養成分報告的計算標準是採用乾重量基準（便於比較蟋蟀和牛等不同種類的動物），還是食物原本的重量（方便評估食用時可獲得的營養多寡）？研究的資料來源是否包含不同的實驗室測試，並採用不同的測試條件？昆蟲的營養成分是否會因不同的季節和產地生態而有所差異？我們可以針對昆蟲食用價值做出具有普遍性和實用性的結論，但一定要避免使用過度精確而不符實情的資訊（那種營養成分寫到小數點的，總讓我覺得很可疑）。

某些學者意識到這些問題，因此試著正式統整昆蟲營養價值的相關資訊。在缺乏明確繁殖和飼養計畫的情況下，我們會希望這些營養價值資訊是不會變動的。如果要制定飲食攝取建議，也必然要確保這類資訊的穩定性。雞和牛等受到高度控管的動物雖然可能受到品種、飼料和部位的差異影響，但其成分中蛋白質、脂肪和微量元素的普遍含量已幾乎確定。因此，對於不同物種和飼料的昆蟲，我們也會認為其中應該有通用的模式以及個別差異。

一九九七年，珊卓拉．芭肯絲（Sandra Bukkens）在羅馬的國家營養研究所（National Institute of Nutrition）發表了一篇論文，這篇論文似乎奠定了日後大多數研究的基礎和論調。芭肯絲認為一般來說，昆蟲這種生物「看來是具有營養的，牠們擁有豐富的蛋白質和脂肪，還能提供大量的礦物質和維生素。絕大多數昆蟲蛋白質中的胺基酸成分都優於穀物或豆類，在許多情況下，昆蟲食品可作為原住民重要的營養補充品，讓他們在平常所吃的穀類主食之外可以攝取額外的蛋白質。」[19]從一九九七年到二〇一七年，將近二十年的時間內，相關報告、主張和原創研究增加的速度，比一屋子昆蟲繁殖的速度還要快，其中大部分研究者都與芭肯絲的看法相同。

茱莉塔·拉茉塞蘿杜伊（Julieta Ramos-Elorduy）長期研究墨西哥的可食用昆蟲，同時也是昆蟲飲食的提倡者，已發表過數篇較為嚴謹的研究報告。她和另外兩位研究者在二〇一二年發表的論文中寫到，在他們抽樣檢測的墨西哥可食直翅目昆蟲（蚱蜢）當中，蛋白質含量大約是從百分之四十四到百分之七十七不等（請注意這個變動範圍之大）。這些蚱蜢的蛋白質含量，約莫等同於大豆（約百分之四十）、雞蛋（約百分之四十六）、牛肉（約百分之五十四）和雞肉（約百分之四十三），但低於魚肉的蛋白質含量（約百分之八十一）。蚱蜢所含的熱量高於等重的蔬菜、穀物和肉類，不過大豆和豬肉除外。「這些可食的直翅目昆蟲含有大量優質的營養物質，」這三位論文作者如此斷言，「農民食用這些昆蟲就可以攝取極為豐富的養分。」[20]

這些內容聽起來都很有發展潛力，但吃蟲對於「農民」有益這樣的說法，卻讓我相當不舒服。只有農民嗎？有興趣嘗試昆蟲飲食的人如果偶然看到這些關於昆蟲營養價值的相關資料，大概會覺得自己誤闖《公主新娘》（*The Princess Bride*）電影中的火焰沼澤吧。他們究竟該怎麼解讀這些數字的意義？

幸好，在這些數據像火焰沼澤的流沙一樣淹沒我之前，我及時獲救了；二〇一五年底和二〇一六年初，各有一篇嚴謹的學術論文發表，內容幾乎囊括了關於可食昆蟲營養成分的所有研究資訊（至少是所有的英文資訊），並加以檢驗評估。

在二〇一五年發表的這篇論文中，夏綠蒂・珮恩（Charlotte Payne）與來自英國和日本的研究同仁提出了一個問題：「可食昆蟲是否比一般人常吃的肉類更為『健康』？」[21]為了找出這個問題的解答，他們針對學術文獻進行系統化的回顧探討，並著重於六種可食用的昆蟲類型：

1. 從野外採集得來，並在市面上以人類食物形態販售的昆蟲：東南亞的黃胡蜂（*Vespula*）；非洲撒哈拉沙漠以南地區的白蟻（*Macrotermes*）。
2. 被捕捉來供人食用的農業害蟲：東南亞和非洲撒哈拉沙漠以南地區的荔蝽（*Encosternum*）；東南亞的稻蝗（*Oxya*）。
3. 以往從野外採集得來在市面上當成食物販售，現正發展養殖技術的昆蟲：亞洲、非洲和拉丁美洲的棗椰象鼻蟲（*Rhynchophorus phoenicis*）；東南亞的織葉蟻（*Oecophylla smaragdina*）。
4. 成功進行大規模養殖並在國內外銷售的昆蟲：世界各地的家蟋蟀（*Acheta domesticus*）；非洲撒哈拉沙漠以南地區的帝王蛾幼蟲（*Gonimbrasia belina*）。
5. 早已為人所飼養且在市面上當成食物販售的昆蟲：意大利蜂（*Apis mellifera*）和家蠶（*Bombyx mori*）。
6. 以往沒有人食用，但現已採取大規模養殖，作為食物和飼料的昆蟲：麵包蟲（*Tenebrio molitor*）和黑水虻（*Hermetia illucens*）。

這些研究者列出要探討的昆蟲種類條件後，接著設定納入研究探討範圍的文獻標準：必須以完整、未加強營養成分且未經烹調的昆蟲為研究對象，並在這些昆蟲較常被人食用的生長階段（成蟲、蛹或幼蟲）進行測試。此外，他們也鎖定以食物本身重量為測量標準的研究報告，而非採用乾重量基準的研究。由於許多動物飼料是使用乾重測量，單是這項條件就排除了不少研究。過濾後的結果是，他們找不到適合使用的荔蝽、胡蜂和稻蝗研究資料。

根據他們所設定的條件，二〇一〇年在日本發表的一份報告就會被排除在研究範圍外。這份報告指出，蠶蛹中的蛋白質占其乾重的百分之五十六（對照之下，珮恩等人的研究顯示蛋白質占蠶蛹濕重的百分之十八），而且蠶蛹的胺基酸組成符合世界衛生組織所建議的人體蛋白質攝取標準。[22]這份報告的作者認為，蠶蛹「是優質蛋白質和脂質的理想來源，且擁有一種稱為「DNJ」的α-葡萄糖苷酶抑制劑，可以延緩碳水化合物的吸收，有助於減少飯後血糖升高的情況。

珮恩分析發現，無論是同種還是不同種的昆蟲之間，營養成分的比例都有很大的差異。舉例而言，家蟋蟀和蜜蜂每一百公克的可食組織中，大約含有十五公克的蛋白質，麵包蟲則是每一百公克約有二十一公克的蛋白質，但這些平均數字每一百公克卻有八到九公克的變異量。同樣地，每一百公克的織葉蟻約含有十一公克的脂肪，麵包蟲則是每一百公克約有十五公克的脂肪，但就這兩個例子來說，偏差值實在大到我不曉得「平均值」有何意義。畢竟這些都是採用完整昆蟲進行的測量，研究人員原本認為測得的偏差程度會更小。

當然，豬、雞、牛的蛋白質和脂肪含量多少也存在著差異，部分是受到遺傳、飼料和飼育方式影響，不過這些差異大多是因測試的部位不同，像是漢堡排、瘦肉牛排之於牛肝，或是雞蛋之於雞腿。但由於昆蟲是整隻都可食用的，檢測結果不會受到部位差異的影響，因此珮恩這項研究認為，蛋白質和脂肪等重要營養成分的含量之所以有差異，主要是非隨機抽樣和昆蟲樣本數太少所致。此外，也可能是因為尚未有人為了提高營養價值進行昆蟲育種，而這些昆蟲本身確實在蛋白質和脂肪含量方面有極大差異。

儘管研究類型和結果有許多差異之處，珮恩與共同研究者仍大膽做出幾項概括性的結論：棕櫚象鼻蟲幼蟲和白蟻的飽和脂肪含量較高，蟋蟀和蠶則相對較低。大部分昆蟲都含有豐富的鐵質，尤以蜜蜂、白蟻、織葉蟻和棕櫚象鼻蟲為最，因此「對於有缺鐵情形的人來說，這些昆蟲是非常適合攝取的食物。」同樣地，攝取鐵質時還可以搭配富含鋅的蟋蟀和麵包蟲，能夠有效預防缺鐵情形發生。不過，白蟻、棕櫚象鼻蟲和麵包蟲含有大量的銅，其中棕櫚象鼻蟲和白蟻的飽和脂肪含量也很高，都可能會造成健康問題。在研究報告中，昆蟲的鐵和鈣等微量元素含量之所以有不少差異，可能是確實反映了樣本數過少導致變異性提高的問題（試想在購物中心隨機挑選遇到的六個人出來做比較，會有什麼結果），也反映出產地與這些昆蟲所吃食物造成的差異。

另一份文獻回顧研究是由聯合國糧農組織羅馬總部的維雷娜．諾瓦克（Verena Nowak）與其他研究同仁所進行，其主要目標是收集建構跨國資料庫所需的資料，而且據我所知囊括的範圍更大；不過他們用以總結並彙整結果的只有一種昆蟲，就是麵包蟲。[23]這份研究同樣是以一百公克的「可食部位」作為基準來計算營養成分的公克數。

在諾瓦克提出的數據中，每一百公克麵包蟲的蛋白質含量從十四到二十二公克不等，仍屬珮恩等人報告的差異範圍內。至於脂肪含量，諾瓦克提供的數據是每一百公克的麵包蟲含有九到二十公克的脂肪，其中百分之二十到六十為多元不飽和脂肪。諾瓦克和研究同仁更進一步指出，根據「（世界衛生組織和聯合國糧農組織所設定的）食品標籤準則……黃粉蟲（*Tenebrio molitor*）的幼蟲可以提供鈣、鋅和豐富的鎂，牠們的蛹也含鎂，成蟲則含有鐵、碘、鎂以及豐富的鋅。」

諾瓦克等人同時也指出，這些結果會受到「腸道填充法」的影響，這種做法就是「以高營養的飼料餵食，讓腸胃道中充滿營養物質（例如鈣），藉此讓昆蟲體內含有更多營養成分。」

我們食用昆蟲的時候，就如同食用節肢動物（包括蝦子和貝類）一樣是整隻吃掉的，只有少數情況例外（像是龍蝦）。這些動物的腸道、排泄物和其他部位都會一起被吃掉，所以腸道填充法會大幅影響最後攝取到的養分多寡，也關係到食品安全問題。人們通常會將貝類在乾淨的海水中放置幾天，可以清洗掉雜質，這個過程稱為淨化。同樣地，在以昆蟲為重要傳統食物的社會當中，野外捕獲的陸生昆蟲也多半都會經過清理、去腸，並在煮熟之後才會食用。[24]

其他的原創研究論文則指出，可樂豆天蠶蛾幼蟲是所有必需胺基酸、亞麻油酸、α-亞麻油酸的優質來源，也能提供人體正常生長、發育及維持健康所需的許多微量礦物質。研究普遍顯示可樂豆天蠶蛾幼蟲就和許多昆蟲的幼蟲一樣，在幼蟲階段的脂肪和蛋白質含量都高於成蟲，還可能多過雞肉和牛肉。珮恩和另一組研究團隊也探究了南非市場上所售昆蟲的微量礦物質含量[25]，他們發現可樂豆天蠶蛾幼蟲的含鹽量高得驚人，尤其是市場上出售的可樂豆天蠶蛾幼蟲，經測量發現每一百公克就含有兩千六百毫克的鹽。鑒於可樂豆天蠶蛾幼蟲的鹽含量和白蟻的錳含量，研究人員在報告中提出警告：「市售食品中的鹽量應該要有所限制；此外也需要進行更深入的研究，來確認常見的市售白蟻包裝份量是否有可能導致消費者發生錳中毒。」

雖然已有許多研究提供實驗室中測得的昆蟲營養成分含量，但這些營養成分能否被人體所吸收，仍是疑問。在二〇一五年十二月的BBC專訪中，英國牛津大學生物學家莎拉・貝諾（Sarah Beynon）提出，長期未食用昆蟲的歐洲人或許已經喪失消化昆蟲並吸收其養分的能力。[26]舉例而言，已有抱持懷疑論調者指出人體無法消化幾丁質，他們認為這會阻礙人體吸收昆蟲所含的蛋白質、脂肪和微量元素。昆蟲的外骨骼是由幾丁質構成，這是世界上第二常見的生物聚合物（僅次於纖維素）。幾丁質是否如同植物中的纖維素或木質素，只不過是食用昆蟲時會碰到但無法消化的行李袋呢？（或者要說是昆蟲所住的行李箱也行？）

即使是比較近期的食品營養宣稱，也並未確實標示常見食用昆蟲的蛋白質、脂肪和微量元素含量。比方說，隨意看一下市面上關於飲食和健康的眾多正反面說法，就會發現也有報告指出幾丁質不但是攝取纖維的重要來源，並且對保健防癌有莫大助益。

若是沒有一定數量的學術報告檢驗幾丁質及其衍生物幾丁聚醣在抗氧化、抗高血壓、抗發炎、抗凝血、抗腫瘤、抗癌、抗微生物、降膽固醇和抗糖尿病等方面的作用，這些關於幾丁質功效的主張就形同空談。這類研究大多是在實驗室中以試管進行，主要研究對象大多是經過某些加工處理的幾丁質，但如果能在其他環境下重現同樣結果，就等於在糧食安全之外開啟了發展醫療用昆蟲產品的全新可能。

貝諾針對人體能否消化昆蟲所提出的問題，可以從二〇〇七年的一篇研究報告找到部分解答；這篇報告記錄義大利帕多瓦一家診所檢驗二十五位病人的胃酸，在其中二十位的檢體中發現幾丁質酶，這是一種讓動物能夠消化幾丁質的酵素。[27]雖然在健康良好的高加索人當中大約有百分之五到六的人似乎無法消化幾丁質，但研究顯示高加索人體內的幾丁質酶濃度遠高於非洲撒哈拉沙漠以南地區的居民，尤其是社經條件較差的族群更為明顯。人體存在幾丁質酶的現象，不僅有助解開關於消化能力的疑問，也有人據此推論從前的人類可能也會食用昆蟲。

上述研究顯示，就算幾丁質無法完全被人體所消化，對於像印賽克公司這樣的高科技昆蟲加工業者來說，仍然是相當實用的原料。二〇一六年，有個研究室團隊發表了觀點類似的生物技術研究報告，這項研究的主題是太平洋甲蟲蟑螂（*Diploptera punctata*）所分泌的「蟑螂奶」。[28] 這種蟑螂和采采蠅一樣會直接產下幼蟲，其「蟑螂奶」當中的蛋白結晶所能提供的熱量，比等量的水牛牛奶高出三倍，而水牛牛奶的熱量已經高於乳牛牛奶。水牛牛奶在印度是用於製作印度酥油，在義大利則是被用來製作莫札瑞拉起司。我想應該不太可能出現一整排蟑螂在穀倉裡吃牧草並給人擠奶的情況，蟑螂莫札瑞拉起司也很難在全球受到歡迎，但這項研究確實為全新的昆蟲製生物活性產品帶來了前景。

既然科學界對於測量方式的差異與不確定性提出了這麼多警告，那麼昆蟲究竟是不是像現代昆蟲飲食提倡者所說的那麼適合人類食用？答案是不一定。這些資料以及相關研究呈現出來的落差，應該是提醒我們應當審慎，不能一味主張昆蟲飲食的優勢。珮恩和她的研究同仁在了解這些資料的不確定性之後，建議人們可以在飲食中加入蜜蜂、白蟻、織葉蟻以及棕櫚象鼻蟲的幼蟲來改善缺鐵情形，若是搭配鋅含量相對豐富的家蟋蟀和麵包蟲，對於健康更有幫助。最後一點是，雖然白蟻和棕櫚象鼻蟲幼蟲富含熱量和蛋白質，但牠們的飽和脂肪含量也相對偏高，對於有心血管疾病的族群來說，可能並非理想的主食來源。

就食品的健康宣稱來說，成分固然很重要，但成分並非影響食用效果的唯一因素。事實上，食物帶來的好處大多與用餐時的社會情境有關，也涉及食材的生長方式、加工處理以及從產地到餐桌的運送方式等複雜的生態關係。幾乎所有文化都有在當地食物中添加微量元素和維他命、或以營養豐富的食材點綴食物的概念，也都盛行食用當季食材。像亞馬遜地區的圖卡諾族，就有根據漁獲和獵物多寡以昆蟲補足糧食的傳統；因此，昆蟲飲食成為他們維持穩定攝取蛋白質的重要管道。

如果由傳統料理廚師和當地的食品生產者合作，以結合裝飾和營養補充作用的方式設計出美味餐點，或許能在兼顧飲食偏好與營養考量的情況下充分發揮昆蟲食材的優點，成為昆蟲版的地中海飲食。在肯亞、奈及利亞和墨西哥，已經有一些廚師在開發創新料理，包括摻入白蟻的玉米粉、加入非洲棕櫚象鼻蟲的烤麵包、加入白蟻的全麥餐包，還有加入麵包蟲粉的玉米薄餅。[29]

不過，有些人最關注的議題並非個人健康，而是昆蟲飲食是否能夠改善我們要留給後代子孫的地球環境。有時候，這些研究結果是互相矛盾的。

## 喔拉迪，喔拉達，食蟲天堂

# 最後的綠色希望？

**在市場裡找到幸福**

---

＊標題取自披頭四歌名〈喔拉迪，喔拉達〉（OB-LA-DI, OB-LA-DA）
＊副標取自該曲歌詞：「在市場裡找到幸福」（Happy ever after in the market place）

披頭四有首容易琅琅上口的輕快歌曲〈喔拉迪，喔拉達〉，歌詞藉由敘述主角在地方市場經商及經營樂團的生活，描繪出愛情、幸福、家務、家庭生活與性別關係的面貌。

二〇一六年四月，「主機板」（Motherboard）網站刊出一篇文章〈食用昆蟲如何賦予女性權力〉（How Eating Insects Empowers Women），作者麥特．布魯菲爾（Matt Broomfield）認為養殖及銷售昆蟲可以提高女性的權力，同時也指出「十公斤的飼料可以產出六公斤的可食用蟋蟀，但只能產出一公斤的牛肉」、「（養殖昆蟲）所產生的溫室氣體，僅有等量牛肉或豬肉在養殖過程中所製造溫室氣體的百分之一。」[30]

這正是現代昆蟲飲食提倡者的理想和渴望。無論是對永續發展還是全球人類飲食的多樣性，昆蟲肯定都會帶來令人深感興趣的重大貢獻。但這樣的貢獻會同時造成什麼樣的影響，恐怕比那些光鮮亮麗的推銷廣告所宣稱的更為複雜。我們已經接受昆蟲在營養價值上至少並不遜於其他優質的肉類食品，接著就來進一步探討昆蟲飲食烏托邦在生態方面的影響。

首先必須注意的是，那些出於社會和生態考量而認同昆蟲飲食的見解，大部分是針對養殖昆蟲，而非採集昆蟲。基本的想法是如果將我們養來食用的一般牲畜家禽（牛、豬、雞）全面改為昆蟲（大多是指蟋蟀和麵包蟲），將可減少人類的生態足跡，並減輕氣候變遷帶來的影響，同時仍能為多達七、八十億甚至九十億人口確保可永續的糧食供應。聽起來非常有吸引力，但問題在於：這是真的嗎？

想釐清這些說法究竟是可行的理念還是不切實際的空想，可以從問題的不同層面切入分析，看看能否將分析結果串連在一起；這就是科學研究的傳統做法，雖然並非絕對有效，仍是個不錯的起點。

一般來說，在比較農產系統中不同養殖動物的產肉效益時，我們會使用「飼料換肉率」（簡稱ＦＣＲ）的測量方法。透過ＦＣＲ，我們可以將生產一公斤牛肉所需的飼料公斤數與生產一公斤雞肉或蟋蟀所需的飼料量進行比較。ＦＣＲ數值越高，表示你必須餵食越多飼料才能達到同樣的產量，無論產品是肉、牛奶、雞蛋還是蟋蟀都適用這個評測標準。二〇一五年的一份研究[31]計算了以家禽飼料或廚餘餵食家蟋蟀（*Acheta domesticus*）得出的ＦＣＲ，並與鯉魚（是拿來吃的不是觀賞用的）、雞肉、豬肉和牛肉做比較。如果只看生產一公斤的可食肉品需要餵食幾公斤的乾飼料，那麼蟋蟀、鯉魚和雞肉的數值還蠻接近，介於一點三（食用家禽飼料的蟋蟀）到二點三（食用雞飼料的雞）之間；豬肉是五點九，牛肉則是十二點七。這些數據顯示，蟋蟀的生產效益至少並不亞於鯉魚或雞肉。但在其他研究發表結果中，牛的ＦＣＲ最低是五，豬則可到三，養殖魚類還可達到更低的數值。問題就在於ＦＣＲ會因為飼料的「品質」而變動，飼料的品質越好，就能得到越理想（也就是越低）的ＦＣＲ數值。那麼，如果我們鎖定穀飼動物（比方說雞和蟋蟀），比較牠們將飼料內的蛋白質轉換成肉中蛋白質的效率，又會是如何呢？就這點而言，雞和蟋蟀差不多是相同的。[32]這時候懷疑論者可能會問：蟋蟀所吃穀物的種植方式與加工過程，會不會讓蟋蟀喪失有益生態的這項優勢？

若要探討這個問題，除了考慮ＦＣＲ之外，我們還要透過其他指標來評估昆蟲相對於其他牲畜的「綠色環保」程度。

比方說，我們可能要考慮溫室氣體排放量的問題。有些昆蟲會產生溫室氣體，而養殖或採集昆蟲的方式不同，也會影響排放量。關於養殖昆蟲產生的總體排放量是否低於養殖大型牲畜（例如牛），目前尚未有定論。要計算與食物相關的溫室氣體排放量，並不是算出牛和蟋蟀的總數、用牠們放屁和打嗝的平均排放量去計算總排放量這麼簡單。

二〇一四年有篇關於「糧食需求管理」的文章，作者認為：「當務之急，是在不擴大農田或牧場、也不增加溫室氣體排放量的前提下，找出能確保全球糧食安全的做法。」[33]包括總部位於奈洛比的國際家畜研究所（International Livestock Research Institute）以及ＦＡＯ[34]在內，大部分的大型畜牧業研究機構都已承認，儘管養殖牲畜能讓貧困農民有機會脫貧，牲畜在許多農耕地區也已是生態上不可或缺的要角，但像美洲各國那樣的大規模農業是無法永續發展的。因為我們的水資源不足，土地資源也不夠。但對於如何增加糧食供應來滿足逐漸增加的人口需求，並且儘可能保持全球在社會上與經濟上合理的公平性，還要確保地球不會因此毀滅，各方很難達到共識。若是由曾經遷居美洲的歐洲人對過去的殖民地下指導棋，告訴他們哪些食物該吃、哪些食物不該吃，講好聽點是不厚道，講難聽點，就是偽善的傲慢了。昆蟲能否為我們解開這個困境呢？

二〇一五年十二月十一日，聯合國氣候變遷協商會議正在巴黎舉辦，ＢＢＣ播出了一部專訪影片，受訪者是威爾遜一家餐廳「蟲蟲廚房」（The Grub Kitchen）的主廚安德魯．霍克羅夫（Andrew Holcroft）以及身為餐廳合夥人的牛津大學生物學家莎拉．貝諾博士。[35]這部影片的標題是「食用昆蟲對於改善氣候變遷的幫助」，主持人是ＢＢＣ波斯語頻道的莎兒．桑德（Sahar Zand），她在訪談中提到某些人主張生產兩百公克牛排所排放的溫室氣體量，與生產二十公斤可食昆蟲的排放量相同；這兩個數字的級數差距比起布魯菲爾所主張的，還算是保守一些。

溫室氣體可能來自牲畜本身（像是牛打的嗝和白蟻放的屁），也可能是因養殖方法而產生（餵食穀物的集約式飼養相較於餵食牧草的放牧式飼養）。就以食用為目的的養殖動物而言，關鍵在於每增加一單位的重量會產生多少溫室氣體。昆蟲至少在某些實驗條件下似乎比較占優勢，但這樣的結果必須在要採行的生產體系和養殖環境中再次驗證才能確立。

白蟻是經由採集得來，而非養殖，但牠們確實會製造溫室氣體。不僅如此，白蟻的數量還會因工業化農業和林業的經營方式而有所變動，通常是增加。梅．貝倫鮑姆在她的著作《昆蟲絮語：關於性、昆蟲和搖滾樂的科學省思》（*Buzzwords: A Scientist Muses on Sex, Bugs, and Rock 'n Roll*）所收錄的一篇文章中，探討了相關研究針對節肢動物胃腸脹氣現象舉出的證據。貝倫鮑姆指出，昆蟲的甲烷生成作用早在人類社會出現的數千年前就存在，而昆蟲胃腸脹氣的現象也有眾多紀錄文獻。比方說，弗雷．貝納迪諾．德．薩侯恩（Fray Bernardino de Sahagún）在十六世紀編纂的《新西班牙誌事》（*General History of the Things of New Spain*）一書中，就提及某種昆蟲放屁時異常難聞。不過貝倫鮑姆回顧的主要對象，還是一九八〇年代開始針對白蟻的甲烷排放量積極進行的量化研究。一九八二年，《科學》（*Science*）期刊登出一篇由跨國科學家團隊所做的研究，這些科學家認為地球上的數兆隻白蟻製造了大氣層中約百分之三十（等同數兆太克）的甲烷。

或許有人會問，野生昆蟲所製造的溫室氣體，跟我們要吃的昆蟲有什麼關係？首先，這篇研究顯示白蟻受益於森林開發和農業活動（我覺得還要加上紙本期刊的印製），獲得更豐沛的食物來源，在數量逐漸增加之餘也排放了更多甲烷。

但其他研究則認為，由於人類開墾土地種植單一作物以及砍伐森林的做法，白蟻的棲地正逐漸減少，使得白蟻產生的甲烷排放量呈現下降的趨勢。在貝倫鮑姆文中所探討的這些初步研究發表之後，也有一系列的辯論和研究報告，有些採用不同的研究方法，有些是從相同的資料中解讀出不同的推論，有些則兩種情況兼而有之。在一九九〇年代，學界的普遍共識似乎是白蟻的甲烷排放量多寡與棲地環境有關，尤以亞馬遜雨林的白蟻排放率最高；此外排放量也受食物影響（就跟我們人類一樣），以土壤為食的白蟻排放率居冠，食用木頭的白蟻則是「敬陪末座」（照貝倫鮑姆的話來說）。一九九〇年代晚期的估算結果顯示，白蟻在甲烷總排放量中所占的比例大約僅剩百分之五，但是蟑螂在人類城市找到越來越多舒適棲地，牠們所增加的排放量可能填補了因白蟻數量下降所減少的甲烷。我很希望能用一些簡單的量化計算方式來解析這個問題，但我們生活在一個複雜的世界，凡事總會出現連帶反應和意料之外的後續影響。當我們對農業生態系統進行系統化的檢視時，「假設」我們發現以迷你牲畜為主的糧食系統所需要開發的土地，比仰賴大型牲畜的糧食系統來得少（我想這是很有可能出現的結論），那麼即使養殖昆蟲本身製造的溫室氣體增加，以昆蟲為主的糧食系統所排放的整體溫室氣體仍然會相對減少。

有一種方法可以用來統整這些資訊並分析其中意義，那就是所謂的完整生命週期評估（ＬＣＡ），這是用來分析整個食物生產系統所消耗的資源和氣體排放量。但麻煩在於，ＬＣＡ評估的「系統」必須要有範圍；在一九九〇年代，研究人員曾嘗試評估各個生態系統的健康情形，但就面臨到如何設定範圍、又該在哪裡設定範圍的問題。[36]一般而言，這個條件是根據ＬＣＡ的評估目標以及評估對象而定，例如人類社群、候鳥或昆蟲的健康情形，或是水資源的可用性。如果是人類社群，就有政治、社會和地理上的區隔。水資源雖然可依分水嶺界定範圍，但若我們是從遠方的湖泊抽水過來呢？在比較養殖不同動物的農業系統所使用的資源時，研究者總希望考量因素能面面俱到：種植飼料和其他作物所使用的肥料、飼料的運輸和加工方式、農場取得飼料的方式、管理動物的方式、產品從農場出貨之後經過哪些程序、如何抵達消費者手中、對於野生白蟻的溫室氣體排放量又會有什麼影響等等。但這樣理想化的比較，在絕大多數情況下是無法實現的。如要比較不同牲畜（例如蟋蟀和雞）所消耗的資源，一般最方便的做法是以農場為範圍，並以動物從出生（搖籃）到離開農場（大門）為評估期間。

荷蘭瓦赫寧恩大學的研究人員針對麵包蟲和大麥蟲（*Zophobas morio*）進行從搖籃到大門的LCA，計算出這兩種擬步行蟲科昆蟲的全球暖化潛勢值、化石能源使用量和土地使用量。生產麵包蟲所需的化石能源比生產牛奶或雞肉更多，但與豬肉和牛肉相近。不過就整體而言，由於土地可利用面積是畜牧業在永續發展上最主要的限制，而養殖麵包蟲所需的土地少於其他牲畜，研究人員的結論是麵包蟲「可視為牛奶、雞肉、豬肉和牛肉最具永續性的替代選項。」雖然研究中並未提及，但養殖牛、豬和雞所消耗的水量也比昆蟲來得多。

土地使用的議題以及更廣泛的棲地保育議題，衍生出更為嚴峻的問題：相對於養殖，採集有何優點？二〇一五年，NHK國際傳媒（NHK World）播放了一部紀錄片《昆蟲大餐》（*Hungry for Bugs*），片中有位昆蟲採集者接連劈開好幾棵樹，尋找天牛幼蟲。我看著這個畫面，心裡感到很不舒服。在我看來，這個做法耗費許多能量，但只換取到很少量的食物。純粹就生物學的角度來說，這樣取得的脂肪和蛋白質與付出的勞動相比，划算嗎？而更大的問題是，我很擔憂採集過程對棲地所造成的破壞。如果採集只是偶一為之的活動（比方說在蟬出現的時期抓來食用），或是只有少數人有食用昆蟲的需求，那就不算是很嚴重的問題。可是，一旦昆蟲飲食趨向商業化發展、取代壽司的地位，成為更具收益的全球主流飲食，假如昆蟲的來源仍是以採集為主，那是否會導致生態浩劫？養殖會是比較好的做法嗎？我之後再來討論這個問題。

要讓昆蟲飲食產生正面影響，同時將風險降到最低，第一個、也是最重要的步驟，就是停止將歐洲和美國的養殖業經營模式輸出到其他地區。藉由效法傳統的昆蟲飲食，並加以推動、給予支持及改善做法，我們就可以達到實質上的跨文化交流，了解怎麼吃才能擁有永續發展的未來。

在全球昆蟲飲食研究方面極具盛名的泰國昆蟲學教授優芭・菡布恩松（Yupa Hanboonsong）表示，她的研究目的並非讓世界上的人們都接受昆蟲飲食。「我的使命是保護我們的農業文化和原生物種，」她說道，「如果我們不好好面對這件事情，吃蟲的傳統很快就會因為昆蟲絕種或數量減少而消失。到時，我們的下一代就只知道漢堡和炸雞，這是很悲哀的一件事。」[37]

就菡布恩松的理念而言，昆蟲飲食是有利生物存續與文化傳承的做法，而控制氣候變遷則是預期之外的正面影響。這讓我想起一張諷刺畫，我曾經將這張圖傳給偶然跟我攀談、否認氣候變遷的那些人。圖中場景是一個演講廳，台上的講者剛發表完關於氣候變遷因應方式的演說，此時一個男人繃著臉站在觀眾當中發問：「要是這一切都是騙局，我們盡了各種努力但根本無法創造更好的世界，那怎麼辦？」

這些主張以昆蟲飲食拯救世界的說法，能夠擔保成效嗎？如果雜食性的人類放棄食用一般的牲畜家禽而改吃昆蟲，人類在地球上的生態足跡就會減少嗎？有可能，不過莎拉・貝諾的某個論點讓我認為這個問題無法輕易下定論，在昆蟲飲食界也有人提出同樣的疑慮。貝諾博士認為，如果想藉由昆蟲飲食減緩氣候變遷，昆蟲飲食就不能只是一種新潮流行，而是要成為日常基本飲食的一部分。現行農糧系統所產生的全球飲食文化，是由政經實力雄厚的企業及為這些企業服務的政府主導，他們用缺乏根據的說法讓世人相信目前的農糧系統是地球人口最好的飲食選擇。任何畜牧業者都知道，全球化農糧文化的架構就是由不知名的「我們」將食物提供給不知是誰的「他們」，從中受益的是這些企業的股東。如果昆蟲就這樣加入這個體系中，那我們只是繼續落入萬劫不復的深淵。

如今昆蟲飲食引發的興趣，帶來了其他有趣的替代選項。昆蟲飲食能否成為減緩氣候變遷衝擊的強力刺激與助力，同時為多達七、八十億甚至九十億的人口確保可永續的糧食供應？我在本書中提出的議題，都預先假設人類將會以養殖的方式生產昆蟲，或是應該這麼做。傳統的食蟲人士大多是靠著在野外採集昆蟲；在人口爆炸的世界，直接從野外採集昆蟲可能有助於保存野生地區，但也有可能會徹底摧毀野生環境。此外，養殖昆蟲也讓許多人想起工業化畜牧業的規模經濟，以及對社會和環境的負面影響。除此之外，我們別無選擇嗎？有辦法尋找其他的可能性嗎？哪裡可以找到其他形式的參考做法和不一樣的例子？

我們暫時先不討論各種可能的做法，也先別抱著「讓地球更美好」的希望急於全面改變人類飲食和農業系統；我們且先退一步，好好檢視昆蟲對於我們所居世界的形成和存續具有什麼樣的重要性。

# 第二部

# 昆蟲與現代世界的起源

昆蟲比人類早出現數百萬年，為人類的誕生鋪好了路。牠們創造了我們，牠們的DNA也留在我們的血源中。在吃掉牠們之前，也許我們應該跟牠們好好來場對談。但該怎麼做呢？昆蟲的語言是什麼？我們能用什麼語言跟牠們溝通？人和蟲的差異是如此之大！現在就讓我們好好探索這個過去由昆蟲所創造，現在人類也居於其中的世界。

## 我是蟑螂

# 昆蟲如何改變世界

**我們就是蟲，蟲就是我們**

**結為一體你我不分**

---

＊標題取自披頭四歌名〈我是海象〉（I Am The Walrus）

＊副標取自該曲歌詞：「我就是他，你就是他，你就是我，我們結為一體」（I am he as you are he as you are me and we are all together）

大概三十億年前（這是個估計的時間），地球上開始出現生命。接下來大約十億年內，單細胞生物慵懶地漂在溫暖的海水中吐著泡泡，製造出氧氣等廢物，嘗試將二氧化碳當成養分。到了大約二十三億年前，大氣層中的二氧化碳濃度下降，地球首次進入災難性的冰河時期。其後五億年間，總共出現四次全球性的冰河時期，包括大約六億一千萬到六億九千萬年前發生的「雪球地球」。在這幾次冰河期的間隔期間，地球上的生命嘗試著各種形式，一次次展現多變新奇的樣貌。

在接下來五億多年的時間內，地球自轉的速度比現在更快，與月球的距離也比現在來得近，愛苗在大氣中萌芽：岡瓦那大陸與勞倫大陸，還有西伯利亞大陸與歐美大陸，紛紛脫離了（也許是）傳說中所有陸塊之母的羅迪尼亞大陸（名稱來自俄文 *ródina*，意為故鄉）。噢，那樣的往日時光啊！就在某個時刻（請容我運用一點詩意將幾百萬年濃縮成某個時刻），岡瓦那大陸和歐美大陸羞怯地走向彼此合為一體，形成一個超大陸：盤古大陸。不過這件事情發生的時間還要再晚一點（我們所謂的晚一點是指幾億年之後），是在後人所稱的二疊紀；二疊紀的英文「Permian」來自俄羅斯烏拉山脈附近的彼爾姆邊疆區（Perm Krai），當地發現許多二疊紀的岩層。

此外，在二疊紀到來前的這段時期，單細胞生物發現了交換體液的樂趣，「寒武紀大爆發」也如同慢動作播放的煙火般盛大登場。從寒武紀（五億七千萬年前）到二疊紀末期（兩億五千萬年前）的這段期間，常統稱為古生代。生物演化學家把歷時兩千五百萬年的事件講成一場爆炸，所以我們不得不釐清一下，他們對於爆炸的認知，實在跟戰爭難民和礦工對爆炸的認知差很多。史蒂芬・傑伊・古爾德（Stephen Jay Gould）曾描寫加拿大伯吉斯頁岩中發現的寒武紀化石，由於這些生物化石充滿各種令人驚奇的差異，使得他將寒武紀稱為「奇妙生物」的時代。

在接下來幾億年間陸續登場的眾多生物當中，開始有了最接近昆蟲型態樣貌的生物；牠們會分泌固態的廢物，有些還發展出體外的保護結構。一直以來，我們這些擁有體內骨骼的人類還是會穿戴各種護盾和盔甲，從長矛騎士到鎮暴警察，都是在嘗試模仿外骨骼的精妙優點。

這些成功生存繁衍的原始動物擁有許多以關節連接的腳。寒武紀時，溫暖的海水中有許多優遊自得的生物，奇蝦（*Anomylocaris*）就是其中之一。奇蝦是一種掠食性節肢動物，身長約一公尺，擁有長而多刺的附肢；牠們的獵物眾多，包括數千種小型的三葉蟲，其特徵是擁有三葉結構的堅硬骨骼以及以關節連接的腳。要將這些節肢動物的祖先一概而論，是相當容易（也相當偷懶）的做法。事實上就有些學者將早於四億年前的時期稱為「無脊椎動物的時代」，換句話說就是「非我族類的時代」。如果我們要在這個時期找出屬於脊椎動物的人類祖先，那得要一路挖掘到最底層的沉積物，尋找一種滑溜細小、身體柔軟如蠕蟲的動物，我們稱其為皮卡蟲（*Pikaia*）。

寒武紀的生物在混亂動盪中展現著繁榮昌盛，一直延續到奧陶紀（四億八千八百萬到四億三千三百萬年前）以及志留紀（四億四千四百萬到四億一千九百萬年前）。在歷時不到三千萬年的志留紀中，有數種節肢動物成為了第一批登上陸地的動物，而且可能也是第一批登陸的生物。某些生物演化學家認為早在植物登陸的數百萬年前，節肢動物就已經在陸地上繁衍。節肢動物並未替這個生氣勃勃的星球寫下歷史紀錄；身為首批拓荒者的牠們忙著開創新局，為泥盆紀出現的高大熱帶樹木準備了合適的土壤。多足類動物就在第一批登陸定居的行列中，包括掠食性的蜈蚣，以及生性較為友善、大多以食腐為主的馬陸，還有相比之下最近似昆蟲的綜合綱動物。綜合綱動物擁有分節的身體（這點和所有節肢動物相同），每個體節有一對腳，體型非常小（身長約為二到十公釐，等於不到零點五英吋）；牠們和馬陸一樣，可以靠土壤中的各種有機物質存活。在如此久遠之前，這些多足類動物就為許久以後才登場成為人類祖先的脊椎動物做好了準備。目前紀錄中最早的（陸棲）昆蟲化石 *Rhyniognatha hirsti*，年代可追溯到大約四億年前。而脊椎動物的祖先肺魚，則在四千萬年後的泥盆紀時才爬出沼澤。

在更廣義的昆蟲飲食運動中，我們有時會發現昆蟲與蠍子被混為一談，此外還有牠們的近親蛛形綱動物，像是蜘蛛、壁蝨和蟎。蛛形綱屬於螯肢亞門，這一亞門的節肢動物無法消化固體食物，牠們擁有特殊的附肢，用以捉住獵物。蛛形綱動物與昆蟲有親戚關係，某種程度上可以視為節肢動物家族的祖先，但牠們之間的血緣並沒有我們原本以為的那樣親近。二〇一〇年，由美國馬里蘭大學生物技術研究所的傑洛米．雷吉爾（Jerome Regier）所率領的研究團隊表示，綜觀基因取樣和多種複雜的數據，他們發現陸棲昆蟲跟馬陸或蜘蛛的親戚關係，還沒有龍蝦來得接近（龍蝦只是個例子）。對於提倡昆蟲飲食的人來說，這層關係其實蠻有行銷潛力的。看到你盤子裡的那隻蟑螂了嗎？想想**龍蝦**！

現今人們極度重視碳排放量和碳稅，而且總是將人類自以為是的心態投射到自然世界，因此有些人主張將泥盆紀晚期獨立出來，稱之為「石炭紀」。這段時期也可以稱為「煤高峰世紀」，而且當時大氣層中的氧含量高達百分之三十五，因此又可以說是「氧的世紀」。石炭紀也是兩棲類動物首度出現的時期，牠們是第一批發展出耳朵構造的四足脊椎動物，因此（我們猜測）牠們可以輕訴甜言蜜語，做足讓戀情加溫的前戲。昆蟲學家史考特．理查．蕭在《蟲蟲星球》一書中提到：「就在節肢動物開始在森林裡製造大量嗡嗡聲和拍翅聲的同時，脊椎動物發展出了耳朵，這很有可能並非出於巧合。」他的見解說不定是對的。**寶貝，你有沒有聽到那聲音？那裡有頓長著翅膀的大餐！**

早在亞馬遜網路商店想到利用蜂型機（或稱無人機）送貨的幾千萬年前，昆蟲就已經了解飛行的優勢。事實上，如果以昆蟲中心觀點看待演化史，我們真的應該把石炭紀稱為「蟑螂世紀」，因為在目前已知的石炭紀昆蟲當中，擁有驚人翅膀的原始蟑螂就占了百分之六十。雖然某些在城市騷擾人類的表親害得蟑螂大家族聲名狼藉，但如今在熱帶雨林中，從枯葉堆、樹冠層、洞穴到鳳梨花葉鞘形成的集水器裡，無論晨昏朝暮，其實都有數千種不同的蟑螂活動著。

到了含氧量極高的石炭紀晚期，空中飛舞著有史以來最大型的昆蟲，也就是原蜻蜓目昆蟲（巨脈蜻蜓）。擬巨脈蜻蜓（*Meganeuropsis permiana*）就是原蜻蜓目延續到二疊紀時的後裔之一，這種掠食性蜻蜓的翼展長達七十一公分（二點三英尺），能用多刺的前腳抓住獵物，且擁有強而有力的下顎，可以輕鬆把你嚼爛。由於沒有鳥類、蝙蝠或翼手龍與牠們競爭，這些巨無霸蜻蜓在當時應該就如同昆蟲界的飛龍一樣獨霸天空。

講到這裡，我們終於要來講前面提到過的二疊紀（五億四千兩百萬到兩億五千萬年前）；說起來還真的是「終於」，因為當時地球上的許多生物都在這個紀元滅絕，古生代也就此畫下句點。二疊紀結束於地球史上規模最大的生物集體滅絕事件，但是發生滅絕前的那個時期真是不得了，彷彿鐵達尼號盛大出航般繁榮熱鬧！在二疊紀世界的舞台上交配繁殖、輕跑飛掠、開枝散葉的物種當中，有許多日後成了原始靈長類和後現代人類的食物，以及他們歌唱娛樂的來源。這些節肢動物當中包括原直翅目，牠們的後代就是現在昆蟲界的歌手蟋蟀、災禍製造者蚱蜢，以及紡織娘螽斯。此外，此時也首度出現在從幼年到成年（卵、幼蟲、蛹、成蟲）的轉換過程中大幅改變外型和食性的昆蟲（完全變態），包括甲蟲、草蛉、石蛾和蠍蛉。同時，頭部圓厚、日後更發展出兩根獠牙的原始哺乳動物也開始在地球上繁衍；其中體型較小的物種很可能會食用某些昆蟲。事實上，這也是我們哺乳類的祖先（哺乳類的前身合弓綱和具有野獸容貌的獸孔目）以及我們現在打算當成食物的節肢動物的祖先，雙方有史以來第一次（如果數千萬年的時間可以稱為「一次」）共同生活在陸地上。

雖然二疊紀時期昆蟲的數量和種類依然持續分化、繁衍然後減少，但三葉蟲等許多曾經稱霸海洋的物種已經逐漸衰微。三億多年來不斷適應環境變化而繁衍存續的三葉蟲，歷經多次興衰隆替，最終在地球史上規模最大的一次滅絕事件中徹底絕跡。如今，我們對三葉蟲的種類只知道一些不甚確定的種別，像是*Aegrotocatellus jaggeri*（以搖滾樂手米克・傑格〔Mick Jagger〕命名）和*Arcticalymene jonesi*（以「性手槍樂團」〔Sex Pistols〕成員史蒂夫・瓊斯〔Steve Jones〕命名）。捨棄海洋而展開探索陸地之旅的蟑螂如果也通人性，大概會幸災樂禍地回頭睥睨牠們吧。

接下來，從大約兩億五千萬年到六千五百萬年前，這段歷時數億年的期間被稱為「中生代」，包括三疊紀、（因電影而出名的）侏儸紀以及白堊紀。在這段期間，「盤古大陸」這個超大陸分裂成不同的陸塊；這次分裂大約從兩億年前開始，屬於板塊漂移循環的一部分。[38]隨著生物集體滅絕事件和大陸漂移發生，地球上的生命開始出現新的種類、新的面貌以及新的演化。

曾率先登上陸地、為植物和其他動物準備好土壤的節肢動物，此時也持續不斷地演進。蜜蜂、螞蟻和胡蜂等多種社會性昆蟲的有翅祖先鞘蜂，還有擬寄生性的姬蜂科昆蟲（或許有人會說牠們是反社會性昆蟲），都是三疊紀時在樹梢演化出現的。如果你在晚宴派對上吃著蜜蜂幼蟲時，有人引用所羅門王或伊索的話，高談闊論昆蟲對於人類社會的啟示，你可別忘記告訴對方，鞘蜂和胡蜂的卵在經過雄蜂授精後都是發育為雌蜂，而未受精（處女孕育）的卵都會生出雄蜂；就後現代的觀點來說，如果我們要「向大自然學習」，可能要將這套繁殖系統視為提倡女力和女性自主選擇的寓言了。

在接下來的數千萬年內，從二疊紀大滅絕中存活下來的部分節肢動物們，與雌雄同體的開花植物共譜了一場複雜的多元演化戀曲。我們過去所學所知都讓我們把這個時期想像成恐龍的紀元，不過那個有笨重恐龍大舉肆虐的世界，同時也充滿了各式各樣的昆蟲，並且與這些巨獸互相影響著。現在的昆蟲飲食提倡者所喜愛的許多昆蟲，還有那些透過授粉和採蜜讓二十世紀的人們能夠取得豐富食物的蟲子們，都是在白堊紀（一億四千五百萬到六千六百萬年前）和開花植物一起演化出現。恐龍所生存的世界有著種類多樣、數量豐富的膜翅目昆蟲（胡蜂、蜜蜂、螞蟻）、鱗翅目昆蟲（蝴蝶），以及許多甲蟲（鞘翅目）和蒼蠅（雙翅目）。二〇〇六年，有昆蟲學家發表報告，指出一隻嵌在琥珀中的昆蟲（發現地點是現今的緬甸）已有超過一億年的歷史。

胡蜂、虎頭蜂和黃胡蜂都是胡蜂科，與蜜蜂同屬膜翅目。這些胡蜂科昆蟲在近年常遭到大眾妖魔化，原因往往是牠們會攻擊人類，甚至是攻擊蜜蜂，而蜜蜂是非食蟲文化中少數具有崇高地位的昆蟲。不過，我們不應急於責難這些蜂類。基本上，你遭到胡蜂攻擊的機率還沒有被其他人類攻擊的機率來得高，所以在人身安全上針對胡蜂的指控其實不太站得住腳。但就我們對生態關係的了解而言，還有其他必須仔細考量如何對待胡蜂的理由。在現存的七萬五千種胡蜂當中，只有不到百分之一會攻擊蜜蜂；牠們在自然生態系統中還扮演著許多其他角色。

長著絨毛的素食性蜜蜂溫和討喜，並有實用價值，但牠們的祖先其實是掠食性的胡蜂，出現開花植物的白堊紀就是這種胡蜂最早現蹤的伊甸園。不僅如此，如果我們想要找尋遠古時代的演化驅力所嘗試發展出來、如今透過遺傳承襲到我們身上的新行為模式和技術能力，胡蜂就會是相當值得研究的對象。具有回巢供食習性的雌性胡蜂，會將自身的抗菌性防腐劑（早在人類意外發明磺胺類藥物和盤尼西林之前牠們就擁有這種物質了）和麻痺性的毒液螫入毛蟲體內，接著將毛蟲拖回牠挖好或造好的巢穴，並在尚有氣息的毛蟲體內產下一顆卵。某些種類的胡蜂還會在巢穴入口灑上沙子掩護行蹤，或是拖來石頭遮擋洞口。所以，早在靈長類動物出現的數百萬年前，胡蜂就已經具備使用石器及操控疾病的能力了。我們靈長類的祖先是否曾經從胡蜂身上習得製作工具的能力，進而代代相傳？這種知識是否藏在我們與昆蟲共有的某些基因當中？如果我們擁有生命起源時的基因記憶，也許人類製作工具的技能只不過是生物在生存策略上的一種巧妙改變，而非區別人類與其他物種的關鍵差異。

但在承認胡蜂科昆蟲的重要性之餘，我們也不必否認虎頭蜂、胡蜂和黃胡蜂有其惱人之處，或是一味推敲人類行為的演化起源。許多胡蜂科昆蟲對於促進永續性糧食安全的發展具有重要功能，我先前提到寄生蜂在無花果樹授粉上的重要性就是一例。歷史上，胡蜂和虎頭蜂的幼蟲就和其他蜜蜂的幼蟲一樣，在世界各地都有人採集並直接拿來食用。不僅如此，由於這些蜂類會獵捕其他昆蟲，可以作為無農藥的病蟲害防治對策，而我們若是想要成功推廣昆蟲飲食，無毒的病蟲害防治方法絕對是必要的。

現今的直翅目（就是我們的老朋友蚱蜢和蟋蟀）大約包含兩萬五千種昆蟲，牠們的祖先也是從大浩劫中存活下來。二〇一五年，有學者藉由整合分子遺傳學與統計數字得出研究結果，認定這些直翅目昆蟲可區分為兩個所謂的「支序群」：長角亞目（蟋蟀和螽斯）以及錐尾亞目（蚱蜢和蝗蟲），同一支序群的物種擁有共同的祖先。蟋蟀唱歌求偶的習性到今日仍是人類所稱頌的傳統[39]，不過牠們這種歡樂吟遊詩人的作風從兩億多年前（三疊紀以來）就已經存在了。白堊紀時，螽斯就如同頭戴花朵的嬉皮，牠們的葉片狀翅膀可以融入開花植物的葉片中，因此得以在天擇中勝出；附帶一提，名稱容易使人誤解的摩門蟋蟀其實是一種螽斯，而且牠們也不是知名的摩門大教堂合唱團（Mormon Tabernacle Choir）成員。

恐龍在六千五百萬年前集體滅絕（只剩下一些覆有羽毛的溫血物種，如今被稱為鳥類），但當時有許多六腳的小型動物仍存活了下來。直翅目當中現存種類最多元（多達八千種）的草食性蚱蜢，在恐龍之後伴隨著草原的演進戲劇性登場。同時，一些類似鼩鼱的小型食蟲哺乳類動物（就是我們的祖先！），也通過了隕石撞擊帶來的生存考驗存活下來。

在這場帶來毀滅與新生的生態巨變後，日後將演化為人類的物種與日後被稱為昆蟲的物種之間，才產生與近代類似的互動方式。靈長類動物首度出現的時間，大約在五千萬至五千五百萬年以前。而靈長類很可能是在五百萬到七百萬年前分化，從黑猩猩的支系演出另一個支系，因此出現了本書作者的始祖。大約在幾百萬年前，非洲東部和南部出現了南方古猿等靈長類動物；要是這些遠親貿然出現在我們的家族合照中，可能還會被錯認為宿醉的鮑伯叔叔呢。有些原始的類人物種離開非洲，往北方和東方前進，尋找傳說中充滿香料的印尼群島島嶼。其他類人物種則留在原本的地盤，持續演化數百萬年，直到數萬年前才開始遷移。

究竟是受到什麼因素的刺激，才讓搔抓腋窩、採集食物的類人猿轉變為搔抓腦袋、食用昆蟲的智人（*Homo sapiens*）？在演化史上，有個值得古希臘悲劇詩人索福克勒斯（Sophocles）大書特書的諷刺轉折，那就是當我們開始大力提倡昆蟲飲食之時，卻發現原來是昆蟲創造了我們。

## 野生蜂蜜派

# 昆蟲如何創造人類

**想像自己**

**在河流上的小蟲裡**

＊標題取自披頭四歌名〈野生蜂蜜派〉（Wild honey pie）

＊副標取自披頭四歌曲〈露西在綴滿鑽石的天空中〉（Lucy in the Sky with Diamonds）歌詞：「想像你自己／在河流上的一艘小船裡」（Picture yourself in a boat on a river）

自從靈長類動物出現以來，蟲子就在牠們的菜單上（最少也扮演著調味料的角色）。如同許多史前事件一樣，我們能找到的直接證據相當稀少，但可以透過各種蛛絲馬跡推論出牠們的食蟲習性。

關於這段歷史，有些片段可以根據現代靈長類的行為和食性推測出來，因為有許多靈長類屬於食蟲動物。小型靈長類由於代謝需求高於大型猩猩，昆蟲在牠們飲食中所占的比例也較那些大個子表親們來得高。不過，所有的大型猩猩都會食用昆蟲。一般而言，牠們跟人類一樣容易受比較顯眼而易於捕捉的昆蟲吸引，像是體型較大、活動範圍有限的甲蟲蠐螬或其他幼蟲，或者是社會性昆蟲（例如蜜蜂、胡蜂、織葉蟻和白蟻），又或者是其他可一次大量捕獲的昆蟲（至少是周期性出現的），例如蝗蟲和毛毛蟲。

釣白蟻和挖螞蟻都要耗費時間，但是具備耐心、毅力和合適工具的黑猩猩們似乎認為這些活動值得一試，就如同人們會坐上小船或穿著防水連身褲去釣魚一樣。珍．古德（Jane Goodall）就曾指出，灰鬍子大衛（David Greybeard）和歌利亞（Goliath）這兩隻來自坦尚尼亞卡薩克拉黑猩猩群集（Kasakela Chimpanzee Community）的黑猩猩，會將細枝剝除葉片，做成白蟻釣竿。研究人員認為這些黑猩猩食用昆蟲是為了補充營養（這是一定的），而且牠們會依季節變化選擇不同種類的昆蟲。我猜想，你跟朋友一起釣魚的收獲，除了脂肪和蛋白質以外，大概還有心靈上的寧靜；也就是說，如同人類，黑猩猩食用昆蟲除了在生理上能夠獲取營養，在文化層面上也有益處。

二〇一四年發表的一份東非黑猩猩食蟲行為研究報告證實了這個論點。[40]研究人員透過糞便分析、行為觀察和昆蟲豐富度評估，發現烏干達西部塞姆利基的黑猩猩會特別選擇食用意大利蜂及其釀製的蜂蜜，還有長節織葉蟻（*Oecophylla longinoda*）；塞姆利基這個黑猩猩群集在非洲是特別偏好食用昆蟲的一個群集。研究人員認為，雖然「生態時間的限制」（ecological time constraints）會使得黑猩猩偏好能快速吞食的獵物，但這些黑猩猩所挑揀的特定物種可能是根據文化因素所決定的。所以即使出現其他證據顯示早期人類可能基於複雜的生態社群因素而食用昆蟲，也就不那麼出乎意料了。

事實上，確實有相當充分的考古證據可以證實，約於五百萬年前出現在非洲南部的早期人科物種，在將近一百萬年前就已經懂得運用骨頭製成的工具挖掘白蟻丘。只要運用一下想像力穿越千古光陰，我們就能肯定一萬年前克羅馬儂人在法國阿列日省的三兄弟洞窟（Cave of the Trois-Frères）裡留下的蚱蜢壁畫，確實是這些祖先對於昆蟲多所注意的證明。

除了澳洲原住民在岩石和樹皮上所畫的蜜罐蟻，還有其他證據證明他們會將乾燥後的昆蟲存放在挖空的南瓜中，這些都意味著人類早在史前時代就會採集昆蟲。其後數千年間，還出現了其他與人類食蟲行為相關的文物，時間可追溯到大約七千年前。此外在墨西哥，人類學家茱莉塔·拉茉塞蘿杜伊也指出人類將昆蟲存放在陶罐中的做法可以追溯到三千年前。

昆蟲學家史考特·理查·蕭曾表示：「人類從開始使用工具、掌握細部肌肉的運動技能、發展靈巧的手藝，到最終創造人類文明，都與我們祖先的食蟲習性密切相關。」不僅如此，蕭還認為：「我們本身的存在，可能都要歸功於社會性蟑螂（即白蟻）。要不是白蟻數量豐富，靈長類會離開樹上嗎？我很懷疑。」

不過在我們離開樹上以後呢？接下來發生了什麼？關於史前的昆蟲飲食，我們所擁有的資訊大多來自人類學家和考古學家發掘的軼事，還有為數不多的專題研究計畫。不過，目前非洲仍存在食用白蟻、天蠶蛾幼蟲、蝗蟲和蚱蜢的傳統，美洲也有食用甲蟲的傳統，加上澳洲的木蠹蛾幼蟲，我們可以根據這些現象做出一些推測。出現在澳洲中部地區、亞馬遜雨林以及東非的食蟲行為可能相當古老，而且是以採集為主的季節性活動。這樣的季節性，反映了所有昆蟲與植物生長週期、環境溫度和降雨量之間的密切關聯。

學者針對亞馬遜的圖卡諾族原住民進行飲食習慣的研究，發現他們會食用的昆蟲種類超過二十種（大多數是螞蟻和白蟻），而且他們選擇食用昆蟲的種類和生長階段，都與亞馬遜地區其他原住民族群十分相似。致力研究生態與人類健康之間關聯的研究員珍娜·維柏（Jena Webb），向我描述她在祕魯亞馬遜流域由一位十歲男孩引導，沿著油管行進的經歷。當他們穿過一處淹水的森林時，那位打赤膊只穿短褲的嚮導「從滑溜的油管跳到棕櫚樹上，將手臂探入樹幹中心捉出一隻巨大的甲蟲；他剛才就從油管上看到牠在樹幹上飛快移動了。這隻甲蟲雖然大顎並不大，但體型龐大，幾乎等同小顆的雞蛋，體色漆黑。接著，男孩發現樹幹裡不只這一隻甲蟲，他用牙齒一根接一根把每隻甲蟲的腳都咬掉，將尚有餘息的甲蟲放進他唯一的容器，也就是短褲的小口袋裡。他總共抓了六、七隻蟲子，全部收妥後就踩著樹幹走回油管上，繼續這趟捕魚出遊。一個小時後，我們捕到了幾條魚，他用樹枝將這些魚串起來，然後和我一起踏上歸途。男孩一到家就馬上把他珍貴的收獲交給母親，她隨即用嘴從甲蟲體內吸吮出澄黃多汁的體液，同時也拿了一隻給她兩歲的女兒。那位母親臉上洋溢著滿足而驕傲的神情。」

根據維柏對那隻甲蟲的描述以及牠被發現的地點，我猜測那是隻泰坦大天牛（*Titanus*

*giganteus*），也就是世界上最大型的甲蟲。一般認為泰坦大天牛生活在熱帶硬木的腐爛根系中，因此品質優良的熱帶硬木林一旦遭到砍伐，有可能導致泰坦大天牛絕跡。那位男孩快速認出可食甲蟲的能力以及他母親的反應，應該代表隨機的昆蟲飲食在當地文化中存在已久。這段經歷也顯示，圖卡諾族以魚和昆蟲作為補充性食物的做法或許能推廣到其他人身上（這也並不令人意外）。

吃白蟻在東非是一項古老傳統，關於昆蟲行為和採集方式的知識以及白蟻的醫藥用途在當地也廣為人知，顯示人類與白蟻共同演化的歷史相當悠久。我在烏干達鄉間查看采采蠅陷阱時，有一個小男孩向我解釋了食用白蟻的季節性。那男孩一邊戳弄守在白蟻丘前的兵蟻一邊說明，當有翅型白蟻傾巢而出時，他和家人就會捉來吃。這些長了翅膀的蟲是生殖型的白蟻，出現後就會進行分飛。牠們會受到光源吸引，因此比其他白蟻更容易捕捉。

我的一位獸醫同仁向我轉述她兒子的經歷：她的兒子在肯亞西部挖掘魚池時弄傷了背，當地的孩子們拿給他「一個爬滿了活生生有翅白蟻的大碗，孩子們的媽媽說這些蟲可以治療扭傷的背部肌肉。於是他身上裹著一條肯亞布（lesso），坐在那吃著白蟻，孩子們在他身邊聊天談笑，不時伸手到他碗裡拿一點兒，分享著這個每年只有一段短暫時期可以吃到的珍饈美味。短短幾天後，彼得的傷勢就大為好轉，康復到可以回歸樸門永續農業（permaculture）團隊的工作行列了。」

當代的非食蟲文化主要位在溫帶地區，從歷史觀點來看，這是由於溫帶的季節氣候變化會導致氣溫大幅波動，使得昆蟲採集難以成為可預測的穩定食物來源。更關鍵的因素或許在於，溫帶地區同時擁有其他用途多元的食物來源，像是牛、羊、馬等大型哺乳類動物，不僅可提供食物和勞動力，而且隨著農業發展、牲口棚舍多與屋舍相連，人類也開始對這些動物產生友好的情誼。事實上，大約一萬年前開始在溫帶地區發展擴散的農業或許更全面性地改變了人類對昆蟲的態度；也就是說，農業是相對穩定豐足且適合人類社會的食物來源，因此現在人們會視昆蟲為危害農業的威脅，而非另一種食物來源。如此說來，現代歐洲人想藉由推廣昆蟲飲食解決糧食安全的問題就顯得相當矛盾了，不過這兩種情況的背景因素是截然不同的。

在溫帶地區，食用昆蟲的歷史往往是季節性的，或者是屬於某些文化中根深蒂固的傳統。在亞洲溫帶地區，數千年來都有人會食用產絲過程中的副產品：蠶寶寶。北美洲平原的原住民四千多年以來，也都會趁著特定季節捕捉蝗蟲以供食用。相對地，義大利薩丁尼亞島民利用蛆蟲發酵所製作的「卡蘇馬蘇」乳酪，則可能屬於比較近代的產物（估計只有幾世紀的歷史）。雖然上述情況是食蟲行為的普遍模式，但人類與蜜蜂的獨特關係卻是例外。

在世界各地的各種主要食用昆蟲裡面，蜜蜂和其近親在早期人類演化過程中是最早出現紀錄的。因此，早期人類與蜜蜂之間的關係有助我們了解昆蟲飲食在這個世紀如何找到經濟和文化上的定位。

人類最早出現在非洲熱帶地區，然後遷徙到東南亞，蜜蜂很有可能是一路伴隨著人類共同演化。至少有一種演化論點認為，我們現今所知的蜜蜂源於一個非常古老的借坑性築巢蜂支系，牠們在大約三十萬年前離開亞洲，隨後便快速散播到歐洲和非洲各地。其他證據則顯示，在史前時代的非洲就已經有人採集蜂巢，可能是季節性的活動，採集的目標大多是築在大象路過時撞斷的樹上或是山洞中的蜂巢。在非洲南部、撒哈拉中部、辛巴威、澳洲、印度和西班牙等地，都有岩石繪畫描寫採集蜂巢的活動，時間可追溯到四萬年前。其中最有名的一幅畫位在西班牙瓦倫西亞自治區比科爾普市鎮的「蜘蛛洞」（Cuevas de la Araña）內，約有八千年歷史。畫中那個雌雄莫辨的人物被稱為「雙身人」（the Man of Bicorp，起名者顯然有意借用百老匯音樂劇《夢幻騎士唐吉軻德》〔*the Man of La Mancha*〕宣傳海報的意象），正爬到繩梯上摘取蜂巢。雖然這類原始繪畫往往被不吃蟲的學者們解讀成在採蜜，但這些畫中的人物也很有可能是在採集蜜蜂的幼蟲、蜂蠟以及蜂蜜。

在非洲南部，黑喉響蜜鴷（*Indicator indicator*）與人類之間的密切關係，也反映出兩者共同演化的漫長歷史。黑喉響蜜鴷以蜜蜂的卵、幼蟲以及蜂蛹為食，此外也吃蜂蠟和蠟蟲（蠟蛾的幼蟲），但牠們不會像唐吉軻德那樣不自量力、甚至飛蛾撲火地嘗試去打劫有蜜蜂的蜂巢，而是啁啾吱喳、到處跳來跳去，吸引當地採蜂人的注意。接著，黑喉響蜜鴷就會引導採蜂人前往蜂巢所在地，途中還會不時停下來啁啾鳴叫、展示牠帶著白點的尾羽，好確保地面上行動緩慢的採蜂人沒有跟丟或走錯路。採蜂人會用煙將蜜蜂熏出蜂巢，然後用潘加刀（panga，一種刀身較寬闊的刀，形似開山刀）劈開蜂巢，取走蜂蜜和幼蜂。等到採蜂人一走，黑喉響蜜鴷就會飛下來吃掉蜂巢中剩餘的東西。

如果這段鳥、人、蜂共同演化的關係有助我們了解現代人類的起源，那麼深入認識人蜂關係的背景和歷史，就能幫助我們進一步了解人蟲關係永續發展的重要特點。一隻可以食用的昆蟲，並非只是一塊口感爽脆的高蛋白食物。蜂群會為了自身所需而製造蜂蜜、蜂蠟和蜂膠，還會收集花粉及生育富含蛋白質的可食幼蟲。根據考古證據顯示，人類從過去就不斷竊取這些「產品」（假設幼蜂也算是一種產品），運用在各種用途上。西元前七世紀的古希臘詩人荷馬（Homer）視蜜蜂為野生的戰士，他在史詩作品《伊里亞德》（*Iliad*）中對希臘聯軍的描述是：「彷彿一大群嗡嗡作響的蜜蜂從石頭洞中蜂湧而出。」人類曾在戰爭中將蜂巢當成武器，但也早已知道蜂蜜可以塗抹在傷口上當作敷料（蜂蜜的療效近來已經過實驗和臨床試驗證實）。從荷馬到希波克拉底（Hippocrates），當時的希臘人都讚揚蜂蜜在醫療保健和壯陽催情上的各種功效。現在回顧起來，這是古希臘人對於自然世界的正確認知之一，只不過對於壯陽催情的功效，我想還需要進一步的研究確認就是了。

在荷馬時代的幾百年間，人們就已知道如何將蜜蜂養在人造蜂巢中，藉此代替掠取野生蜂巢的做法。在至少西元前一千四百五十年就出現的埃及神廟壁畫上，描繪著陶土或泥土製成的水平堆疊蜂巢，也畫著有人用煙熏讓蜜蜂保持平靜的畫面，顯示當時的人類就已馴化蜜蜂。但是以往養蜂人要從蜂巢中採集蜂蜜始終困難重重，而且無法避免對蜂巢造成破壞；直到一八五一年，才由一位牧師羅倫佐·洛蘭·朗斯特羅斯（Lorenzo Lorraine Langstroth）發明了內含移動式巢框的蜂箱。也就是說，在十九世紀晚期之前，人類採蜜時往往會同時採集到蜜蜂、幼蜂、蜂蠟等其他蜂巢內的產物。因此，講到蜜蜂對早期人類演化的影響時，人們想到的畫面並非啜飲瓊漿玉液，而是打死叮人的蜜蜂並將其吃掉，然後偷取牠們儲藏的食物。

不過，這些瓊漿玉液當然極具重要性。蜂蜜是蜜蜂的能量來源，製作原料是甜美但含水量高的花蜜；蜜蜂從數百萬朵花中吸取花蜜，將其中的蔗糖轉化成果糖和葡萄糖，吐出來後再用翅膀搧風，降低其中的水分含量。最後，當糖分轉化完成，水分也減少了，原本的花蜜就變成了我們所謂的蜂蜜，此時蜜蜂就會用蠟蓋將蜂房封住。蜂蠟的用途是建造蜜蜂的居住空間，包括養育蜂卵和幼蜂，以及存放蜂蜜與花粉所需的蜂房；蜜蜂每製造一公斤的蜂蠟，就需要消耗五到十公斤蜂蜜所供給的能量。

如果花蜜沒有充分去除水分，天然酵母就會使得糖分發酵，產生蜂蜜酒；這種酒精飲料至少在古埃及時就已出現。含水量過高的蜂蜜會自然發酵，因此蜂蜜酒很可能是人類在演化過程中偶然發現的產物；早在人類初起、篳路藍縷之時，在我們從非洲遷移到遠東地區或尼安德塔人的歐洲嚴寒島嶼途中，蜂蜜酒就被用於減輕長途跋涉之苦。古希臘人在描述酩酊醉態時，會說是「為蜂蜜所醉」。附帶一提，我第一次嘗試的酒精飲料就是蜂蜜酒，那瓶酒是姊姊在我二十一歲生日時拿給我的。

二十一世紀有某些蜂蜜酒釀造業者仿效「舊石器時代飲食法」（Paleo-dietary）的概念，採用原始人的飲食習慣，認為這種傳說中的神酒也應該要回歸到原始時代的做法。這些蜂蜜酒釀造業者宣稱，為了遵照古老傳統，製作時應該將整個蜂巢（包括蜜蜂、幼蟲、蜂蠟、花粉、蜂膠、蜂毒、蜂王乳和蜂蜜）放到罐子裡，讓其發酵。養蜂專家威廉・波斯維克（William Bostwick）在「食物共和國」（Food Republic）網站上聲明：「無論是北歐神話主神歐丁、史詩英雄貝武夫、印度神祇毗濕奴（又名摩陀婆，意為蜂蜜所生），還是希臘眾神之王宙斯（別名梅利薩伊歐，意為蜂群成員）……祂們所喝的酒裡面可能都還留有幾塊蜂房巢室和幾隻迷途蜜蜂。這就是為什麼我必須殺死自己養的蜜蜂，歷史的真面目乃是殘忍的情人。」[41]

蜂毒除了用來當作傳統蜂蜜酒的原料以外，根據「經研究證實」的民俗療法，也被用於治療癌症和關節炎；此外也有許多人對花粉深具信心，分享各種功效傳聞，將花粉捧為超級食物；至於蜂膠，原本蜜蜂是用來黏著固定、修補蜂巢孔隙，還有封住巢框和蜂箱之間不到一公分的空間（往往讓養蜂人大感困擾），但也因為據稱有醫療功效而受到推崇。

人們會使用蜂蠟包裹起司、製作護唇膏，還有製成鞋油。早在六千年前，人類就懂得利用蜂膠來鑄造銅像，東南亞地區的蠟染技術也可追溯到一千或兩千年以前。據說天主教會每年會用掉一千五百公噸蜂蠟製作的蠟燭。現在，蜂蠟還讓我們能追溯人類與蜜蜂在歷史時代和史前時代的互動關係。[42]二〇一五年，梅蘭妮・羅菲特沙克（Mélanie Roffet-Salque）和其他六十四位來自各國的研究夥伴，在科學期刊《自然》（*Nature*）上發表了關於史前人類使用蜜蜂的研究報告。他們研究古代陶罐密封時使用的意大利蜂蜂蠟脂質，證明新石器時代的歐洲、近東以及北非地區，從西元前七世紀（九千年前）就已經開始使用蜜蜂產品。在研究過程中，學者們並未在北緯五十七度線（約為現今丹麥北部）以北發現新石器時代人類使用蜜蜂的證據，對此他們認為是受到氣候和生態限制的影響。然而，維京人的傳說中就出現以「完整蜂巢」製作的蜂蜜酒，顯示北歐人應該對蜜蜂屬（*Apis*）的昆蟲不陌生。

綜觀歷史上的人蜂關係，我們發現蜜蜂的用途多樣，且具附加價值；現今某些昆蟲產製企業也採用了同樣的策略，並進一步擴大延伸運用。舉例來說，因賽克公司就將昆蟲（他們採用的是甲蟲）用於「進行穀類副產品等有機介質的轉化合成，將這些昆蟲轉變為農產業的永續性營養資源，以及綠色化學的生物活性化合物。」因賽克公司執行長安托萬・聿貝赫或許會認為開發昆蟲多元用途和產品附加價值是創新的做法，但就演化的角度而言，相對於從人蜂關係所發展出來的這些悠久農業傳統，因賽克公司的策略也只是現代翻版而已。

從還在嘗試直立行走的靈長類，到人屬（*Homo*）的祖先，再到埃及、中國、希臘和羅馬，是昆蟲讓我們成為今日的樣貌，並不斷教導我們如何生存。人類學家艾莉莎・克莉坦登（Alyssa Crittenden）在二〇一一年發表了一篇論文，主題是關於人類在演化過程中使用蜜蜂和蜜蜂製品的情形。她在文中寫道：「找出蜂巢並使用石器工具取出內容物，可能是讓早期人族能夠取得比其他物種更多營養成分的創新之舉，同時也可能是讓人族增大的腦部獲得更多能量的重要營養來源。」[43]

人類與蜜蜂等社會性昆蟲互動的情形，固然可讓我們深入了解養殖昆蟲對於營養補給帶來的益處和風險，不過昆蟲和食蟲行為在人類演化過程中的影響更為深刻，也關係到我們如何看待餐盤中的昆蟲。二〇〇〇年，黑腹果蠅（*Drosophila melanogaster*，是一種喜愛醋和果渣的蒼蠅，俗稱為果蠅）成為第一個完成基因定序的多細胞動物；次年科學家便首次完成人類的基因定序。這種蒼蠅之所以成為研究對象並非出於偶然；一九〇九年湯瑪斯・亨特・摩爾根（Thomas Hunt Morgan）提議使用果蠅屬（*Drosophila*）進行基因研究，從此這種身體構造簡單、每隔十天就能快樂地繁衍出下一代的超小型昆蟲，就成為全球基因研究的主要對象。我們可以毫不誇大地說，若非這些關於果蠅的研究、還有果蠅相對簡單的基因組，以及牠們不怎麼叛逆的天性，二十一世紀這些自吹自擂的科學家們在基因工程方面的種種驚人成果（包括不會腐爛的番茄、先天性疾病的療法、可抗瘧疾的蚊子還有抗農藥作物等）恐怕不可能達成。

果蠅屬昆蟲以一種奇妙的方式為我們做出貢獻，讓我們更了解自己的來歷與果蠅有多少關聯。果蠅屬昆蟲的基因約有百分之四十七與人類相同，這些相符的基因也出現在蜜蜂身上（約占蜜蜂基因的百分之四十四）。我們與這些昆蟲源自於相同的祖先，牠們就是我們的一部分。

這樣的共同血緣，在「現實生活」當中代表什麼？神經科學家尼可拉斯．史卓斯菲德（Nicholas Strausfeld）和法蘭克．赫斯（Frank Hirth）近期比較了昆蟲與哺乳類動物的決策神經中樞，他們發現節肢動物和脊椎動物負責協調行為與選擇的腦內迴圈相符程度非常高，必然是源自於已演化到某個複雜程度的共同祖先。人類與昆蟲的相似之處不勝枚舉，從站立及行走的能力、注意力不足及情緒失調，到記憶形成機制受損的現象等比比皆是。所以歸根結柢，我們可以說是超群出眾的節肢動物。

人類最早是在非洲演化出適合直立行走的腳趾；無論是克莉坦登的演化史論文，還是其他最新的基因研究，都呼應了千年來在這個人類發源地口耳相傳的古老說法。喀拉哈里沙漠的薩恩族人流傳著這樣的人類起源傳說：有隻蜜蜂帶著一隻螳螂（牠的天敵）過河，最後牠精疲力竭，將螳螂放在一朵漂浮的花上。但就在嚥氣之前，牠在螳螂身上種下一顆種子，這顆種子生出了第一個人類。昆蟲、開花植物和水，共同孕育了初生的人類。

奇幻旅程

# 昆蟲對於世界永續的貢獻

**一 起 前 進 吧 （你 需 要 的 一 切 都 在 蟲 子 這 裡）**

**一 起 邁 向 奇 幻 之 旅**

---

＊標題取自披頭四歌名〈奇幻旅程〉（Magical Mystery Tour）

＊副標取自該曲歌詞:「一起前進吧（你需要的一切都在我們這裡），一起邁向奇幻之旅」（Roll up [We've got everything you need], roll up for the mystery tour）

以往我們在管理人類與環境間的關係時犯下諸多失誤、造成各種破壞，尤其是在糧食供給方面更是如此。因此，在將昆蟲轉變為主要的糧食和飼料之前，我們勢必要格外留意各種問題，並妥善運用科學方法加以防範。我們的採集或養殖方式對於昆蟲在自然世界的繁衍存續造成何種影響，關係到昆蟲飲食究竟會帶來我們所期望的助益，還是造成災難性的後果。即使純粹就技術層面而言，了解這些複雜的生態關係也有助於判斷適合養殖昆蟲的飼料成分、改善牠們的營養健康狀況；對於昆蟲採集業者、養殖業者以及致力維護物種多樣性和生態永續的工作者來說，這些知識更是彼此討論交流的重要基礎。食用昆蟲這件事，從來就不是**僅限於**昆蟲和牠們作為食物的價值而已，而是關係到昆蟲、其他動物以及植物彼此之間為維繫生存所建立的網狀關係。

澳洲生態學家提姆．富蘭納瑞（Tim Flannery）在二〇一〇年出版的《生在地球：世界自然史》（*Here on Earth: A Natural History of the Planet*）一書中提出：「（如果）競爭是演化的驅力，那麼這個協同共生的世界就是演化的成果。這樣的成果是很重要的，因為即使創造結果的驅力不再，遺留下來的成果仍會長久留存。」[44]我們可以從各種觀點去分析這個複雜而協同共生的世界，但我認為，所有的觀點可以歸納為兩大類。第一類觀點牽涉到的問題是，節肢動物現在以及過去數億年來（在人類出現成為牠們的騷擾對象之前）都在做些**什麼**。第二類觀點涉及的問題則是，牠們是**如何**從事這些活動。

在探討昆蟲與世界的關係時，昆蟲「如何」從事這些活動也意味著牠們如何「體察」這個世界並與之交流，這件事情的重要性並不亞於牠們那些明顯可見的外在特徵。人們花費數世紀的時間，才開始了解家畜和寵物的感官世界與荷爾蒙作用，以及這些資訊在動物管理和動物福利方面的意義。昆蟲的費洛蒙與鳴唱，就是牠們賴以感知及吸引彼此的語言；當我們開始試圖解讀這些語言，也許就能知道在推崇某些昆蟲和植物的功效與美味之餘，對於那些被視為害蟲的昆蟲，我們還能透過哪些更適合的方式管理人蟲之間的互動關係。如果後現代昆蟲飲食運動的影響，就是讓人們透過細心觀察增進對昆蟲的認知，這會是比發現另一種食物來源更加意義重大的成果。

我們就先來看看，昆蟲在自然世界中都在做些**什麼**。儘管我們擔心昆蟲會傳播瘧疾、斑疹傷寒、屈公病和登革熱等各種疾病，但大多數昆蟲其實是很**有用**的。牠們可以將礦物質和養分循環利用；牠們能幫助植物（授粉、播種、供應食物及提供防禦作用），也對動物有益（作為營養來源及提供保護機制）。牠們可以抑制植物、其他昆蟲以及脊椎動物的族群增長，讓其他物種不會無法無天地過度繁殖而導致數量過剩（只是牠們抑制不了*Homo moderna stultus*[45]）；此外，牠們還肩負了清除動物遺體、糞便和植物的重責大任，並讓這些物質可以重新為生物所利用。

昆蟲在維持生物世界的運作上發揮的作用，與牠們和土壤內微量元素、微生物相（例如真菌和細菌）、其他昆蟲以及植物之間的動態關係息息相關。現在，我們就來逐一討論這些關係。

可食昆蟲能為人類提供的主要微量元素的多寡，有一部分取決於牠們在大自然土壤與植物系統的養分循環中所扮演的角色。

打從數十億年前生命出現開始，硒就是所有動物都需要的重要微量元素。在有機生命體（包括人類）體內，硒蛋白是保護細胞免於氧化傷害的必要物質。部分研究認為，硒具有預防某些癌症的作用。如同鋅、銅、錳等微量元素一樣，少量的硒是人體不可或缺的物質，但過量就會引起中毒。硒不僅使用在洗髮精的抗頭皮屑成分中，也有許多工業上的用途。不過，人類從飲食中所攝取的硒，大都取決於我們所吃的食物以及這些食材的產地。植物中的硒濃度與硒含量，會受到硒在土壤和水中循環的情況影響。在自然環境中，硒的循環則大多必須仰賴昆蟲。和其他動物一樣，昆蟲也需要攝取硒；藉由食用植物以及其他昆蟲，牠們體內的硒含量會逐漸累積，而且昆蟲對於硒的耐受性顯然比其他動物更高。而且如同我們前面談過的，昆蟲的數量非常龐大；所以土壤內的硒在被植物吸收之後又被昆蟲攝取，然後隨著為數眾多的昆蟲在土壤、空氣和水之間移動並被其他動物捕食，硒這樣就進入了陸地和水中的食物網。昆蟲肩負這樣的工作已有數百萬年之久，牠們透過這樣的方式協助所有生物對抗氧化性傷害。

先前提到二疊紀和白堊紀末期的大災難時，我跳過了奧陶紀、泥盆紀以及三疊紀末期較不知名的幾次滅絕「事件」。標誌二疊紀結束的滅絕事件（史上規模最大的一次），還有白堊紀末期的大滅絕（導致恐龍消失），讓我們深深體會到什麼是令人椎心的災難，也讓我們對大滅絕的成因有了一些合理的解釋（火山爆發、小行星撞擊）；其他較小型的災難就不見得受到這麼多注意了。二〇一五年，一個由澳洲、歐洲和美國的學者組成的研究團隊在科學期刊《岡瓦納研究》（*Gondwana Research*）上發表了一篇文章，指出地球史上三次無法解釋成因的大規模滅絕事件時間，都與硒含量遽降（就演化史而言）的時期不謀而合。這些研究人員認為硒含量是整體微量元素的指標，而他們測量到這些時期的硒含量都遠低於一般認為動物生存所需的標準。相反地，微量元素含量特別高的時期都與生物蓬勃發展的時期相符，寒武紀大爆炸就是一例。我們不知道節肢動物在這些滅絕事件中扮演了什麼樣的角色，有個謠傳是說牠們刻意囤積微量元素，想等我們都掛掉之後再接管世界，不過我是懷疑這說法的可信度啦。對昆蟲飲食提倡者而言，這意味著我們在討論昆蟲的食用價值時，也必須考慮昆蟲生長的環境以及牠們所吃的食物。

昆蟲在硒的循環及再利用過程中所扮演的角色，可以讓我們稍微了解牠們對於維持生命存續具有重要而多元的功能。

以白蟻為例，在半乾旱氣候的生態系統中，白蟻被視為維護土壤的「關鍵物種」（也就是非常重要的意思）。有次我和我兒子開著豐田 Yaris 小車，從澳洲的達爾溫行經部分淹水的荒漠內陸前往阿得雷德。在途中，我們不時停下車觀察灌木叢中冒出的巨無霸紅土蟻窩；這些宛如摩天大樓的白蟻窩，顯然是蓋來挑釁歐洲來的那些早期入侵者。如同肯亞、塞內加爾以及墨西哥的稀樹草原和沙漠一樣，在澳洲的某些地區，白蟻每年可在每公頃土地上收集五百到一千公斤的土壤，用來建造牠們的公共住宅，數千年來如一日。在侵蝕作用之下，這些土壤日後會重新散布到周圍的地面上。在某些熱帶雨林地區，白蟻屬於頂層腐生生物，在當地昆蟲總數中所占的比例可能多達百分之九十；某些地區的資料顯示，白蟻除了可以吃掉超過半數的葉子和草屑，還能吃掉百分之五十的枯木並加以循環利用。我想牠們蠻適合在某些公務機關任職的。

白蟻也是昆蟲與微生物界發展出親密關係的一個例子。基於白蟻會吃木頭，有些人就認為白蟻當然也能夠消化木頭。這樣的想法只對了一半，而且只適用於某些種類的白蟻。白蟻的腸道中有許多細菌、古菌，有些白蟻（所謂的「低等白蟻」）體內甚至含有超鞭毛蟲。這些微生物彼此依賴，形成一種稱為專性共生的關係，藉此分解及消化木質纖維素（構成木本植物細胞壁的一種重要成分）。木質纖維素分解的速度極為緩慢，而且對大部分的動物來說非常難以吸收。[46]白蟻體內的微生物群包含原蟲以及可感染原蟲的細菌，能分解木質纖維素來取得碳元素；不過，白蟻還得取得構成胺基酸和蛋白質所需的氮元素，部分的氮元素是來自體內循環，其他則是透過一種稱為「肛道交哺」的社會行為而得。進行肛道交哺時，白蟻會去找同巢的其他白蟻，吸吮對方滴出的後腸液體（還是別去想像那畫面比較好）；這個行為可以往上追溯到白蟻和木食性蟑螂共同的老祖宗。

大約六千萬年前，某些白蟻（有些比我更熟悉白蟻的人稱之為「高等白蟻」）喪失了體內的原蟲，因此被迫開創更多管理食物供給的方法。這些白蟻的部分後代於是決定務農，蟻傘屬（*Termitomyces*）的名稱就是由此而來；這種菇類只生長在白蟻巢上，又稱為蟻巢傘或雞肉絲菇，能夠分解木質纖維素。根據二〇〇一年的一份研究報告指出，所謂的「老工蟻」會在白蟻巢外採集植物草屑，「小工蟻」則會在巢內咀嚼並吞下這些植物食材，在未經消化的情況下直接排泄出來，然後將糞球塞入海綿狀的「菌圃」中，就成了牠們的養菇園地。當雞肉絲菇逐漸成熟時，其中的木質素含量會隨之降低，變得更容易消化。年輕的小工蟻會吃新鮮的菌球，老工蟻則會吃掉較老的雞肉絲菇（比較容易消化），有點像年輕人可以吃比較不好消化的穀麥當早餐，老人家則會吃燕麥糊。白蟻就是用這樣的方式種植真菌，並在過程中製造出富含蛋白質和脂肪的食物，非常適合人類和其他動物食用。

不過，昆蟲、細菌和真菌之間的關係也不見得都這麼融洽。也許有人會想到M・R・凱瑞（M.R. Carey）在二〇一四年出版的《帶來末日的女孩》（*The Girl with All the Gifts*），這本精彩小說中的故事設定就與偏側蛇蟲草菌（*Ophiocordyceps unilateralis*）有關；這種被某些人稱為殭屍真菌的菌類，會入侵巨山蟻族（*Camponotini*）的神經系統，迫使螞蟻爬下樹，棲身在樹葉的背面，然後長出大量的孢子。此外還有槍狀肝吸蟲（*Dicrocoelium dendriticum*），這是一種寄生在羊身上的肝吸蟲，牠們會從羊糞進入蝸牛體內，再透過蝸牛黏液感染螞蟻，進而控制螞蟻的大腦。遭到控制的螞蟻會爬到草上，等著被羊吃掉，完成牠們的生命循環。

比起昆蟲與礦物質、以及昆蟲與微生物之間的關係，昆蟲彼此之間爾虞我詐的陰謀算計更是值得莎士比亞大書特書的情節。

大約在侏儸紀時期，某些樹蜂決定放棄素食，改吃甲蟲的幼蟲。這段期間，這些肉食性昆蟲不斷演化，從少數幾個品種逐漸演變成數百種、數千種，最後多達數十萬種。這些蜂類可不是跑進森林裡看到什麼獵物就拉弓射箭；牠們發展出一套更新穎巧妙的掠食方式，稱為擬寄生。有些擬寄生昆蟲會將卵產在其他昆蟲的卵內（例如我在先前苦思昆蟲的數字問題時提過的纓小蜂）；有些則是將卵產在毛毛蟲的頭部後方，當卵孵化後，幼蟲就可以在活生生的餐點上大快朵頤，例如屬於雙翅目（或稱真蠅）寄生蠅就是如此。在某些情況下，擬寄生蜂會找出藏身在植物裡的小甲蟲幼蟲，將具有麻痺性但不致命的毒液注入對方體內，然後在被麻痺的幼蟲旁邊產卵。當擬寄生蜂的幼蟲孵化後，馬上就能享用媽媽為牠保留的美味鮮肉。還有另一種情況，有些擬寄生昆蟲會直接將卵產在要寄生的昆蟲身上，這時牠們就必須設法讓宿主的免疫系統失去作用。在演化過程中，有些病毒「決定」搭上蟲卵的便車來讓宿主的免疫系統喪失功能，達到病毒和擬寄生昆蟲雙贏的局面。

有的蜂類發展出一種細胞團，被稱為滋養羊膜（可說是種奇特的昆蟲版胎盤）。滋養羊膜能保護蜂卵不受宿主的免疫系統攻擊，並吸收宿主血液中的養分，為發育中的幼蟲提供營養來源。幼蟲會在還活著的昆蟲宿主體內孵化，牠們就如同最小型的水生昆蟲，在宿主體內蛻皮、到處漂流、吸取血液（但不會排泄），最後從裡吃到外，來到外面的世界。到了這個時候，宿主當然已經被寄生者一路吃到掛了。當宿主遭到麻痺時，宿主和寄生者都只能停留在一個地方，只要宿主沒被鳥類等其他更大型的動物吃掉或是因其他原因死亡，寄生者就能達到目的。但若運氣不好，宿主和寄生者就只能同歸於盡了。

擬寄生在侏儸紀晚期發展出另一種型態，稱為「聯合寄生」；遭到這種方式寄生的宿主可在體內有寄生者的情況下繼續存活一陣子，經過幾次蛻皮之後才死去。有時，寄生者自己也會遭到其他昆蟲寄生，像是天蠶蛾幼蟲身上的寄生蜂會被更小型的蜂類寄生，這個寄生者又可能被更小的寄生者寄生……然後，如同史威夫特在詩中所述，或許還有更小的寄生者在其中，這些都是有可能發生的。從生態觀點來看，這些擬寄生昆蟲可透過巧妙多元的方式控制植食性及肉食性昆蟲的族群數量，因此也被人用於進行非化學性的害蟲防治。多虧有牠們，那些比較大型的胡蜂和黃胡蜂才不致為人類帶來無法承受的損失，但牠們同時也讓某些科學家傷透了腦筋，苦思不解怎麼會有神創造出這等折磨酷刑（如果可以這樣形容的話）。達爾文之所以被外界認為是無神論者（如果他這樣的想法算是無神論的話），可能也要歸因於這些生物。

食蟲人士能夠從昆蟲間的關係獲得的重要啟示，就是野外的昆蟲會互相抑制數量。若是因採集或養殖某些昆蟲產生直接或意料外的傷害，進而打亂這些關係，可能導致其他昆蟲的數量暴增，讓牠們從小害蟲變成大麻煩。

比起昆蟲與土壤間的關係，昆蟲與植物的共生系統當中更為人所知的，是昆蟲與微生物以及昆蟲與昆蟲間的關係。

在某些情況下，昆蟲就和人類一樣會利用植物達到自己的目的，雖然乍看之下對植物本身並無好處，但以最終影響而言，仍然可說是雙方共同獲益。舉例來說，北美洲約有一千七百種屬於造癭生物的昆蟲（大多是蚋、蠅和蜂類），牠們會刺激植物的荷爾蒙系統產生像腫瘤一樣的隆起物（也就是蟲癭），然後當成自己的住所和食物。對於植物來說，蟲癭的困擾之處是會擾亂植物的資源分配，導致種子產量降低。顯然，被感染的植物已適應這個問題；也許蟲癭會適度限制植物的生長和繁衍，讓植物不會過度繁殖，導致環境無法負荷。

在人類的發源地非洲，天蠶蛾幼蟲現在已被視為佳餚珍饈。在人類的祖先遇到天蠶蛾幼蟲、邀請牠們上餐桌之前，牠們都在做些什麼呢？這種幼蟲所吃的可樂豆木生長在非洲南部許多國家的森林裡，包括波札那、辛巴威、納米比亞以及南非共和國北部。除了昆蟲之外，大象是唯一會大量食用可樂豆木樹葉的動物；但隨著大象數量減少或被遷移至動物園，能遏止這種生長密集又少結果實的植物緩慢擴散的最後一道防線，就只剩下天蠶蛾幼蟲了。天蠶蛾在為期六週的幼蟲時期可增加四千倍的體重，即使是在有大象棲息的地區，牠們吃掉的可樂豆木也比大象更多，還能製造出將近四倍的糞便，可讓土壤更肥沃。簡而言之（其實也沒有很簡略），這些幼蟲從過去到現今，在人類發源地創造了最獨特且適宜居住的環境，至少是適合人類和大型動物群居住的。

另一種在二十一世紀被列入「高級御膳料理」的昆蟲食材，是棕櫚象鼻蟲的幼蟲。我們同樣要來好好了解一下牠們還沒被不吃蟲的冒險家發現時，在大自然中所擔任的重要工作。出現大面積切口、受損嚴重或瀕死的棕櫚樹會散發具有揮發性的化合物（就如同樹木的香水），向椰子大象鼻蟲（*Rhynchophorus ferrugineus*）傳達訊息，雄蟲會飛向氣味的來源，降落在瀕死的樹木上，並釋放出牠們特有的費洛蒙，向其他同類傳遞訊息。棕櫚樹和椰子大象鼻蟲雙雙釋放的氣味，會吸引更多椰子大象鼻蟲前來交配及產卵。椰子大象鼻蟲幼蟲的「鼻子」形狀如同尖利鳥喙，牠們會鑽入棕櫚樹內將其瓦解；這對樹木個體來說是壞事，但對象鼻蟲和生態系統而言卻是好事。不僅如此，象鼻蟲的幼蟲還可成為數兆種昆蟲、菌類和細菌的養分，讓脆弱的熱帶下層植物獲得豐富肥料，也因此成為森林中孕育新生林木的助力。一直到後工業時代，人類開墾森林來栽種椰棗、油棕和椰子，椰子大象鼻蟲才被視為害蟲。但是我們人類沒有留意生態平衡，難道能怪罪於牠們嗎？

直翅目昆蟲（蚱蜢、蟋蟀以及蝗蟲）都屬於長期以來協助養分循環的草食動物網狀關係的一環，這些動物形塑了自然系統中各式各樣迥異的環境，也讓其他動植物得以生活在其中。這些動物被我們重新貼上種種標籤，成為災禍或蛋白質的代名詞，或是如同詩人瑪莉・奧利佛（Mary Oliver）那篇優美詩作〈夏日〉（A Summer Day）所描寫，被視為發人省思、令人驚奇的對象；然而早在被人類這樣看待之前，牠們就已經是傑出的生態工作者。

我和普羅大眾一樣經常把蚱蜢和蝗蟲搞混，尤其放在餐盤裡的時候更是搞不清楚。考慮到這兩種昆蟲關係有多接近，我想這種混淆也不令人意外。不過，蝗蟲或許只能偶爾作為賑災救濟食品，蚱蜢卻可以成為主食，所以我們最好還是弄清楚兩者的分別。簡而言之，所有蝗蟲都是蚱蜢，但蚱蜢則未必是蝗蟲。蝗蟲會以駭人的龐大數量遮蔽天空；對於蝗蟲從單獨活動階段轉變為群體活動階段的過程，直翅目研究者稱之為「發育多型性」。如果你跟我一樣比較喜歡普通人的用語，我們可以說蚱蜢變形成蝗蟲的情況，就好比小說《化身博士》中的傑奇博士變身成海德先生，或是昆蟲版的《不可思議的浩克》（*The Incredible Hulk*），從平凡勤奮的主人翁變身成不受控制、傷人性命的野獸。在全球超過一萬種的蚱蜢當中，只有十幾種在分類上被歸類為蝗蟲。我在後面章節談到害蟲的時候會進一步討論蝗蟲，現在先著重說明一般正常蚱蜢普遍的生活方式。

一般而言，非群聚的蚱蜢幾乎都是植食性昆蟲，牠們會啃食生長在各種牧草地和草原棲地的各種植物。在過去幾十年內，研究人員試著尋找除了凝固汽油、散彈槍和神經毒素炸藥以外的蝗蟲防治辦法，因此對這些生物的行為生態有更加深入的觀察。蝗蟲一直都像我們所認定的那麼壞嗎？還是牠們只是遭到人類誤解的一種精神圖騰？就如同大自然的變化萬千，這個問題的答案是「兩者皆是」，或者應該說「看情況」。

有些生活在特定環境的蚱蜢，會食用枝葉分解速度緩慢的植物，這樣可以促進分解較快的植物生長，進而加速氮循環並提升整體植物生長量。生活在其他環境的別種蚱蜢，則可能因為偏好食用別種植物而抑制了整體植物的生長量。

蟋蟀也是在昆蟲飲食運動中快速躍升主食地位的一種昆蟲，牠們同樣屬於直翅目，與蚱蜢、蝗蟲以及螽斯是近親。蟋蟀與大部分親戚一樣，把作家麥可．波倫（Michael Pollan）那句廣受宣傳的建議奉為圭臬：「吃真正的食物，以植物為主，不要吃太多。」[47]全世界大約有兩千種蟋蟀，大部分是植食性，但偶爾也會破戒開葷。蟋蟀和野外的那些蚱蜢親戚一樣，都是勤奮認真的分解者與養分回收者，是為地球生物付出但無人歌頌的英雄（不過蟋蟀算是自己唱歌的英雄）。牠們貢獻的方式是吃掉大量富含纖維素的植物組織，製造出蟲糞（這是專指昆蟲排泄物的名詞），將植物中的能量和養分提供給細菌、真菌，最後讓我們得以吸收。

另一種昆蟲飲食界的美味佳餚麵包蟲，是黃粉蟲以及擬步行蟲科之下大約兩萬種甲蟲的幼蟲階段；擬步行蟲科是擁有黑暗祕密的昆蟲家族，至少這科的學名Tenebrionidae是這個意思。有點年紀的人或許對麵包蟲不陌生，我們大多曾在媽媽的麵粉儲存箱裡看過這些彎彎曲曲的東西。我媽會把牠們篩出來，有些媽媽則會把牠們炒過後加進煎蛋捲裡（也許丹妮艾拉．瑪汀〔Daniella Martin〕的媽媽就會這麼做）。擬步行蟲科的其他成員對穀倉和雞舍來說屬於害蟲，對於人類飼養的爬蟲動物來說則是食物。和其他昆蟲一樣，擬步行蟲科昆蟲除了幫助人類及滋擾人類以外，還有各種不同的工作職責。有很多種擬步行蟲樂於享用敗葉枯枝、死掉的昆蟲、糞便和真菌。也就是說，這些昆蟲比起任何徹底執行垃圾分類和資源回收的人都還要來得更認真更重要。除此之外，生態社會中也沒有白吃的午餐，在生命的廣大循環以及自然世界的社區服務中，這些昆蟲本身也是鳥類、小型齧齒動物以及爬蟲類的食物；不僅在自然世界中如此，隨著人類豢養這些動物，擬步行蟲也跟著成為寵物的食物。

大約一億年前的白堊紀時，在盤古大陸分裂（大約始於兩億年前）帶來的混亂鉅變之後，昆蟲還扮演了讓被子植物（開花植物）獲得妥善照顧和養分的重要角色。對於授粉昆蟲與開花植物之間，我們不僅分析技術層面的關係，也開始初步了解昆蟲與植物對話的語言。擔任授粉者的昆蟲與植物共同演化，發展出極度密切的關係。

可可樹（*Theobroma cacao*）學名的字面意思就是「眾神的食物」，這種植物在數百萬年前出現於現今的中南美洲，人類則在西元前一千九百年左右才開始製作苦澀的巧克力飲品。可可樹有各種故事流傳於世，其中一個版本是說阿茲特克的羽蛇神（Quetzalcoatl）將巧克力的祕密告訴人類，違反了戒律，因此被其他天神放逐。若你堅持道德上的是非分明，恐怕得承認眾神的處置是正當的；將可可豆從果莢中取走，就好比在活人獻祭中將人類心臟摘出來一樣。如今，可可樹生長在非洲、亞洲和美洲，其供應的可可豆創造了五百億美元的產值。可可屬（*Theobroma*）植物屬於熱帶雨林樹種，會在低枝上長出白色花朵，花型細小低垂，拂曉綻放，一日即凋。野生的可可樹花朵會散發複雜的花香，包含超過七十五種截然不同的香氣，能吸引蠓科和癭蚋科的小型昆蟲，牠們是可可樹唯一的授粉媒介。這些蠓類的活動範圍不大，牠們需要雨林內遮蔭處多的微型棲地才能生長。有鑒於此，比起把森林開墾成生產力貧弱的農園，在雨林中打造小型農場來種植可可屬植物並保護這些蠓類的棲地，應該會是更聰明的做法。這對於採用工業化農業方式單獨種植可可樹的農場業者來說似乎不太公平，不過我想蠓類昆蟲和花朵雙雙徜徉在雨林中時也不會想到要公平對待這些企業。

若要說明永續性食物系統、文化認同以及因經濟階級產生的偏見是如何互相影響，榕屬樹木是個相當重要的例子。這類樹種是許多動物的重要食物來源，包括狐蝠、捲尾猴、長尾葉猴、白頂白眉猴、鬚鴷、鳩鴿、鶇、無花果鸚鵡，以及紫斑蝶、樺斑蝶、大黃帶鳳蝶、長翅弄蝶、南方銀灰夜蛾、蜆蝶和曲鬚蛾的幼蟲。榕屬樹木在印度教、伊斯蘭教、耆那教和佛教也有重要的象徵意義（佛陀就是坐在榕屬的菩提樹下悟道的）。而且，還記得亞當和夏娃的無花果樹葉嗎？由此可見，榕屬樹木在古賽普勒斯地區象徵著富饒豐產。

世界上約有一千多種榕屬樹木，除了少數例外，其餘樹種都有相應種類的榕小蜂與其共生，擔任授粉的主要媒介。不僅如此，榕屬樹木的雄花和雌花成熟的時間並不相同。幼蜂會在隱頭果內的子房中成長；雄蜂孵化後會闖入同胎姐妹的「臥室」，與之交配，然後自殺（或許是因為懊悔自責吧）。受孕的雌蜂隨後就爬出果實，在過程中沾上一些雄花的花粉，然後飛到另一棵榕屬樹木上，在牠設法進入隱頭果時，就會將雄花花粉帶給第二棵樹的雌花，完成授粉。

不過，並非所有的榕屬樹木和花朵都是如此。一八八〇年代，加州人引進了斯密爾那無花果（Smyrna fig），這個樹種以出產甜美果實而聞名。但這些美國佬不知道，要繁殖斯密爾那無花果，需要借助雌雄同花的原生型無花果的花粉；原生型無花果一向被認為只適合當作山羊的食物（不具食用價值），但是斯密爾那無花果的花朵構造使得榕小蜂無法深入到能夠產卵之處，因此榕小蜂會在原生型無花果中產卵，讓幼蟲在果實內越冬。到了春天，榕小蜂飛出果實，將花粉傳遞給附近的無花果花朵，其中也包括牠們試圖進入產卵但無法如願的斯密爾那無花果。所以，榕小蜂需要原生型無花果，而斯密爾那無花果需要榕小蜂。一八八〇年代，美國植物學家頭一次從歐洲的無花果栽培者口中聽到這件事情，說他們必須要同時引進榕小蜂和原生型無花果才能種植出可供人類食用的無花果；此言讓植物學家們嗤笑不已，**哈哈哈，說什麼蠢話！這些農夫真是**

**愚蠢的鄉巴佬！**一直到接近二十世紀，美國人因為始終無法讓斯密爾那無花果樹結出果實，這才開始引進榕小蜂和原生型無花果。

蜜蜂向來受到人類的高度重視，因為牠們對於維持工業化農業（例如扁桃、油菜和櫻桃種植業）具有不可或缺的重要功能。此外，牠們也透過其他較不明顯的方式深深影響著人類的營養。我在一九〇〇年代參加一個關於巴西堅果的研究計畫時，發現這種堅果在變成餅乾和瑪芬的原料之前，曾與蜜蜂、樹木、鳥類和嚙齒動物共同發展出一段複雜的故事，在這些動物的幫助之下才得以結果。

巴西堅果樹（*Bertholletia excelsa*）生長在亞馬遜的原始森林中，要經過三十年才會開始結果，樹齡可高達一千六百年。在生長期間內，這個當地人用西班牙語稱為「castaña」的樹種可以長到五十公尺高，枝幹伸展開來的直徑可達三十公尺。巴西堅果樹林只生長在亞馬遜地區的西南部，範圍包括巴西、秘魯及玻利維亞的部分地區，開花高峰期是在十月、十一月和十二月。在這段期間，巴西堅果樹每天都會開出大量新的花朵，花朵會掉落到森林的地面上。

巴西堅果樹的樹冠為奇唇蘭屬（*Stanhopea*）和飄唇蘭屬（*Catasetum*）的野生蘭花提供了生長空間；這兩屬的蘭花如同其他蘭花一樣，都屬於附生植物（生長在其他植物上，但不會對其造成危害），因此需要能讓牠們依附、並從空氣中和樹木表皮吸收水分和養分的地方。這些蘭花會吸引蘭花蜂前來，尤其是滿腔愛意、正在尋找理想古龍水與真命天女的王老五雄蜂。巴西堅果樹的花朵具有龐大厚重的花瓣，而雄性蘭花蜂的體型碩大，舌頭也較長，是少數能夠通過花瓣、為其授粉的昆蟲。所以，當雄性蘭花蜂在美麗芬芳的蘭花周圍活動，為其授粉並收集能吸引雌性的香氣時，牠們也會造訪巴西堅果樹的花朵。

當樹上的巴西堅果果莢逐漸長成時，金剛鸚鵡會來吃果實，連帶也減輕了枝幹負擔的重量，避免樹枝因為果實過重而斷裂。外殼堅硬、重達兩公斤的果莢，成熟後就會掉到地面上，這時棕刺鼠（*Dasyprocta variegata*）就會來撿拾落果。這種大型齧齒動物是巴西堅果樹主要的播種者，牠們會咬破果莢堅硬的外殼取出堅果，沒吃完的就埋起來等下次再吃。當然，棕刺鼠未必每次都記得自己埋堅果的位置，那些被遺忘的堅果經過數十年後，就會成為森林裡的參天巨木。下回品嘗含有巴西堅果的餅乾時，別忘了想想蜜蜂、蘭花和雨林。

隨著昆蟲飲食推廣到全球，昆蟲飲食提倡者必須時時警惕的課題就是，我們所重視的昆蟲（無論是帶來災禍的、作為食用的，還是像蝴蝶那樣供人觀賞的）可能出乎意料地脆弱。如果我們要開始了解人類和數百萬種大多仍屬未知的昆蟲是如何互相影響，我們勢必要採取橫向思維（就像了解巴西堅果樹、蘭花與蜜蜂的關係）。

巴西堅果樹只是一個例子，證明我們對昆蟲「語言」的了解是多麼淺薄；如果我們想更巧妙地拿捏昆蟲飲食與昆蟲間的關係，就非得深入了解牠們的「語言」不可。在飼養其他牲畜時，我們會去了解牠們的行為和聲音所代表的意義，還有牠們所發送的化學信號，這些對於繁殖育種、選擇符合人類需求的特徵以及診斷疾病都有非常重要的意義。那麼，昆蟲是如何溝通的呢？

包括人類在內，許多昆蟲掠食者都很熟悉虎頭蜂、蜜蜂和螞蟻充滿警示意味的叮咬，其中含有會令人感到刺痛的化學物質。經常被稱為「疼痛鑑定師」的昆蟲學家賈斯汀・施密特（Justin

Schmidt），曾經使用疼痛量表記錄及評量這些叮咬造成的疼痛程度。不過，討論跨物種溝通的時候，如果只著重在這些叮咬的形式，那就好比將人類的長矛和砲火（本身當然有其意涵）與複雜的話語及身體語言混為一談。在牛隻管理上，人類近期的進展是了解荷爾蒙週期、產乳、繁殖、發聲及與其他牛隻的行為之間的關係。以昆蟲來說，便是對費洛蒙的研究。

尚－亨利・法布爾（Jean-Henri Fabre）是十九世紀的法國博物學者，著有多達十冊的鉅作《昆蟲記》（*Souvenirs entomologiques*）。法布爾作品文字生動淺白，曾因此遭到「正經的」科學家冷嘲熱諷，但一般讀者都能輕鬆理解內容；如今他已名聞全球，尤其在日本最受推崇。雖然法布爾是反演化論者，但達爾文曾盛讚他細緻入微的觀察，尤其是在昆蟲方面。一八七四年，法布爾注意到一隻剛破繭的雌性大孔雀天蠶蛾，牠在鐘形鐵絲網罩下張開翅膀，結果吸引了許多遠方的雄蛾。這個觀察讓人們發現了昆蟲所謂的「呼喚腺」，其後百年內，這些腺體所分泌的化學物質被命名為費洛蒙。某種由雌性長尾水青蛾所釋放的費洛蒙就如同香水一樣，能讓雄蟲在十公里外就察覺到異性。昆蟲所分泌的費洛蒙就像專屬的交友網站，讓牠們得以找到與自己同類的對象。有些費洛蒙可以跨越漫長的距離牽起紅線；有些由雄蟲分泌的費洛蒙作用範圍較小，被稱為催情劑，貝倫鮑姆對這種費洛蒙的描述是「可以讓雌蟲充滿興致的興奮劑。」[48]甚至還有表示「臭男人滾開啦」的費洛蒙，像是*Pterostichus lucublandus*這種步行蟲的雌蟲，在交配過後就會對其他窮追不捨的雄蟲噴出「防狼噴霧」。此外還有各式各樣的費洛蒙，包括示警用的、讓整群昆蟲行動一致的、保護產卵處的，以及指引食物來源的。

我們先前提過巴西堅果樹周圍蘭花的香氣與幫堅果樹傳粉的蜜蜂之間有什麼關係；蘭花或許很迷人，但也很狡滑。中國海南島的原生蘭花華石斛（*Dendrobium sinense*）是仰賴雙色虎頭蜂（*Vespa bicolor*）授粉，但華石斛碰到一個棘手問題，那就是雙色虎頭蜂比較喜歡捕捉蜜蜂來餵食自己的幼蟲，對於嬌美的花朵不怎麼感興趣。因此，華石斛分泌出一種化學物質，是東方蜂（*Apis cerana*）和意大利蜂警戒費洛蒙的成分。華石斛的花香中混合了這些警戒費洛蒙，就能成功吸引虎頭蜂前來，利用想獵捕蜜蜂的虎頭蜂為牠們授粉。

這件事讓我想起養蜂人關於香蕉和蜜蜂的傳言；香蕉的香氣也是模仿蜜蜂的警戒費洛蒙，而野生香蕉花是由蝙蝠和鳥類授粉，這種香氣會不會是為了誘使蜜蜂前來，好利用蜜蜂大餐吸引授粉動物靠近？

我兒子馬修在澳洲甘比爾山經營恩斯班蜂蜜農場（Unspun Honey）[49]，某次有人請他去處理一個分蜂的蜂群，據說這個蜂群移居到某戶人家後院的黑色商用堆肥桶裡面了，我陪同他一起前往。這種分蜂的蜂群是一群無巢的蜜蜂隨同蜂后到處找尋新的居住地，通常不具侵略性，因為牠們沒有需要保護的家園，而且正忙著與偵查蜂協商哪裡是適合落腳的新天地。我們小心翼翼地穿過小後院，跨過孩子們的玩具，慢慢靠近那個嗡嗡作響的堆肥桶。馬修掀起蓋子往裡頭一看，發現要處理的可不只是蜂群，因為蜂群認定這個堆肥桶可以保護牠們免於日曬雨淋，又離花叢不遠，是個恬靜舒適的家園，已經開始在蓋子下面築起蜂巢。當馬修將這些蜜蜂挖到他的桶子裡時，被激怒的蜜蜂們發起攻擊。馬修退回卡車去取蜂箱，裡面有他預先準備的「誘餌」香茅；這種植物會散發出與某種蜜蜂費洛蒙類似的味道，向蜜蜂表示「這裡有個舒適的家哦」。他儘可能把蜜蜂都弄進蜂箱裡，包括蜂后在內，然後將蜂箱留在原地，把堆肥桶蓋子的邊緣靠在蜂箱上，就這樣放了一整天。傍晚他回到原地時，所有蜜蜂都已經在充滿香茅氣味的新家安頓下來，堆肥桶空空如也，讓他和屋主都鬆了一大口氣。蘭花和香蕉樹的氣味很像蜜蜂警戒費洛蒙的味道，香茅卻能讓牠們感覺像在家裡一樣舒適放鬆。

費洛蒙為昆蟲提供了極為有效的溝通管道，因此在我們發展昆蟲管理和養殖方式時，費洛蒙也是不可忽視的重要考量。不過，費洛蒙並非昆蟲唯一的語言。昆蟲和人類一樣，會透過視覺和聽覺資訊了解周圍的環境，並藉由發出聲響來傳遞訊息。但昆蟲彼此溝通的性質（也就是傳送與接收訊息的方式），可能和我們透過觀察其他物種（包括我們自己）所認知到的常態大不相同。

「你聽，」我們在蜜蜂們歡快的嗡嗡聲中停下來，牠們正飛越我們的肩上，往來於蜂巢之間。馬修說：「可以『聽』得出來，蜂群很開心。」我豎耳聆聽，想起馬克．溫斯頓（Mark Winston）在二〇一四年出版的著作《蜜蜂時光》（*Bee Time*）當中所寫的：「養蜂人和蜂群之間有一種心照不宣的默契；如果你很平靜地待在蜜蜂周圍，牠們也會很平靜，產生一種讓養蜂人覺得彼此之間有所牽繫的氛圍。」[50]當我第一次思考昆蟲與聲音的關係時，腦海中浮起了馬修的蜜蜂們鎮靜或憤怒時的種種聲音，然後想起正值繁殖期的雄性螽斯所發出的唧叫和顫鳴，再想到我在寮國鄉間的家庭式小型養殖箱、還有加拿大伊托摩農場那貨倉大小的農舍中，聽到蟋蟀殷切欣喜的唧唧聲。那些雄蟲唧叫著表示：我準備好了，雌蟲在哪裡呢？我們沒有多少時間了！對於昆蟲的採集者和養殖者來說，這些鳴囀、顫鳴和歌唱之聲都是重要的信號，是昆蟲向渴望管理牠們的人類所傳遞的訊息。

不吃昆蟲的都市人，尤其是我們這種聽著搖滾樂長大、在工廠作業又沒戴安全耳罩的人，多半都習慣音量很大的聲音。根據體重比例來看，地球所有動物當中音量最大的是一種體型超迷你的小划蝽（*Micronecta scholtzi*），雄蟲用陰莖摩擦下腹部時可產生高達九十分貝的聲響。同科的划蝽所產的卵則曾被阿茲特克人拿來販賣，西班牙人稱之為「墨西哥魚子醬」。

雖然我沒聽過這種水蟲的聲音，也沒嘗過牠們出產的魚子醬，但我曾經領教過美國東岸的週期蟬（*Magicicada*）那重金屬般尖叫的威力。這種蟬會根據固定的週期破土而出，成為某些掠食者難能可貴的美食盛宴，也有人視其為蟲蟲災難。每群蟬的週期會錯開，因此牠們不會全部同時破土出來在全美國飛舞；每個群各有一個羅馬數字編號作為識別。週期蟬只在北美洲出現，牠們破土羽化的年份間隔必定是十三和十七這兩個質數之一，目前還沒有人能為這個現象提出令人信服的合理解釋。在大舉破土飛舞之前，週期蟬的若蟲會從土壤深處爬到表層土壤的下面，準備全體一起進入羽化階段。一旦有適宜的溫度和濕度，數以億計的蟬就會破土而出，爬上附近的樹幹蛻皮，接著就是一場盛大的成年禮派對。對任何以昆蟲為食的動物（包括魚類、小型哺乳類、烏龜、鳥類和人類）來說，週期蟬的羽化蛻變可是畢生難逢的吃到飽饗宴。成蟲白色柔軟的身軀會在數小時內硬化轉黑，接著牠們就會笨拙地飛來飛去，雄蟲還會唱起嘈雜的情歌。對於週期蟬生命中這段時光，身兼音樂家、哲學家和博物學者的大衛・羅騰堡（David Rothenberg）形容是「純粹只有狂歡、音樂和性的幾個星期」[51]（出自他的著作《昆蟲樂音》〔*Bug Music*〕）。大約十天過後，牠們交配完成，天下終無不散的宴席，狂歡作樂的日子畫下句點。雌蟲會在樹幹上鑽出一個個小洞並逐一在其中產卵，共會產下五百個左右的卵。大約六到七週後，成蟲死去，小若蟲則在孵化後落到地面鑽入地底，啃食樹根及吸取韌皮部的汁液，度過牠們要蟄伏的十三年或十七年時光。成蟲死後會成為肥料，滋養牠們自己偏好的榆樹、楓樹、橡樹或白蠟樹。雖然週期蟬會發出擾人的噪音，但牠們在落葉林中是相當重要的長期養分循環者。

不過，一般昆蟲的聲景生態大多比較安靜，因為牠們發聲的對象並非人類的耳朵，尤其是我們這些鼓膜都被搖滾樂和工廠噪音破壞了的傢伙。

一九七七年，加拿大作曲家、教師兼音樂家R・莫瑞・薛佛（R. Murray Schafer）出版了《世界調音》（*The Tuning of the World*），他在書中提出一個新概念，日後的研究論文和相關書籍稱之為「聲音生態學」。薛佛認為我們對於鳥類和蟋蟀鳴叫等較大聲的聲音投注了過多的注意力，因此遺漏了各種昆蟲和植物複雜細微的溝通系統。一九九二年，音樂家兼作曲家大衛・鄧恩（David Dunn）推出錄音作品〈池水中的渾沌與心靈湧現〉（*Chaos and the Emergent Mind of the Pond*），他從北美洲和非洲的水塘中錄下水生昆蟲規律的喀噠聲、啪啵聲和嗡嗡聲，並加以整理排列。將近十五年過後，鄧恩又推出專輯《林中陽光的聲音：矮松的聲音生態學》（*The Sound of Light in Trees: The Acoustic Ecology of Pinyon Pines*），這次他在美國西南部地區，將迷你麥克風和感測器裝設在貽貝松（*Pinus edulis*）這種矮松的韌皮部和形成層當中，錄下了混點齒小蠹蟲（*Ips confusus*）的「聲音」與對話，其中很可能還有樹皮小蠹蟲（*Dendroctonus*），以及各種蛀木蟲和天牛的幼蟲。鄧恩與工作夥伴將孳生昆蟲的樹木與健康的樹木進行比較後，認為他們所謂「昆蟲與樹木之間的生物聲學互動」是「影響侵染族群動態並導致大規模伐林的主要驅力」。[52]

在二〇一五年，一個西班牙研究團隊發表了針對兩種小型盲蝽（*Macrolophus pygmaeus*和

*Macrolophus costalis*）的研究結果。這兩種盲蝽都是以蚜蟲、粉蝨和其他蔬菜作物的害蟲為食。研究人員使用「雷射測振儀」（這顯然不是什麼成人玩具），測量他們所謂「介質傳遞」的振動訊號，他們發現這些盲蝽所使用的溝通方式是以兩種截然不同的聲音構成，且分別自成一套和聲結構。第一種是像吼叫般的聲音，這是交配前唱情歌使用的重要基調；另一種似乎與盲蝽行走所用的時間增長有所關聯。

除了盲人以外，大部分人都是靠視覺判斷自己在空間中的方向，我們也往往假設自己眼睛所見的世界與昆蟲是差不多的。不過，我們知道蜜蜂是「紅色色盲」，牠們和人類一樣有三種感光色素，但牠們可以感知紫外光、藍光和綠光的波段；也就是說，蜜蜂可以感應波長低於三百八十奈米的紫外光，而這是我們看不到的。人類擁有可辨別藍色、綠色和紅色的感光細胞，但我們所看到的紅色在蜜蜂眼中則只有黑色。另一方面，蜻蜓和蝴蝶則可能擁有五色視覺，實在很難想像如果生來就能感知五種顏色的波長，到底會看到什麼樣的世界。

當然，視覺並不只關係到辨色力。以花朵來說，像蜜蜂這樣能感應紫外光的生物所看到的顏色，很可能與我們認為的「正常」色彩大異其趣。有些植物是用靶心似的圖案來吸引授粉昆蟲，黑心金光菊就是一例；也有些植物長著跑道般的花紋，好指引昆蟲在此降落。昆蟲的視覺世界與我們差異更大之處在於，許多在白天活動的昆蟲長有複眼，內含許多獨立的感光組織，稱為「小眼」。這些小眼會將接收到的訊號分別傳送到腦部，合成一個直立的成像，這種類型的眼睛稱為「並置眼」。

螢火蟲、蛾類以及在日暮時分或夜晚飛舞的許多昆蟲，都有所謂的「疊置眼」；牠們的感光能力比並置眼的晝行性昆蟲高出一百倍以上。在疊置眼的構造中，小眼會合併訊號，在視網膜上形成單一成像。我和家人曾經住過爪哇，當時我偶爾會出門在漆黑的田野間漫步，欣賞那片沒有都市光害的清朗蒼芎和滿天星斗；黑夜裡的水稻田間，可以看到螢火蟲（其實是螢科的甲蟲）閃耀著流光飛舞，成群螢蟲同時明滅閃爍，那幅壯觀景象讓我欽佩不已。但當時我還不知道，我看到的是正在求偶的雄性螢火蟲，牠們會以螢光閃爍發出同種螢火蟲才能辨識的專屬信號；相同品種的雌蟲會以自己獨特的光回應，發出訊息：「我在這裡，我已經準備萬全、充滿期待，就等著你來！」

對於這些甲蟲來說，能否在其他近親物種紛雜的訊號之中傳送、解讀及接收正確的信號，可是攸關存亡的大事。但對於*Photinus*屬的雄性螢火蟲來說有件不幸的事情，那就是與牠們血緣相近但不同屬的*Photuris*屬雌蟲破解了其他幾種螢火蟲的密碼，包括*Photinus*在內。當*Photinus*雄蟲看到回應招呼的信號，渴切地前來赴約時，*Photuris*雌蟲就會把牠給吃了。我猜想，這大概是個消滅競爭者又能同時飽餐一頓的方法。

無論是蜜蜂的並置眼還是螢火蟲的疊置眼，兩者都沒有聚焦的能力，也都無法在眼窩中轉動。不過，牠們在偵測物體移動時可是比我們更快更有效率，這也就是為什麼蟲子這麼難抓；對於想要發展採集技術並避免附帶損害的人來說，這是相當重要的一點。

世界上許多地方都有人會吃糞金龜，這種甲蟲會利用光的偏振模式以及陽光和星星來定位，而且還會用銀河等星象來導航。晝行性（也就是在白天活動）的糞金龜，擁有可感測陽光來發揮指南針作用的神經元。夜行性糞金龜腦部的神經元則可感測月亮的偏振光還有星光，和專值日班的糞金龜相比，牠們的指路燈可是黯淡了一百萬倍。為了避開競爭者和偷糞者，糞金龜必須以直線移動離開糞堆；牠們在開始移動前，會先爬上糞球在星光下跳舞，好找出行進方向。一旦確認自己所處位置以及要前進的方向，糞金龜就會開始滾動糞球，如果中途迷了路，也會不時爬上糞球再跳一次舞。

除了視覺、聽覺、味覺和觸覺，有些昆蟲還具備磁感，也就是能利用磁場在環境中定位並導航到新的地方。已經有許多研究文獻記載螞蟻、白蟻和蜜蜂擁有這樣的能力。

就和人類一樣，感知世界的能力對於昆蟲來說是必要的，但光是這樣還不夠。如何統整及運用感官接收到的訊息，攸關牠們的生計和存亡。昆蟲的世界有著與我們截然不同的空間觀和時間觀。即使我們能描述牠們對於磁場或偏振光變化的感知能力，還是難以體會這些感官；就算先撇開這些不談，色彩和移動也只不過是感知能力的一環。和藹可親的神經科學家會告訴你，看到某些東西並不等於意識到那些東西。那麼，我們所看到的到底是什麼？認知的過程包含整合多個來源的資訊並加以評定，進而做出決策：這是食物嗎？還是敵人？或是毫不相干的東西？蜜蜂已演化出整合所有知覺來源的方法，並用來建構一套複雜度不亞於人類的語言系統。牠們可以將氣味與太陽的方向等資訊融入複雜的飛舞姿勢中，藉此與其他蜜蜂溝通、說明花蜜和花粉來源的位置與品質，以及透過協商從幾個新家候選地中選出蜂群的新家園。

就昆蟲而言，我們認為這個處理過程是基於某種神經生理學或神經解剖學上的演算法則。而就人類來說，這類資料是用來進行抽象的論證，也是人類擁有心智的證明。

現在我們應該可以清楚看出，昆蟲的世界對人類而言很難體會，但人類仍努力試圖了解。我們的社會承襲自原始印歐人、亞非人、達羅毗荼人和漢藏語族等人類祖先的各種傳說與戰役糾葛之中，一路演變至今；同樣地，如今我們所居住的奧妙自然世界，也是在「億萬種」昆蟲的世界觀和語言互相作用之下形成的樣貌。牠們藉以感知世界萬物的要素，是各種（與人類眼見大不相同的）顏色、（與人類聽聞大不相同的）聲音、（與人類嗅聞大不相同的）氣味，還有與人類感官比較類似的味覺（甜、酸、鹹、苦、鮮）以及觸覺（壓力、疼痛、溫度）。昆蟲所擁有的感官還不只這些，有些根本是我們難以想像體會的，像是磁感。牠們感受周遭及認識世界的方式，與人類大相逕庭。

休・萊弗斯（Hugh Raffles）將二十世紀重要生物學家兼哲學家雅各・馮・魏克斯庫爾（Jakob von Uexküll）的著作加以摘要時，曾如此寫道：「所有生物都活在自己的時間世界與空間世界中……這些世界互有差異，其中的時間和空間受到每種生物獨特的感覺器官影響，因此產生獨特互異的體驗。」[53]

在昆蟲飲食所帶來的全新綠色世界中，如果我們想避免工業化養殖業過度發展以及因採集過度造成生態衝擊，就一定要重視昆蟲與環境之間的語言和對話。就技術層面來說，這些交流對於害蟲和幼蟲的管理作業相當重要，但在我看來，這並非僅止於技術問題。在我們想著如何將昆蟲飲食全面落實在人類與生態環境的親密互動（也就是進食）之中的同時，我也對昆蟲所擁有的多重宇宙深深感到不可思議。

# 第三部

# 我曾有過一隻蟲：人類如何創造昆蟲

恆久以來，昆蟲與人類之間持續進行著戰爭。人類的故事傳說讓我們對昆蟲有著根深蒂固的戒心和見即殺之的心理準備，要是對付不了，那就快點逃跑求生。昆蟲是如何融入我們的文化想像？人類是不是刻意將昆蟲全都塑造成怪物異類，這樣就能毫無遲疑地撲殺昆蟲、完全不必內疚？我們這就來探索昆蟲的黑暗敘事，看看這些觀點對於農業、糧食和疾病管制政策造成什麼樣的影響，又是如何造就二十一世紀滿目瘡痍的環境地景。

把你啃光光

# 昆蟲是破壞者，是怪獸

**我曾擁有一隻蟲，或者也許應該說**

**牠曾經擁有過我？**

---

＊標題I'm Chewing Through You取自披頭四歌名〈把你看透〉（I'm Looking Through You）

＊副標取自披頭四歌曲〈挪威的森林〉（Norwegian Wood）歌詞：

「我曾擁有一個女孩，或者也許應該說，她曾經擁有過我？」

（I once had a girl, Or should I say She once had me）

人類對於昆蟲世界的想像充滿矛盾，因此在對待昆蟲的方式上也同樣充滿了矛盾。一直到二十世紀晚期，在歐洲科學與科技的狹隘觀點主導之下，全球的主流論述都認定昆蟲是邪惡的生物，是人蟲戰爭中格殺勿論的害蟲。對於現在仍抱持這種想法的人來說，「吃蟲」就算沒有到令人作嘔的程度，也還是大有問題。畢竟拿著殺蟲劑去噴蟲，然後又把牠們端上餐桌，這樣的做法似乎不太合理。

對大部分人來說，昆蟲是怪異、非人的「異類」。牠們不受控制，一繁殖就是數百萬隻，不但會侵門踏戶甚至入侵我們體內，還會散播疾病、造成破壞。即使想捕捉，牠們也會靈巧快速地跑走或溜走。看到這樣的生物出現在餐盤裡，歷史上傳染病和害蟲為患引發的種種恐懼和憤怒立刻被勾起，人們馬上就會不自覺地產生一種沒來由的厭惡。對於新昆蟲飲食的提倡者來說，這就是將生物學理論實際套用在社會文化時會面臨的情況，個人切身經驗會與抽象資訊互相衝突。我們都想為環境和生態盡一份心力，我們都希望讓地球永續發展，但叫我們吃**蠕蟲跟蚱蜢**？真的要這樣嗎？

想像一下這畫面：某人的腹內突然一陣劇烈翻騰，然後腹部不斷被撐大，最後在劇痛之中皮開肚裂，出現一隻初生的動物。假設如同《異形》系列電影的劇情一樣，這個新生兒擁有昆蟲的外型，我們對其感受到的恐怖、噁心和懼怕，可能遠勝過想像大型動物撐破人類肚腹所帶來的恐懼不安。如果在同樣情況下出現的是一隻有著圓滾滾大眼的蜂猴，我們在害怕不安之餘可能還會混雜一些其他的感受，「喔天啊，好可愛！」如果出現的生物是像電影《E.T.外星人》裡面出現的E.T.，我們就可以確定自己來到荒唐鬧劇的世界了。

在非食蟲文化（那些試圖透過武力和貿易讓全世界接受他們生活方式的文化）當中，巨大化的蟲形生物始終是電影和文學中用來激發恐懼的題材。[54]

如果富有科學思維的霍爾丹認為造物主對甲蟲情有獨鍾，那麼小說家麥爾坎．勞瑞（Malcolm Lowry）充滿灰暗混亂氛圍的《在火山下》（*Under the Volcano*）一書中，那位酒鬼悲慘地墮入地獄、面對各種昆蟲環繞的情景，也似乎令人想起印度創造之神濕婆的伴侶，也就是毀滅女神迦梨。書中描寫領事「無助地」看著四周「沾著蚊子血」的牆上爬滿了昆蟲，彷彿「全部的昆蟲不知怎麼地越來越靠近，逐步進逼，朝著他包圍上來。」根據西班牙電影導演路易斯．布紐爾（Luis Buñuel）所述，薩爾瓦多．達利（Salvador Dali）曾因飽受寄生蟲妄想症折磨導致出現自殘行為。從電影《MIB星際戰警》、《異形》，到卡夫卡《變形記》（*Metamorphosis*）中外型變成蟑螂模樣的格里高爾．薩姆沙（Gregor Samsa），在非食蟲文化中，蟲形入侵者或變形成昆蟲總是意味著禍事臨頭。

一大群的蝗蟲、螞蟻或甲蟲有別於一大群的牲口，牠們不會令人聯想到北美大平原的田園風光，也不會令人想到聖經中所說的「千山上的牲畜」。大群的昆蟲會一窩蜂地移動，牠們意味著侵門踏戶、侵擾為患。如果牠們乖乖守好自己在自然界中的本分，有些昆蟲可能會受到崇敬（例如埃及的聖甲蟲），或是被看作勤奮美德的典範（像是出現在伊索寓言或所羅門箴言中的螞蟻，或是基督教信仰中的蜜蜂）。不過，蟲子在大多數情況下還是讓我們膽顫心驚。

製造出這種不安的故事有著各式各樣的觀點，也反映出大自然的複雜性以及人類在自然中的多重角色。但這樣豐富的資訊，只是讓我們更加困惑於自己該做什麼。世上有幾篇關於螞蟻認真清理紐約街頭垃圾的新聞，就有幾篇描述阿根廷紅火蟻大軍啃食凱門鱷寶寶的報導；隱含在這些消息背後而未曾言明的問題是：這些螞蟻會對我們做出同樣的事情嗎？又有誰能忘記加布列・賈西亞・馬奎斯在《百年孤寂》中寫到的紅火蟻群，「數不清的螞蟻」抬著死嬰走向蟻巢洞口的那一幕？

自然作家大衛・逵曼（David Quammen）認為，人類心中深植著把昆蟲視為恐怖之物的渴望。他的著作《天降怪物：歷史記載與人類心中的叢林食人猛獸》（*Monster of God: The Man-Eating Predator in the Jungles of History and the Mind*）記錄歷史上潛近人類然後殘忍吞食人肉的恐怖掠食動物，為牠們寫出了動人的輓歌；這些動物包括獅子、老虎、鱷魚、熊和狼，如今在世界各地鄰近荒野的地區，仍不時會傳出這些野獸偷走嬰孩的消息，讓偏遠地區居民恐慌不已。即使我們已讓這些動物瀕臨滅絕，牠們仍留存在我們心中，潛伏在心理生態學中的暗夜叢林裡。在書中的最後一章，針對已故的H・R・吉格爾（H.R. Giger）為《異形》電影所製、具有昆蟲特徵的異形，逵曼提到：「我相信《異形》系列電影的成功就如同經典不朽的《貝武夫》（*Beowulf*）以及《吉爾伽美什》（*Gilgamesh*）一樣，不僅反映了我們對殺人怪物的恐懼，也反映出我們對這種怪物的需求與渴望。這些生物豐富了我們最喜愛的夢魘，給我們帶來極致的恐懼，激發出我們無窮的勇氣……我想，比起降落在LV-426星球結果發現異形巢穴，更恐怖的恐怕是降落在LV-426，還有一顆又一顆無人踏足過的星球，結果卻什麼也沒有發現。」[55]

有些人認為科學揭開大自然的神祕面紗後，就能解除這種對怪物的需求，認為人類既然擁有強大科技和地球霸主的地位，就能看清這些怪物不過是我們用狂熱妄想虛構出來的產物。但人類的心理是無法如此輕易劃分的，非食蟲者對於昆蟲那股深惡痛絕的根源，不僅起源於想像，也起源自科學，科學報告與夢魘怪物之間有著彼此互相強化的效果。

比方說，在我們看完虛構的《異形》踏出電影院以後，在真實世界中也會遇到生吃獸肉的昆蟲。蠅蛆病就是因蒼蠅在動物的皮膚上產卵所造成的病症，從卵中孵化的蛆會以新鮮的動物皮肉為食。造成這種可怕疾病的蒼蠅被稱為膚蠅（botfly）或麗蠅（blowfly），這些蒼蠅體型都很小，但如果（我們的想像力被電影養大了胃口所以異常活躍）牠們變得很巨大呢？

膚蠅英文名稱中的「bot」起源於蓋爾語，原義就是指蛆；而根據已故的英國法醫昆蟲學專家扎卡里亞·俄辛克里歐古（Zakaria Erzinçlioglu）所述，麗蠅英文名稱中的「blow」在過去是指一大堆蒼蠅卵。西元前幾世紀時，荷馬就曾在作品中寫到「成群的蒼蠅」（the blows of flies）；西元一六〇〇年代初期，莎士比亞也在《愛的徒勞》（*Love's Labour's Lost*）中寫出「像一群下卵的蒼蠅，讓蛆一樣的矜飾汨沒了我的性靈」（These summer flies have blown me full of maggot ostentation），在《安東尼與克莉奧佩特拉》（*Antony and Cleopatra*）當中則寫到「我寧願赤裸了身體，讓水蠅／在我身上下卵，使我生蛆而腐爛」（Lay me stark naked and let the water flies / Blow me into abhorring）。*譯註 這些典故讓時下的用語「blow job」（口交）一詞，增添了有別於青少年原本所想的意涵。還好，蠅蛆生吃人肉的情況相當罕見。我們比較常遇到吸取人血的昆蟲，而牠們在許多方面為害更甚。

＊譯註：為避免望文生義致使譯文與出處原義不符，莎劇內文翻譯均參考朱生豪譯本。

二〇〇七年，我參加由世界動物衛生組織（World Organization for Animal Health，簡稱OIE）[56]所贊助的一項任務。連我在內總共有三名工作人員前往柬埔寨評估當地動物的健康情形，三人都是歐洲人。在不到一週的時間內，我們駕車往來於柬埔寨南部的平原稻田之間，在從田裡延伸到湄公河支流的歪倒圍籬內觀察鴨群四處划水，然後慢慢從越南和柬埔寨南部邊境經過辦事處，往北抵達柬埔寨中部占地甚廣、生機勃勃的洞里薩湖。從天未破曉到天色已黑，我們造訪了斯巴達政府和幾間草木茂盛的私人實驗室、不起眼的小藥房、臨時驗屍室、研究中心，以及在反智主義的波布（Pol Pot）政權幾近全面性的破壞之後、仍在努力重振的各大專院校，還有戶外的屠宰區（在這裡宰殺的布拉曼牛是在烈日下斷氣的），跟半遮蔽的屠宰場，裡面有穿著破爛染血短褲的男孩們在用塑膠桶盛裝豬隻的血液、內臟穢物和被丟棄的肉塊。我們看到許多雞鴨豬牛，有放養也有籠飼，有模樣邋遢的、身形肥壯的，也有已經死去被掛在肉鉤上的。在往來金邊與暹粒之間的公路上，我還看到了一些其他的東西；用道格拉斯・亞當斯式的講法來說，不構成意義的東西就是看不到的，所以當時我並沒有意識到自己看到了什麼。

在綠色的稻田間以及滿水的灰色溝渠和池塘周圍散布著一些裝置，上面的透明塑膠布被一陣陣風吹動。在每張塑膠布下面都有一個矩形「船體」，用同樣材料製成。這些塑膠布在白天通常會被收束起來，到了夜晚則會展開構成立體的矩形。更令人好奇的是，這些裝置到了晚上還會亮起燈，有如可怕的方臉稻草人在風雨中飄揚，啪啪作響。當我問起這些東西時，我們的導遊只是微微一笑；後來遇到路邊市集時，他帶我去看一個個大籃子，裡面裝滿了胡桃大小的水蟲。這些甲蟲會受到燈光吸引而飛進布簾中，然後掉進下方的容器裡。牠們是食物，人類的食物。

當時我覺得這是個有點令人不安的奇聞，同時也回想起一九六八年時，我曾背著沉重的無架式綠色帆布後背包經過這個地區，衣服被汗浸透，背面還磨破了；那時在泰國巴士站，就有幾個男孩在敞開的窗外殷切地要我嚐嚐「shish ke-bug」這種甲蟲，被我婉拒了。這次，我對於食用這些長得像蟑螂的蟲子同樣感到噁心。

無論是一九六八年還是二〇〇七年，當時的我都不知道，在泰國、寮國和柬埔寨都有人將田鱉烤來吃或炸來吃，我也不知道泰國人的昆蟲食用量大到需要從鄰近國家進口、野生水蟲的數量因為棲地變化和環境汙染正在減少、價格亦隨之上漲，更不知道這種昆蟲一旦群聚就會開始同類相食，因此難以人工養殖。我從未想過，照顧這些昆蟲有天居然會成為我獸醫工作的一部分，也沒想過ＯＩＥ和柬埔寨農業部對牠們會有興趣，更沒想到世界各地糧食安全對策的關鍵之一，居然就是這些昆蟲。

為什麼我從來沒想過這些呢？我想是因為，當時我全神貫注於我的同類所面臨的健康問題。

擺在我眼前的，是人類被昆蟲當成食物所造成的影響。某次我看到一個男人騎機車，後座載著一個女人，中間還有個嬰兒。這樣的畫面在東南亞並不少見，常有機會看到父母帶著兩三個孩子騎在一台小型機車上，還載著幾個裝得滿滿的購物袋。但我二〇〇七年在金邊所看到的情況有點不同，那個女人提著一袋靜脈輸液，袋子上細細的輸液管插在嬰兒的手臂上。柬埔寨的出血性登革熱疫情非常嚴重，在二〇〇七年共有四萬人感染，超過四百人因此死亡，許多患者是兒童。登革熱病毒就和茲卡病毒以及黃熱病病毒一樣，是經由蚊子傳染的。雌蚊會吸食哺乳動物的血液，當牠們享用完這一頓血液自助餐、再去品嘗下一餐時，就會連帶讓病毒傳播開來。諷刺的是（如果忽視物種之間顯而易見的藩籬），雌蚊吸食人血是為了確保自己的後代得以存續。這些蚊子展現出強悍的母性本能，這也是許多種類的蚊子之所以能在極度不利的環境中存活這麼久的原因；牠們並不是「衝著我們來」的。就如同飲用牲口血液的馬賽人以及吃血腸的法國人，這些蚊子、蝨子和壁虱吸食我們的血液，都只是為了養活自己和後代。

蚊子並不是唯一的吸血昆蟲。錐獵蝽，又稱為食蟲椿象，是半翅目獵蝽科中約七千種昆蟲的一員；獵蝽科的昆蟲都是掠食者和吸血蟲。雖然有研究報告顯示澳洲中部某些原住民會吃獵蝽科昆蟲，但我們大多認為是這些吸血蟲以我們為獵食對象。以人類和其他動物血液為食的錐獵蝽，大概是由一億七千五百萬年前的食蟲昆蟲所演化而來。錐獵蝽可傳染克氏錐蟲（*Trypanosoma cruzi*），這是一種以波浪狀行進、帶有鞭毛的柳葉形血液寄生蟲。錐蟲應該是從最早開始以昆蟲為宿主的寄生蟲演化而來，牠們在非洲、澳洲和南美洲是造成許多哺乳類和有袋類動物罹患多種嗜睡症的原因。雖然盤古大陸約莫在兩億年前就開始分裂，但一直到數千萬年前非洲和南美洲才分道揚鑣，上面的寄生蟲自然也一路相隨。

在夜裡，錐獵蝽會從泥牆上的漆黑裂縫鑽出來，沿著牆面和吊床鉤繩往下爬，一旦發現熟睡的人類，牠們就會找個方便的地方吸血，通常是眼唇周圍等等黏膜組織外露之處；錐獵蝽的別名「親吻蟲」也是由此得來。為了避免弄醒沉睡中的人類，牠們會注射一點麻醉物質到人體內，接著從眼內角等處吸食血液、排出一些排泄物，然後再晃回家。被吸血的人類在醒來後揉了揉搔癢的眼睛，這時就把錐獵蝽糞便中的寄生蟲揉進眼睛裡了。

少數人在被咬時會出現過敏反應，不過大部分人被這種寄生蟲寄生後不會因此患病。約有百分之十的人會演變成慢性疾病，導致心臟衰弱無力或腸道和食道擴張無力，這些症狀有可能要經過數十年才會出現。可以想見，罹患這種慢性病的人會缺乏活力，而且往往感到痛苦不適。

就連頌揚科學與「客觀」觀察的達爾文，也無法壓抑或掩飾自己對吸血昆蟲的厭惡。在《小獵犬號航海記》（*The Voyage of the Beagle*）一書中，達爾文寫道：「我們渡過了拉森河；這條河相當廣闊，但人們對於它流向海岸的河道路線仍所知不多，甚至有人懷疑它在流經平原的時候是否就已被蒸發，或者它其實是紹塞河或科羅拉多河的支流。我們在村裡過夜，這是個周遭都是田園的小地方，位在門多薩省已開墾地區的最南端，距離該省首府約五里格遠。*譯註 夜裡我遭到了『侵擾錐蝽』的攻擊（稱之為攻擊一點也不為過），這種大型黑色昆蟲是獵蝽屬的一種，生長在彭巴草原。這種長約二點五公分、柔軟無翅的昆蟲在人身上亂爬時，讓人感覺非常噁心。牠們在吸血前身體相當扁平，但吸飽了血之後身體就變得圓滾滾的，很容易壓死。」

在跟隨「小獵犬號」出航的幾年間，達爾文出現困倦、心悸、極度疲累、胃腸脹氣等現象，還有一些常見的腸道問題。對此，歷來的研究者至少提出過四十種不同的診斷（這些「隔紙抓藥」的醫生！）。其中有些研究者推斷達爾文可能罹患了錐蟲病，俄辛克里歐古甚至提到，要不是達爾文因長期生病無法與其他博物學者外出、只好待在家中寫作，或許他不會寫出《物種起源》（*The Origin of the Species*）。我也曾經說，高第（Gaudí）若不是飲用山羊奶（這是種健康天然的食物）而罹患慢性的布氏桿菌病，可能也不會設計出聖家堂；看來我跟俄辛克里歐古所見略

＊譯註：里格為歐洲和拉丁美洲舊時的長度單位，一里格約為四點八公里。

同，只是沒有證據罷了。像我在家養病的時候就不太會寫東西，不過那是我自己的情況就是了。

此外也有研究者認為達爾文是因為自身的粒線體異變而生病，粒線體為母系遺傳，這樣一來就變成他母親的問題了。對啦，什麼事情都可以說是母親的問題！

人類與昆蟲間的戰爭，未必都是起因於昆蟲直接攻擊人類。在很多情況下，我們感到憤怒、恐懼和厭惡是因為昆蟲攻擊我們喜愛的食物。在歐洲、非洲和美洲地區形塑人與自然世界關係的許多神話當中，最有影響力的莫過於蝗災侵襲埃及的傳說。猶太人創世神話中描述的這場蝗災，從西元前六世紀猶太人被擄到巴比倫時起就口耳相傳，至今仍具有相當重要的意義，因為人類在歷史上經常遭遇蝗蟲帶來的毀滅之災，也不斷重複講述這個現象。

蝗蟲就如同昆蟲界的黑武士，牠們是從好人轉變為反派角色。與大部分蚱蜢不同的是，蝗蟲可分為兩種型態，一種適合獨居生活（雖然也不算是離群索居），另一種則適合群居。在幾年的大量繁殖之後，獨居型蝗蟲的繁殖數量甚至可高於兔子；族群數量爆炸性成長，加上乾旱及食物供給減少，會導致蝗蟲在糞便中排出一種化學物質，群聚時牠們腳上的毛也會受到比較多擾動。在這種情況下，雌蟲會產下具備特殊生化性質的卵，從這些卵孵出的若蟲只要持續受到群聚造成的內分泌變化影響，就會長出特別長的翅膀，並且具備與其他同伴聚集的傾向。就像帝國時期的歐洲探險家，還有中世紀時住在擁擠小屋裡的歐洲難民一樣，這些蝗蟲十分焦慮躁進，積極想要進行群飛。體內的內分泌物告訴牠們，比起留下來等著餓死，最好是離開家園！在群飛時，蝗蟲會捨棄原本吃素的習性轉變為雜食性，而且會狼吞虎嚥、飢不擇食地瘋狂搶食。

十九世紀時，美國中西部出現災難性的重大蝗害，人們不知道這些蝗蟲從何而來，也找不到可以預測的固定模式，只能看著黑暗狂亂的蝗蟲大軍掃蕩過境。政客、宗教領袖和科學家講述這些災情時，都不免援引宗教傳統的解讀，喚起人們對於神祕荒野的懼憒。然而在十九世紀末，蝗蟲卻突然絕跡了，蝗災就此平息。

蝗蟲會再回來嗎？既不知道蝗蟲從何而來，也不知道牠們在為患以外的時期生活在哪裡，更不知道牠們為何消失，當時美國中西部的農民和開墾者可能經常眺望地平線，查看是不是又有災難正在靠近。

關於蝗蟲之謎，洛克伍德和研究同仁在一九九〇年代有了新的進展；在此之前，探究蝗蟲消失原因的昆蟲學家一直認為這些因素的影響力應該與蝗災的規模相當，像是環境的重大改變、野牛滅絕、廣植紫苜蓿以及氣候變遷。洛克伍德也是研究多年，歷經艱苦但一無所獲；某天他和研究夥伴聊起帝王斑蝶，這種斑蝶會遷徙數千公里，飛過整個北美洲前往墨西哥一處小樹林過冬，成蟲唯一的食物是乳草。帝王斑蝶的生活史相當複雜，牠們在許多階段都很脆弱，因此保育人士大力推動農藥減量，並提倡在牠們飛行的路徑上種植乳草。這些呼籲固然很好，不過最有可能讓帝王斑蝶遭逢滅絕的地方，應該是牠們在墨西哥的小小聖地。牠們的幼蟲在此孵化，這是牠們唯一的繁殖地。一旦這片樹林消失，無論我們如何減少農藥用量、增加適合牠們休息覓食的園圃，帝王斑蝶仍會隨之絕跡。這讓洛克伍德開始思考，群飛的蝗蟲會不會和帝王斑蝶一樣，是靠著某些我們不知道的小小藏身處延續族群？他決定要進一步探究這個假設的可能性。

在他令人毛骨悚然的昆蟲學著作《蝗蟲：形塑美國邊界的昆蟲，以及牠們災難性的崛起和神祕的消失》（*Locust: The Devastating Rise and Mysterious Disappearance of the Insect that the American Frontier*）當中，洛克伍德指出蝗蟲數百年來都會回到洛磯山脈北部的河川流域，然而毛皮貿易興起導致河狸銳減，蝗蟲的棲身之所逐漸遭到春汛淹沒。一八〇〇年代晚期，尋礦者和挖礦工人前往這些山區挖掘金礦和銀礦。礦工需要糧食，於是農民也跟著來到這片肥沃的谷地，帶來了牛羊和紫苜蓿。為患的蝗蟲之所以消失滅絕，是土地開墾以及因應礦區需求出現的密集農牧活動所帶來的意外結果。更關鍵的是，造成這個結果的不只是棲地環境改變，也是因為人類無意中使得牠們的繁殖地遭受直接破壞（這或許是最主要的因素）。

許多人可能從小就知道蝗蟲為患的故事，但還有許多昆蟲會攻擊我們愛吃的食物，這些昆蟲可就鮮為人知。屬於植物害蟲的根瘤蚜（*Daktulosphaira vitifoliae*）就是這類病蟲害的好例子。

二〇〇五年，《紐約時報》（*New York Times*）刊登了一篇關於克里斯帝．坎貝爾（Christy Campbell）著作《植物學家與葡萄酒商：全球葡萄酒如何從危機中獲得解救》（*The Botanist and the Vintner: How Wine was Saved for the World*）的書評。撰寫這篇書評的威廉．格萊姆（William Grimes）在文中寫道：「葡萄的根瘤蚜蟲病就如同人類的黑死病一樣，是無從阻擋的神祕殺手，這股疫情不僅肆虐法國，甚至幾乎摧毀了全世界的葡萄栽培業。」[57]

十九世紀可說是歐美探險者和自然科學家的盛世，他們可以親身造訪世界各地進行觀察研究。就是在這段研究風氣蓬勃發展的時期，查爾斯．達爾文（Charles Darwin）和亞爾佛德．羅素．華萊士（Alfred Russel Wallace）兩位業餘博物學者通力合作，交換雙方不同的旅行經驗，彙整出他們對鳥類、藤壺和甲蟲的觀察結果。微生物獵人羅伯．柯霍（Robert Koch）和路易．巴斯德（Louis Pasteur）則深入探究了細菌、酵母和菌類的迷你世界。這些現代科學與醫學的先驅重新建構了人類對世界的想像；在此同時，由於蝗蟲及病蟲害對農業為害甚鉅，昆蟲學家、植物學家和企業家們在獲利誘因和社會關切之下，也針對農業相關的應用科學進行更深入的研究，企圖解決農業上面臨的問題。當年對於將生物殺死製成研究用的標本，或是將動植物漂洋過海帶到其他國家來提振農作和食物供給量的做法，人們並沒有審慎考量後果。葡萄就是穿越大西洋，從美國引進法國的眾多植物之一。雖然這些葡萄看似耐寒抗病，產量又豐富，但製作出來的葡萄酒風味卻並不理想。起初，完全沒有人注意到那些在一八五〇年代隨著葡萄藤悄悄偷渡進來的蚜蟲。

然而，在一八五〇年代到在一八七〇年代這幾十年間，葡萄藤上萎縮的葉片和發黑腐爛的根部逐漸成為法國葡萄栽培業者無法忽視的問題，葡萄釀酒業幾乎被迫停擺。釀酒業是法國的重要產業，但政客們忙於推動經濟自由化，傳統酒莊的經營者束手無策、悲痛不已。在一八七五年到一八八九年之間，釀酒業的年產量從八千四百五十萬公石遽降到兩千三百四十萬公石，全歐洲的葡萄園有三分之二到十分之九遭到摧毀。法國植物學家朱雷·埃米爾·普朗雄（Jules Émile Planchon）和美國昆蟲學家萊利經由深入研究發現，這種枯萎病是根瘤蚜所造成的，於是他們開始拼湊各種研究資料和證據，解析根瘤蚜複雜的生活史。但是，該拿這種蟲怎麼辦？各種異想天開、死馬當活馬醫的做法（像是把活生生的蟾蜍埋到葡萄藤根部），都不見成效。有兩位法國葡萄栽培者建議，不如將歐洲葡萄藤嫁接到美洲葡萄藤的根部上；經過諸多抱怨不滿之後，其他葡萄栽培者終於接受了這項提議。這種做法能夠保留歐洲葡萄所釀出的風味，同時具備美洲葡萄根系的抗病能力，法國釀酒業這才得以逐漸復甦。然而，在政治、文化和科學層面上，相關問題仍然層出不窮。在美國加州，根瘤蚜一度捲土重來，可能是根瘤蚜（就像所有昆蟲一樣）演化出了能夠侵犯美洲葡萄根部的品種。某些歐洲葡萄園未曾受到疫情波及，其中的葡萄品種也成為專家積極栽培研究的對象，希望能找出對抗根瘤蚜的新對策。就連曾經遭到詆毀的美洲種嫁接葡萄，也在法國重新盛行。據坎貝爾所述，「La Mémoire de la Vigne」（葡萄記憶）這個組織就是為了紀念在歷史上這段時間，美洲混種葡萄所釀成的紅酒曾經是農民唯一能取得的紅酒。有人說這種紅酒是「反抗之酒、無政府主義者之酒、令人瘋狂之酒」，這個評語若翻譯成加拿大英語，意思就是他們愛死這種酒了（這是我的解讀啦）。

所以說，昆蟲不僅在我們身上注入寄生蟲、恣意啃食我們的皮肉，還差點毀掉我們在困頓之時最棒的食物慰藉，難怪人類在漫長歷史中不斷向昆蟲宣戰。牠們讓我們想起自己動物性的一面，以及終將死亡的命運。這些害蟲不僅深深左右我們對許多事物的態度，也普遍影響昆蟲論述的觀點；這些充滿恐懼和焦慮的論述，如今正阻礙著人們接受昆蟲在食物和醫藥上的合理用途。

文森．M．霍特（Vincent M. Holt）在一八八五年出版了一本小冊子《何不食昆蟲？》（*Why Not Eat Insects?*）。對於這個題目，他在內文中如此回應：「對啊，到底為什麼不吃昆蟲呢？有什麼理由反對以昆蟲為食？」時值維多利亞時代，霍特揣測當代讀者的反應會是「噁心！這種討厭的東西我連碰都不想碰，怎麼可能去吃！」但他解釋，吃蟲不僅符合科學根據，也在社會接受的合理範疇內，而且世界各地都有人基於合理的理由而食用昆蟲。「試想這種改變有多令人愉快，」他寫道，「勞動者的食物總是一成不變，不是麵包加上豬油和培根，就是麵包加豬油不加培根，再不然就是麵包不加豬油或培根；如果換成一大盤油炸金龜子或蚱蜢，那該有多好。」他提議的菜單還包括鼠婦調味醬、咖哩金龜子以及飛蛾吐司，但出於某些原因，維多利亞時代的人們並沒有受到這些餐點吸引。

六十六年後，昆蟲學家博登海默（F.S. Bodenheimer）發表了一篇學術論文〈作為人類食物的昆蟲：人類生態學的全新篇章〉（Insects as Human Food: A Chapter of the Chapter of Man），論述周詳，但並未帶來什麼進展。儘管博登海默援引亞里斯多德、普林尼以及伊曼努爾·康德（Immanuel Kant）等人的論點，但科學界和學術界的其他研究者與學生完全不重視他對於食用昆蟲的建議。書中開頭的第一張照片，是位裸體的澳洲原住民婦女背著嬰兒，據說是正在找尋昆蟲；這張照片在戰後的《國家地理雜誌》讀者看來或許還有些撩撥刺激，但儘管博登海默主張「原始人」和「原住民」對於吃蟲沒有任何疑慮，仍無法說服戰爭結束後對肉品、牛奶、雞蛋、馬鈴薯和魚餅凍充滿渴望的歐洲人。這本書字裡行間帶有殖民思想、優越感和父權意識，對二十一世紀的讀者來說未免不合時宜；但博登海默是專業的昆蟲學家，在歷史和實用科學上興趣廣博，撇開他文字中意識形態的問題，他的著作其實充滿了有趣的軼事異聞與學術知識。

包括霍特和博登海默在內的許多人都曾注意到，不吃蟲的人對昆蟲入菜的反應往往是「disgust」（厭惡）；這個詞是由古法語和拉丁文的字根構成，分別是意謂「相反」的「dis」，以及意指「品味、味道」的「gust」（衍生自這個字根的還有gusto〔愛好〕和gustatory〔味覺〕）。另一個相關詞「revulsion」（憎惡）在拉丁文中則有「拉開或撕掉」的意涵，這也是我們對厭惡的東西會採取的動作。厭惡和憎惡也是有演化根據的內在反應，這種感受可以讓我們避免吃到腐壞或帶有病源的食物。不過，某些帶有惡臭、腐壞或是經過蛆蟲發酵的乳酪以及腐敗的魚肉仍被視為美食，可見人類有辦法學會品味這些食物；我們知道這些東西不會讓我們生病，而且信任這些食品的製作者。

二十一世紀興起兼容並蓄的全球文化，在這種環境下，科學與想像藉由各種意想不到的方式交融並濟。一盤新鮮鮭魚上點綴的美味黑螞蟻，可能會出乎意料地令人想起一九七七年的電影《螞蟻帝國》（*Empire of the Ants*），或是史蒂芬．金的小說《迷霧驚魂》（*The Mist*）。此外，如同數億年前滅絕的原蜻蜓目昆蟲那樣的巨型昆蟲，也是格外令人害怕；所以我在Le Festin Nu餐廳吃到的餐點，會讓人想起布洛斯《裸體午餐》小說中跟人一樣大的蟑螂、大衛．柯能堡的電影《變蠅人》（*The Fly*）以及一九五八年的同名電影，此外還有一九五七年的電影《致命螳螂》（*The Deadly Mantis*），劇情是一隻巨大的史前薄翅螳螂從極地冰層中脫困，開始攻擊人類。在二十一世紀，《致命螳螂》可以被視為一齣仿諷劇或道德劇，警告人們全球暖化導致北極冰層融化釋出甲烷。不過，這部電影只被看作是時代的產物，並沒有激發哲學上的反思或是成功促使人們積極減少溫室氣體排放量。

如果你在網路上瀏覽蟲子的相關資訊（這就像山羊在荒廢的農場吃草一樣，俯拾皆是），你會發現許多網站和文章標題都是出於個人或文化性的厭惡，目的在於搏取讀者注意。在這些資料當中，有些是關於臭蟲爬到人類私密處交換體液的新聞報導，有些是寫著「這十種昆蟲會讓你重新考慮是否要前往日本」、「怪物實錄」等標題的文章或網站，也有一些文章在提供資訊之餘加上令人更加惴惴不安的文字，像是「群蟲飛舞正讓許多加拿大居民深受其害，原因是這個」，這還是最近在某個氣象網站上標為重要資訊的文章標題。

有時候，這類文章或新聞的撰寫動機並不是製造恐懼，但其中所用的文字卻往往會使人心生懼意。《衛報》（*Guardian*）在二〇一四年曾貼出一個連結，內容是印尼野生動物攝影師朱帝・薩烏（Yudy Sauw）所拍攝的昆蟲頭部特寫。這些照片呈現出繽紛而奇異的畫面，但是文章標題並不是邀請讀者探索這些迷你動物怪異神祕的世界，反而寫著：「面對你的恐懼：令人極度毛骨悚然的特寫」。為什麼會採用這樣的標題？為什麼不是以看待新奇事物的角度，將這些照片定位為攝影鏡頭下的一場微觀世界之旅？

《紐約時報》刊登了艾米・史都華（Amy Stewart）著作《邪惡之蟲：征服拿破崙大軍的蝨子與其他猖獗肆虐的昆蟲》（*Wicked Bugs: The Louse that Conquered Napoleon's Army and Other Diabolical Insects*）的書評，撰稿者是安・芮佛（Anne Raver），刊登在「家庭與園藝」專欄上。這個刊登位置顯示出不同的文化意象之間，是如何巧妙而不經意地彼此強化。史都華明確表示自己唯一關注的主題是改變人類歷史過程的昆蟲，但芮佛關切的卻是啃食番茄的入侵物種茶翅蝽。

史都華認定為「邪惡」的例子，包含了黑蠅造成的死亡和破壞。據說在一九二〇年代，黑蠅在多瑙河沿岸造成兩萬兩千頭牲口死亡。熱帶地區的黑蠅帶有蟠尾絲蟲（*Onchocerca volvulus*）的幼蟲，這是一種會引起河盲症的寄生蟲，每年感染數千萬人；非洲有一種黑蠅的學名相當貼切，叫做*Simulium damnosum*，意為「破壞之蚋」。史都華也介紹了家白蟻，並詳述美國紐奧良在卡崔娜颶風侵襲期間發生潰堤與牠們之間的關聯。根據史都華所述：「〔在卡崔娜颶風來襲的幾年前〕專門研究白蟻的葛雷格・亨德森（Gregg Henderson）就已提出警告，指出這些白蟻在啃食防洪堤上的接縫處。但是昆蟲學家們花了很多時間，都無法說服別人相信這些小小的怪異生物會有那麼強大的威力。」

在一九五一年發表的那篇論述周詳的論文當中，博登海默斷言食用蝨子這件事情「幾乎任何地方都有」。從頭蝨演化出體蝨距今不過十萬年左右，不過陰蝨（法國人稱為「愛之蝶」〔papillons d'amour〕）似乎是從大猩猩轉移到人類身上的，至於這轉移是如何發生就相當令人納悶了。在人類與大猩猩已無親密接觸的現代社會，不僅設有各種公共衛生計劃，並且強調神聖與清潔之間的關聯，無論食用蝨子的行為在從前如何普遍，都不怎麼吸引我們。相比之下，史都華描寫拿破崙大軍在俄國被散播斑疹傷寒的體蝨擊潰，這段簡史對我們來說刺激多了，也比人類實際食用蝨子的歷史容易接受。

雖然史都華聲明她主要探討的對象是改變歷史的昆蟲，但她仍用了一些篇幅討論在歷史上無足輕重的薄翅螳螂和人面蜘蛛，這些昆蟲的雌蟲有時會在交配後（或交配時）吃掉雄蟲；不過史都華隨即在文中指出「沒有昆蟲真的是邪惡的，這只是單純的進食。」如同貝倫鮑姆所言，就連「那些搞不清楚蜘蛛並非昆蟲的人，似乎也很清楚薄翅螳螂這種難相處的性食行為。」貝倫鮑姆指出，性食行為在各種昆蟲身上都曾有人觀察到（至少偶爾發生），從蟋蟀、蚱蜢、蟻蛉和步行蟲都有出現這種現象。雖然螳螂是其中最為人所知的，但在一百八十種螳螂當中，只有少數品種會出現這種行為，甚至只有在特定情況下才偶爾發生，而且往往是在人工的實驗環境之中。最早讓螳螂蒙上殺夫之名的，是一八八六年一則五百字篇幅的報導，內容是作者根據朋友養在瓶子裡當寵物的一對螳螂所寫。關於大眾對昆蟲性食行為的濃厚興趣，貝倫鮑姆的看法是人類往往「不肯忘記病態殘酷的事物」，這在人類的同類相食事件上也同樣適用。當然，同類相食往往是掌權者、認為自己權力遭到威脅之人，或是入侵並殖民某地的軍隊用來指控敵方的罪名（這樣的例子包括加勒比人、美洲原住民、猶太人、蘇格蘭人、皮克特人、大部分的非洲人，還有中國人）。沒有人會因為德國漢諾威和美國威斯康辛州的密爾瓦基傳出人吃人事件，還有一整隊橄欖球員在所搭乘的飛機失事墜毀安地斯山脈之後不得不以屍體充飢，就認為所有的橄欖球員、德國人或美國人都是食人魔。如果有人因為這些事件而推論「所有」人類都有可能在背地裡吃人，肯定會被視為蒙提派森式的荒誕笑話（不過電影《超世紀諜殺案》〔*Soylent Green*〕就另當別論了）。

這並不代表像史都華這樣的自相矛盾很少見。即使內容所傳遞的訊息是「牠們沒有這麼糟糕」，甚至是「牠們很有用處」，當主題是昆蟲的時候，宣傳標題往往也會破壞內容的本質。德．肯尼迪（Des Kennedy）所寫的《令人由恨生愛的生物》（*Living Things We Love to Hate*）一書，內容是在試圖修補昆蟲在大眾心中的負面形象，但肯尼迪卻採用「蒼蠅：令人厭惡的超強繁殖力」和「黃蜂：社會上的恐怖份子」這類標題。

這些傳播疾病、危害人類的蟲子，雖然只占世界上億萬種昆蟲的一小部分，卻讓全體昆蟲背上了惡名。牠們在人類心中種下恐懼，讓我們嗚咽悲泣，我們有辦法把牠們吃下肚嗎？考慮到食物和身體之間的密切關係，這麼做難道不是某種與魔鬼的交流嗎？這樣的惡名如今正阻礙著我們釐清昆蟲的本質、了解牠們本來的面貌。這情況對於人類來說並不少見；無論是科學家還是宗教狂熱份子，都是根據自身建構的認知來看待這個世界。在我寫這本書的期間流傳著關於一名敘利亞恐怖份子的傳言，轉眼間就讓所有敘利亞人都蒙上恐怖份子的嫌疑。不管是基督教基本教義派份子、穆斯林恐怖份子，或是以科學詆毀他人信仰的無神論者，只要出現一個例子，那個群體中的所有人就被烙上同樣的標籤。如果我們在考慮食用昆蟲的過程中能學到什麼好的事情，那應該就是學會留心看待這個世界的本質，在物種分類範疇之外體會各種細微的美麗與恐怖；借用喬治．哈里森（George Harrison）所寫的歌詞來說，生命就在你的內外，不斷流轉。

然而，光只是改變我們心中的昆蟲形象還不夠。我們對於害蟲的看法具體影響了我們對待昆蟲的方式，這些文化形象經過某些科學性和經濟性的論述強化後，形塑了我們的農法和防疫措施。所以我們的農業制度和公共衛生制度，現在成了全球人類走向昆蟲飲食一途的阻力。這些制度是什麼？如果廣告（狂）人們可以設計出讓我們對昆蟲改觀的廣告，我們能採用什麼樣的替代制度？

## 想活命就快跑

# 滅蟲戰爭與其後果

**事情就是這麼發展下去**

**他們要對我用殺蟲劑**

---

＊標題取自披頭四歌名〈想活命就快跑〉（Run For Your Life）

＊副標取自披頭四歌曲〈約翰與洋子的情歌〉（The Ballad Of John And Yoko）歌詞：「事情就是這樣，他們要把我釘到十字架上」（The way things are going. They're gonna to crucify m

「弗雷・索普（Fred Soper）拯救了數百萬條人命，為什麼他沒被當成英雄？」麥爾坎・葛拉威爾（Malcolm Gladwell）二〇〇一年在《紐約客》（*New Yorker*）雜誌上刊登〈蚊子殺手〉（The Mosquito Killer）一文，文章一開頭就提出這個疑問。在這篇文章中，葛拉威爾詳細敘述了索普的「全球瘧疾防治計畫」（Global Malaria Eradication Programme），這項計畫是人類在第二次世界大戰之後發起的另一場戰爭，試圖以當時認為具有殺蟲奇效的滴滴涕（DDT）對抗瘧疾。索普相信在家中噴灑滴滴涕，就可以根除瘧疾。葛拉威爾一再強調，根據某些估算結果[58]，滴滴涕在一九四五年到一九六五年之間「比古往今來的任何人造藥品或化學物質拯救了更多的人命」。滴滴涕的殺蟲效果是瑞士化學家保羅・穆勒（Paul Mueller）在一九三〇年代所發現，穆勒因此在一九四八年獲頒諾貝爾獎。後來瑞秋・卡森（Rachel Carson）在多方謹慎求證之後，寫出人類恣意使用殺蟲劑造成的意外後果；但一九六七年之前，由於滴滴涕用藥方式的影響，蚊子在物競天擇的機制下已經開始出現抗藥性。

在昆蟲飲食的辯論之中，針對殺蟲劑展開論戰的往往是在熱帶國家工作的公共衛生倡導者以及所在地區氣候相對溫和的環境科學家，而雙方就形同隔著一道鴻溝。這些論戰就如同摔角中的無規則鐵籠戰，舉凡氣候變遷、環境保護、經濟發展、農業和糧食安全，各方見解交互攻訐，孰輕孰重令人傷透腦筋。

在二〇一三年，海瑟・洛依與她的研究同仁發表了一篇關於新食蟲主義運動的論文〈到底應該怎麼吃？食用昆蟲的態度與永續發展的飲食方式〉（How Then Shall We Eat? Insect-Eating Attitudes and Sustainable Foodways），文中記錄了馬利共和國一個名為松拿貝（Sanambele）的村落所發生的情形。以前村中的孩童會採集蚱蜢，這是當地日常飲食的一部分，其他食物還包括黍類、高粱、玉米、花生和魚類。後來，馬利的農民改為種植需水量大且需要使用殺蟲劑的棉花，雖然因此增加了收入，但是人們出現蛋白質熱量營養不良的情況也隨之增加。同樣地，二〇一二年時馬達加斯加發生蝗災，由於蝗蟲危害人們日常食用的主食來源，有人打算使用殺蟲劑將牠們全面撲殺，因而與主張食用蝗蟲的人陷入激辯。在所有關於食用昆蟲的辯論當中，這一類的爭議總是如影隨形，若是沒有妥善處理，所有推動昆蟲飲食的努力就可能功虧一簣。

因為使用殺蟲劑的議題與昆蟲飲食關係密切，值得進一步分析討論。自從工業革命興起，還有出現美國前總統艾森豪所謂的軍事工業複合體，人類用來撲殺昆蟲的武器就和用來發動戰爭的武器一樣，無論是致命性還是無差別間接破壞的程度都持續增加。在空襲時，不管是飛彈發射器上的士兵還是兜售夏南瓜的雜貨店老闆，任何人都可能會遭到轟炸；同樣地，滴滴涕在撲殺昆蟲時不會先辨別那是可食的蟋蟀還是致命的錐獵蝽，也不會區分釀蜜的蜜蜂跟帶有惡性瘧原蟲的蚊子。同時，這些戰事的正當性也被視為理所當然。二十一世紀人們噴灑殺蟲劑及使用跳蚤炸彈的行為暗示著，我們當然必須摧毀這些蟲子，否則會反過來被牠們摧毀。無論過去數百年間人類在宗教迷信上有什麼樣的禁忌規範，從前的人們似乎至少會「考慮」其他觀點的可能性。

在沒有吃蟲傳統的歐洲，害蟲的出現往往被視為道德問題所引起的麻煩。蝗蟲群飛可能會被認為是撒旦的攻擊，或者是上帝遣來懲罰背道之人的軍隊。後者似乎比較符合伊斯蘭教的觀點，但基督教觀點則是兩者都適用。如果蝗災是上帝降下的懲罰，那人們就應該要承受、懺悔並改行正道。這種思維與希臘傳統相似，都認為犯下謀殺而沒有補償罪過，將會引發神怒、降下瘟疫，中世紀時的教會則直接以惡魔替代神怒。這也是卡謬小說《瘟疫》（*The Plague*）裡面令潘尼洛神父煩惱糾結的問題，如果疾病和瘟疫是上帝對人類惡行的懲罰，那麼使用藥物是不是在對抗上帝？[59]如果蟲災是惡魔的傑作，那就產生了更為複雜的摩尼教式善惡二元論（全能的上帝怎麼會允許這種災厄發生？）；不過這證明人可以使用手上的任何武器反擊，是比較容易適用的解釋。

西元八〇〇年，教宗斯德望六世（Pope Stephen VI）提供驅邪用的聖水，用來驅除羅馬附近地區的蝗蟲群。不過，比起教宗的直接詔令，更常負責決定如何處置殺人蜂和成群蝗蟲的機構其實是教會法庭；教會法庭會為原告被告雙方指派律師，經過律師辯護的程序、還有詞藻浮誇到足以供O．J．辛普森（O.J. Simpson）案辯護律師借鏡的辯詞，做出慎重其事的判例。[60]這些法庭辯護的言詞交鋒，與近代因使用殺蟲劑而引起的集體訴訟和政治辯論其實相去不遠。只不過，現在我們討論到這類產品對糧食安全的永續發展究竟有利還是有弊時，是著眼在這些產品是否合乎「自然」；這個定義模糊的詞，可說是現代人用來替代神的概念。

工業生產殺蟲劑的出現，並沒有讓這場撲殺昆蟲之戰的結構改變，人們抱持的概念依然局限於善的（所謂「自然的」、或是能讓我們生產更多食物的事物）與惡的（野性的、傷害人類及損害人類食物的事物，還有反對科技的盧德主義者）。然而，人們對這些事物的認知有時會被扭轉，尤其是涉及到人口過剩和地球資源消耗過度的討論時更是如此。我在一九九〇年代參加了一個關於永續發展的線上討論小組，成員全都是特定領域的學者或職業科學家。讓我非常詫異的是，有位小組成員在得知我是流行病學家後，指稱「像我這種人」就是麻煩的根源。歷來的流行病學家發現過各種解決之道、推行了許多治療方式，拯救過無數人的生命！我已習慣別人把環境問題當成善惡之爭，但發覺自己竟被某些人認為是邪惡的一方，不免相當難堪。

工業化（尤其是滴滴涕的發明）改變了人類軍備的威力和攻擊範圍。人類在第二次世界大戰期間普遍使用滴滴涕、到處投放噴灑，有效遏止了曾經讓拿破崙大軍潰敗的斑疹傷寒傳染擴散，在這場與昆蟲的戰役中攻城掠地、戰無不勝。這些防治或根除瘧疾的行動，經常被形容成教訓、戰鬥和戰爭。

葛拉威爾描述索普「是個法西斯主義者，他面對疾病的態度完全是法西斯主義，因為他相信作為對抗瘧疾的戰士一定要秉持這種態度。」他在〈蚊子殺手〉中這樣總結：「他的態度其實是有令人認同之處；看到ＨＩＶ病毒、瘧疾以及其他數不清的疾病在第三世界所造成的傷害，實在很難不認定我們最迫切需要的，就是有人能夠集結部隊、讓他們挨家挨戶進行防疫工作、隨時監督他們執行任務、指導他們達到所有防疫目標，並在碰到有人怠忽職守時馬上叫他打包滾蛋。」

以戰爭比喻我們應對疾病的方式，一方面帶有某些與緊急醫療有關的聯想（運用知識、專業與技術採取快速有效的人為介入處置），但另一方面，採用這樣的比喻會將這兩種截然不同的活動混為一談，進而導致混淆；這在生態社群的複雜關係中，可能會帶來造成嚴重傷害的結果[61]，碰到有人將這種比喻誤認為是事實的情況更是如此。殺蟲劑與現代戰爭的關聯，甚至比醫藥與戰爭的關聯更為緊密。事實上，戰爭與殺蟲劑的聯姻不僅是比喻而已，它們的結合也確實帶來了實際的產物。ＰＤＢ（對二氯苯）就是第一次世界大戰時製造炸藥的副產品，後來被用於製作殺蟲劑和樟腦丸。假如沒有第二次世界大戰，滴滴涕或許不會這麼快就從研究階段發展到實際應用。各種劑型的砷化合物、有機磷化合物、氰化氫和三氯硝基甲烷，也都曾經被當成戰爭武器使用，無論敵軍是人類還是昆蟲。

有些人會說，我們確實是動用所有醫藥資源與疾病開戰，就如同我們確實向害蟲宣戰一樣。飛機和網路也都是從軍事用途發展出來的科技產物，難道我們就不重視這些產品嗎？畢竟有戰爭就有利可圖。為什麼不將這些因戰爭而生的產品運用在和平的用途上，鑄劍為犁、化砲彈為發電廠？在此我不打算深入討論科技發明的來源和用途這樣的大題目，我在意的是我們如何建構與昆蟲之間的整體關係，還有這種建構方式對我們吃蟲的欲望有什麼樣的影響。我甚至不打算說明為什麼應該將帶有寄生蟲的蚊子留給蝙蝠、魚類和鳥類食用，因為這些理由都仍有倫理學家、生態學家、昆蟲學家和公衛運動人士尚未解決的問題，而且很可能解決不了。

昆蟲綱動物形形色色，千奇百怪。就和人類一樣，牠們行為所造成的影響可以被視為好的（某些維繫我們糧食系統的動物是以昆蟲為食），也可以被視為壞的（昆蟲會吃掉我們要吃的食物，還會帶來疾病）。在我們居住的這個複雜世界，善惡往往是一體兩面。不幸的是，對害蟲開戰的行為就是源於我們自認能做到善惡分明的這種迷思。

飛佈達（Heptachlor）是一種會在環境中長期殘留的有機氯化合物殺蟲劑[62]，一九五二年在美國首次註冊開放使用，主要是用來對付白蟻和其他幾種被農業學家認為是害蟲的昆蟲。一九七六年，卡森的著作逐漸喚起世人對殺蟲劑問題的重視，實驗室測試結果也顯示飛佈達會對人類的肝臟和生殖道造成毒害，而且具有致癌危險，因此美國國家環境保護局（US Environmental Protection Agency）全面禁用飛佈達，唯獨允許用在穀種上好保護儲存中的穀物，以及用來防治鳳梨植株上的螞蟻。根據觀察，螞蟻會保護粉介殼蟲，因為粉介殼蟲和其他介殼蟲同樣會分泌一種吸引螞蟻的蜜露（耶和華在沙漠中為以色列人降下的嗎哪，也是某種介殼蟲的蜜露），粉介殼蟲則以鳳梨植株為食（有趣的是，鳳梨所屬的鳳梨科〔Bromeliaceae〕當中包含了幾種食蟲植物，這對某些人來說或許就是一種因果報應吧？不過生產水果罐頭的都樂食品公司〔Dole〕和台爾蒙食品公司〔Del Monte〕肯定不會這樣想就是了）。由於使用飛佈達的植株所產的鳳梨並未驗出殘留物，因此這套做法在沒有出現重大問題的情況下沿用了五、六年。但在一九八二年，夏威夷衛生局的化學人員開始在牛奶樣本中偵測到飛佈達。這些檢測結果沒出錯嗎？飛佈達怎麼會跑到牛奶裡？隨後的發展也並不讓人意外：製造商否認檢測結果、重新測試，還發表即使含有殺蟲劑也未必會造成「重大傷害」的含糊聲明。最後大家發現，原因在於鳳梨栽培業者為了提高生態效益，開始將鳳梨植株加入牛隻的飼料，想為牛隻提供更多營養。栽培者在為植物噴灑飛佈達之後，應該要經過一定的時間才能拿來餵養牛隻，但無論是牛還是農民，都不見得會遵照規定的時間表。

得滅克（Aldicarb）是種能有效對付薊馬、蚜蟲、潛葉蟲、盲蝽和葉蟎的殺蟲劑（不過葉蟎並非昆蟲，牠們屬於蛛形綱），也有種植馬鈴薯的人用來撲殺土壤線蟲。得滅克的活性化學成分會抑制膽鹼酯酶的分解作用；一般來說，在神經末梢傳送訊息到肌肉之後，膽鹼酯酶就會降低神經肌肉接合處的乙醯膽鹼的活性。如果乙醯膽鹼沒有被分解，你就會開始痙攣，有時會導致呼吸衰竭、甚至死亡。一九八五年，美國加州和奧勒岡州傳出多起神經性疾病的案例（症狀包括噁心、嘔吐、腹痛、腹瀉、視力模糊、肌肉抽搐、口齒不清），經追查發現與西瓜中所含的得滅克有關，原因出在有人對西瓜田附近的其他作物（合法地）噴灑得滅克，或是在種植西瓜的前一年曾在同一塊田裡使用得滅克。美國國家環境保護局在二〇一〇年宣布與拜耳藥廠（得滅克的主要製造商）簽訂協議，將逐步停止生產及使用得滅克；美國國家環境保護局在公告中表示：「得滅克已不符合我們嚴格的食品安全標準，並且可能造成我們不容許的飲食危害，尤其是對嬰兒和幼童。」美國國家環境保護局的網站寫著：「拜耳藥廠同意先終止在柑桔和馬鈴薯上使用得滅克，並會針對其他用途採取降低風險的措施，以保護地下水資源。該公司將於二〇一四年十二月三十一日前主動停止生產得滅克，其餘的得滅克將在二〇一八年八月以後全數停止使用。」[63]

但在此同時，化學工廠 AgLogic Chemical 在二〇一一年取得美國國家環境保護局許可，獲准販售另一種含有得滅克成份的殺蟲劑 Meymik 15G，可用於棉花、菜豆、花生、大豆、甜菜和地瓜。該公司的網站寫著他們計畫「在二〇一六年的生長季重新將得滅克引進市場。」[64] 二〇一五年有一份關於西班牙加那利群島兩百二十五隻野生動物和家畜死亡的研究報告，內容指出共有一百一十七隻動物的死因是遭人下毒，其中超過四分之三的動物體內驗出兩種殺蟲劑：得滅克和加保扶（carbofuran，也是一種氨基甲酸鹽殺蟲劑）。這兩種殺蟲劑在歐盟地區和加拿大都遭到禁用，在美國則是管制使用。就如同我的孫子以前唱的兒歌歌詞：巴士的車輪不斷、不斷地往前滾。

在這些持久性有機氯化合物傳出眾多負面事件之後，許多殺蟲劑公司和製造商改為銷售有機磷殺蟲劑，這種殺蟲劑較快見效，但在環境中比較不穩定。意思就是，這種殺蟲劑比較不會殘留在食物中，所以都市消費者的抱怨也會比較少，但對於貧困的農民來說風險卻提高了。

殺蟲劑是為了殺蟲而製造的，殺蟲劑的英文「insecticide」所包含的字尾「-cide」就是意指「可致死的人或物」，衍生出來的詞彙也都與此相關，例如 suicide（自殺）、patricide（弒父）和 fungicide（真菌清除劑）。殺蟲劑業者有時會試圖讓外界認為都是因為那些不負責任、只在乎幾隻昆蟲或鳥類而罔顧人類健康和糧食安全的「環保人士」採取抗議行動，他們才不得不花大錢改用不同的殺蟲劑以及研發新產品。他們從來不會稱這些環保人士為「科學家」，雖然大部分環保人士確實是科學家；而殺蟲劑業者自己則以科學專家的姿態面對大眾，卻未必會清楚說明自身的專業領域究竟是什麼。然而事實是，人類肆無忌憚的使用這些威力強大的化學物質，已讓許多昆蟲出現了對殺蟲劑的抗藥性。這種抗藥性提高的情況，只要了解演化理論的基本原理就可以預想得到（可見殺蟲劑製造商是選擇性地相信科學）。無論導致這個局面的原因是貪婪妄念還是僥倖心態，現在木已成舟，問題在於我們該如何因應？

對於這些可說是始作俑者的業者而言，解決方法很簡單，那就是發明其他更新更貴的殺蟲劑。一如以往，每種新款殺蟲劑剛推出時都被捧得如同奇蹟產品，新菸鹼（neonicotinoids）就是一例。這類殺蟲劑具有與尼古丁類似的神經刺激作用，就連反對者也會輕率地稱其為neonics（與尼古丁的讀音有點相近）。新菸鹼在一九九〇年代開始被用於防治會吸食植物汁液、啃食植株及棲息在土壤中的昆蟲，很快就成為全球最廣泛使用的殺蟲劑；這點看來恐怕與這些殺蟲劑被視為奇蹟的形象互相矛盾，因為就我所知，奇蹟是相當罕見難得的。新煙鹼被用在最具經濟價值的農作物上，像是玉米、油菜、棉花、高粱、甜菜、稻米和大豆，此外也使用於其他蔬果，例如蘋果、櫻桃、桃子、橘子、漿果、綠葉蔬菜、番茄以及馬鈴薯。

對於各種殺蟲劑在「可食」昆蟲或食用性昆蟲製品上的具體影響，相關研究並不多見，不過近期卻有許多新煙鹼的相關研究。這類研究之所以受到重視，是因為全球許多地方的蜜蜂數量遽減，而新煙鹼與這些災難性現象有時間和空間上的關聯，尤其是與蜂群衰竭失調（CCD）有密切關係。蜂群衰竭失調是一種症候群，病徵是讓所有成年蜜蜂離巢出走，獨留蜂后、一點蜂蜜和少數尚未成年的幼蜂在巢裡。蜂巢周圍不曾發現任何蜜蜂屍體。

在超過十年的深入研究後，科學界普遍認為蜂群衰竭失調是多種因素交互作用導致的結果，包括土地使用方式的改變、工業化的蜜蜂管理方式、多種殺蟲劑並用、特定品種的蜂蟹蟎、細菌（幼蟲病）、真菌感染、病毒，以及蜜蜂的免疫系統和行為。其中，新煙鹼由於受到普遍使用，甚至可說是肆無忌憚地濫用，因此被視為最有可能的問題成因。不僅如此，也有直接證據顯示接觸到新煙鹼的雄蜂體內精子數量減少。造成問題的殺蟲劑也並非只有新煙鹼；在二〇一〇年，一份針對加拿大和美國蜜蜂所做的調查報告出爐，結果從蜂蠟、花粉和蜜蜂中發現一百二十一種不同的殺蟲劑及其代謝物。

蜜蜂是人類最知名、最受推崇的昆蟲夥伴；牠們的減少與消失，必定與人類滅蟲之戰，以及我們為提升糧食產量和糧食安全所設計的工業化系統有關。從事蜜蜂研究的加拿大貴湖大學教授埃內斯托・古斯曼（Ernesto Guzman）表示：「害死蜜蜂的，是現代化的養蜂方式和農法。」[65]

當蜜蜂以外的其他昆蟲逐漸從當地土產食物成為全球貿易系統中的商品，我們能否避開工業化農業的虛華和陷阱？當地球人口突破八十或九十億人時，我們能否針對自己所設定的各種複雜的道德性全球目標（包括永續發展、永續生計、共享健康〔One Health〕、生態健康〔EcoHealth〕、全民健康〔Health-for-All〕以及社會生態韌性），發展出可確保糧食安全的飲食方式？想消滅那些吃掉人類糧食、讓人類感染寄生蟲的蟲子，又要鼓勵大家品嘗適合食用的昆蟲，我們該怎麼面對這個難題？這場永無休止又往往適得其反的滅蟲戰爭，有沒有走向和平的可能？

# 第四部

# 黑蠅唱著歌：重塑對昆蟲的想像

當然，我們知道昆蟲並非「都是」敵人和毀滅者，我們也有其他版本的昆蟲故事。人類流傳的故事當中有哪些好昆蟲，又帶給我們什麼樣的啟示？牠們是否意味著人蟲融洽共處的可能性？我們能否採用類似女性主義敘事治療的方式，重新審視昆蟲對人類的影響，從中找出帶來健康與救贖的方法？就讓我們來探討可以用哪些方法取代人蟲之間永無休止的戰役吧！

# 聖母瑪利亞來到我面前

# 昆蟲是創造者

## 我們相愛著，在這有昆蟲相伴的一天

＊標題取自披頭四歌曲〈順其自然〉（Let It Be）中的歌詞：
「聖母瑪利亞來到我面前」（Mother Mary comes to me）
＊副標取自披頭四歌曲〈陽光你好〉（Good Day Sunshine）中的歌詞：
「我戀愛了，在這有陽光相伴的一天」（I'm in love and it's a sunny day）

豐富的營養成分、生態永續發展、還有溫室氣體排放減量，昆蟲飲食的世界未免也太理想，彷彿連黑蠅都要唱起天籟，這會不會根本是天方夜譚？

在美國，感恩節的隔天稱為「黑色星期五」（Black Friday），這是個瘋狂盛大、物欲爆發的購物節。二〇一二年，多倫多皇家安大略博物館（Royal Ontario Museum）的自然史部門副部長暨昆蟲學資深策展人道格．柯里（Doug Currie）發起了「黑蠅星期五」（Black Fly Day），期望沖淡這一天在商業主義影響下炒作過度的搶購氛圍。柯里在一九八八年發表的博士論文就是以黑蠅為主題，歷年來他也針對全北區（Holarctic，即北迴歸線以北的北半球大部分地區）北部的黑蠅品種進行了大量關於多樣性和生物地理學的研究。他與彼得．艾德勒（Peter Adler）以及D．蒙提．伍德（D. Monty Wood）針對北美洲蚋科昆蟲（即黑蠅）合寫的著作，曾於二〇〇四年贏得美國出版商協會（Association of American Publishers）的最佳單本自然參考書籍獎（Best Single-Volume Reference in the Sciences）。因此，柯里提出「黑蠅星期五」這個概念，並非只是玩玩文字遊戲而已。但還是有人會問：為什麼要為這種害蟲發起慶祝活動？

黑蠅在全球許多地方都惡名昭彰，起因多半是少數幾種會吸食人血、致人於死及傳染河盲症的害群之馬（形容黑蠅當中有害群之「馬」似乎也是哪裡怪怪的）。不過，我們對於某些黑蠅的看法有時會有點模稜兩可、難以界定。人類在世界各地快速地大肆開墾，對許多極為複雜的重要生態系統造成嚴重破壞，是誰保護僅剩的幾個自然遺跡不受人類掠奪？在北極地區，每年會有一陣子氣溫不像平時那樣凍入骨髓，在這短暫幾週的時間內擔任生態守護戰士的就是黑蠅。

黑蠅大約有一千八百種，其中超過十分之一的品種在北美洲；這些黑蠅雖然是討厭的生物，但也有不少益處。牠們的幼蟲非常挑剔，只生活在含氧量高且無汙染的流動淡水中；如果你在游泳時看到這些幼蟲，那可是個**好現象**。雄黑蠅會吸取花蜜，同時為花朵授粉；牠們就像繪本《愛花的牛》（*The Story of Ferdinand*）當中的公牛費迪南一樣，只想聞花香、不想搏鬥。有四種黑蠅的雄蠅已經完全放棄交配這件事情，是由雌蠅以單性生殖的方式繁衍後代。也有一些品種的雌蠅會吸食哺乳類動物的血液，但牠們偏好的獵物並不是人類。加拿大凍原特有的九種黑蠅中，有八個品種的雌蠅甚至連吸血用的口器都沒有。

一九七九年時，我結束我的第一份獸醫工作，和家人從加拿大亞伯達省北部驅車前往多倫多北方一百一十公里處，準備赴任第二份工作；那裡是亞伯達省居民口中的「香蕉帶」。在漫無盡頭的北方針葉林當中開了好幾個小時之後，我們停下車子欣賞蘇必略湖詩情畫意的景致。沒想到，兩歲半的兒子卻滿身是血地回到車上，而且他被叮咬時居然毫無感覺。我猜想，那裡大概有很多雌蠅因為找不到人類以外的哺乳類動物而飢腸轆轆。往好處想，這代表那裡的湖水是乾淨的淡水。有些人甚至認為黑蠅能夠發揮「指引」的作用，促使馴鹿選擇地景中的特定路徑移動，間接為原住民確保了我們現今所謂的糧食安全。可以確定的是，這些昆蟲是食物鏈中重要的一環，串連了微藻、魚類、鳥類以及容易受環境影響的遷移性哺乳類動物。

在無止盡的人蟲戰爭以外，雖然還有其他觀點，但往往是與害蟲和疾病媒介等故事並存交織，較少被人注意到。這些不同的敘事觀點讓我們有機會重新想像人蟲之間的關係，並在面對這些長著六條腿的苦難、害蟲和災殃時，能夠以更適合昆蟲飲食的方式制定或改善我們的應對做法。

首先我們可以看到，儘管網路上有「怪物實錄」這樣的敘述和「面對你的恐懼」這類呼告，但也有一些網站採用比較親近昆蟲的標題，例如「意想不到的昆蟲之美」和「貝里斯的美麗昆蟲」。相對於《異形》，我們也可以看看《瓦力》（*Wall-E*），在這部電影中拯救世界的機器人可是養了一隻蟑螂當寵物呢。或許也有人會想到羅德．達爾（Roald Dahl）的《飛天巨桃歷險記》（*James and the Giant Peach*），書中主角詹姆斯在蚱蜢、蜈蚣、蚯蚓、蜘蛛、瓢蟲、蠶和螢火蟲的陪伴下展開精彩的冒險。雖然蜜蜂幾乎在全球各地都是受人稱頌的昆蟲，但螞蟻在文化上的地位也不遑多讓。從所羅門在聖經《箴言》中的智慧訓誨，到電影《蟲蟲危機》（*A Bug's Life*）和《小蟻雄兵》（*Antz*），這些蟻科昆蟲一直被視為同心協力與勤奮工作的楷模，有時甚至還成了英雄，就像二〇一五年的漫威超級英雄電影《蟻人》。童書《時報廣場的蟋蟀》（*The Cricket in Times Square*）也是以一隻討喜的小蟋蟀為主角；而科洛迪的《木偶奇遇記》原著故事中那隻會講話的蟋蟀雖然令人生厭，但並不是什麼壞人，似乎也不應該落得被木槌打死這樣的下場。

對於這些互相衝突的文化形象，以及從中產生的科學與文化糾葛，我們應該如何解讀？《異形》和《小蟻雄兵》，瘧疾和可食昆蟲，河盲症、黑蠅以及乾淨的水源，這些事物要如何在兼顧理性與感性的情況下融合在一起？當我們捧起一碗活生生的白蟻時，該怎麼消除心中湧起的遲疑？或者，看到《星際爭霸戰》（*Star Trek*）片中克林貢人大啖碗中扭動的蛇蟲時，要怎麼抹去那股油然而生的噁心感？

比起挑剔其他生物，我們首先應該認清人類的敘事觀點存在著什麼樣的偏見。雖然偉大博學的瑞典博物學家林奈殫精竭慮，建立了描述生物的標準化法則，但就算是最嚴謹審慎的科學家，在描述生物本身或是生物在自然界中扮演的角色時，也都難免會套用比喻和故事的文化意涵。這些比喻和故事影響著我們對生物的觀感，也進而影響到我們食用這些生物的意願。比方說，獵蝽的英文俗名叫做「刺客蟲」（assassin bug），但牠們會像刺客那樣暗殺重要的政治或宗教領袖嗎？還是說，牠們只不過是會殺死其他昆蟲並把對方吃掉？還有，在蜂巢或蟻窩中負責產卵及決定基因組合、被稱為蜂后或蟻后的這些大型雌蟲，真的等同於皇后或女王嗎？英國的伊麗莎白女王當然不是如此，甚至連路易斯・卡羅（Lewis Carroll）筆下的紅心皇后也並非這樣的角色。同樣地，螞蟻、白蟻和蜜蜂當中所謂的「工蜂」、「工蟻」和「兵蟻」，也反映出英國和印度的政治史與社會史。

螞蟻、蜜蜂和黃蜂等社會性昆蟲，特別容易被人類賦予與殖民有關的想像。在第二次世界大戰期間，納粹幾乎禁止所有被歸類為「mischling」（混血兒）的研究人員從事研究工作，但動物行為學家卡爾・馮・弗里希（Karl von Frisch）雖然外祖母是猶太人，仍獲得特准可以繼續進行蜜蜂研究。《萬物自然科學期刊》（*Zeitschrift für die gesamte Naturwissenshaft*）的編輯恩斯特・貝赫道爾（Ernst Bergdolt）試圖將弗里希趕出慕尼黑的動物研究所，他質疑弗里希是否真能了解蜂群有如納粹理想般結構嚴謹、階級分明的社會體系。而對弗里希來說，蜜蜂就是他的朋友，是他面臨身邊種種殘暴動盪時的避風港，讓他對人類以外的生物產生一種敬畏欽佩之情。一九七三年，弗里希因為發現蜜蜂複雜的溝通與決策方式而獲頒諾貝爾獎。這是否代表弗里希對於蜂巢組織結構的解讀就是正確的？或者就像篤信佛教的養蜂專家麥可・提勒（Michael Thiele）所言，「蜜蜂是菩薩」，牠們「會反映我們自己在塵世中的掙扎」，並以牠們與生俱來的智慧為我們開示「新的生活之道」。

伯特・霍德伯勒（Bert Hölldobler）和愛德華・威爾森在他們合著的《超個體：昆蟲社會的美麗、優雅與奇妙之處》（*The Superorganism: The Beauty, Elegance and Strangeness of Insect Societies*）一書中寫到，選定蜂巢位置的決策「是個極為分散的過程，由所有偵察蜂在和平的推舉競爭之中共同選出最適合的位置。這其實就是一種民主體制。」[66] 哦，原來蜜蜂社會是民主社會，不過牠們是採行有女王在位的議會制民主政體嗎？還是採行這些美國作者比較熟悉的共和民主制？

殖民帝國的建造者在歐洲科學中加入這類比喻還不夠，他們也將自己的信念傳播到世界上許多國家，因此非洲、拉丁美洲、越南和日本等國的科學家在採納所謂的「科學方法」時，都受到十九世紀殖民時期皇家學會這些歐洲科學家的語言思維所影響。

對於昆蟲飲食提倡者來說，昆蟲名稱的文化包袱並非只是文化批評者和人類學家要關注的事物而已，它們確實造成了一些困擾。如果直接拿來食用，蜜蜂其實是不亞於蟋蟀和麵包蟲的優良蛋白質來源，甚至可說是更好的選擇。然而，西方人雖然很快就能接受蟋蟀和麵包蟲，食用虎頭蜂和黃蜂時也不太會受到良心譴責，但若是前面有一盤用蜜蜂幼蟲作為主要食材的咖哩，可能就會讓他們面露難色。這是因為我們心中暗暗相信蜜蜂是菩薩的化身，還是因為我們稱頌蜂群代表的美德、並視為統治管理與民主社會主義的體現？螞蟻、白蟻和虎頭蜂不也帶給我們類似的美德啟示嗎？這是因為蜜蜂看起來比較「可愛討喜」，就像貓熊比灰熊受歡迎一樣的道理嗎？還是因為人們認為蜜蜂在單一農作的工業化農業當中是重要的一環？我猜想，答案應該是綜合上述各項因素的複雜原因。

某些敘事觀點統合了食蟲文化和非食蟲文化的難處，汲取兩者的優點，並為我們提示了新的道路。

在與昆蟲有關的歌曲當中，可以找到與可食昆蟲研究相關的大量跨文化交流，其中同時呈現了昆蟲的益處與壞處。匈牙利作曲家兼昆蟲學家貝拉．巴爾托克（Béla Bartók）在一九二六年所寫的《戶外》（*Out of Doors*）組曲中，加入了模仿蟋蟀叫聲的音調。巴爾托克顯然認為收集昆蟲就和收集民俗音樂一樣，是當代作曲家的責任。一九七九年，美國藝術家賈斯柏．瓊斯（Jasper Johns）以平行線影法製作了一幅名為〈蟬〉（*Cicada*）網版印刷畫，畫中交錯繽紛的色彩圖像，令人聯想到歡騰喧鬧、無所不在的蟬叫聲。而在瓊斯的啟發之下，南非作曲家凱文．佛蘭斯（Kevin Volans）寫了一首同樣以〈蟬〉為名的極簡主義風格雙鋼琴曲。詩人安德魯．哈金斯（Andrew Hudgens）也有一首標題為〈蟬〉的詩作，他在詩中將蟬描述為「凡間炎夏中的神諭」，還有「在溽熱黃昏時分／縈繞空中的歌聲」。

《昆蟲樂音：昆蟲如何讓人類掌握節奏和聲音》（*Bug Music: How Insects Gave Us Rhythm and Noise*）是哲學家兼爵士音樂家大衛．羅騰堡所寫，他在書中頌揚昆蟲的歌唱能力。羅騰堡針對蟬、蟋蟀還有某些用喉嚨發聲的螽斯，以詩歌與正統音樂學（涵蓋音樂記譜方式以及適合重現樂音的技術）的角度探究牠們奇異美妙的神祕樂音。此外，以中文自己取名為「馮遼」的瑞典蟋蟀音樂學家拉斯．費德里克遜（Lars Fredriksson）在「馮遼的蟋蟀樂隊」網站上介紹由他自己擔任作曲家和指揮的「中國鳴蟲音樂隊」，說明這個樂隊「通常由一百零八種歌唱能力優異的蟋蟀組成，成員包括竹鈴、紫竹鈴、天鈴、金鈴、小黃鈴和大黃鈴。」對於這個樂隊的表演，馮遼的形容是「有點像維也納酒莊、慕尼黑啤酒節加上薄酒萊新酒的滋味。」[67]

美國某個網誌收集了數十首與昆蟲有關的音樂作品和流行歌曲，主題包括瓢蟲、蛾、蝴蝶、蟑螂、糞金龜、黑蠅、蜻蜓以及蟋蟀。可以肯定的是，這些作品的內容未必都是稱頌，但也並非令人反胃作嘔、心生恐懼的歌曲。在流行文化中，也有巴迪·霍利和蟋蟀樂團（Buddy Holly and the Crickets）、鐵蝴蝶（Iron Butterfly）、外星螞蟻養殖場（Alien Ant Farm）等音樂人，當然，還有英文名字與甲蟲諧音的披頭四。

往昆蟲飲食的範疇更靠近一些的，是美國田納西州納許維爾的安德森設計工作室（Anderson Design Group）；他們製作了一個以蟬為主題的網站，清楚呈現了食物、恐懼與昆蟲音樂之間的角力。[68]網站名稱「蟬的大入侵」（Cicada Invasion）雖然有點嚇人，不過下方的橫幅標語就比較有吸引力一點：「唱歌、飛行、交配、死亡。」這個網站中提供了各種食譜（我上次算的時候有六十六種）、影片、報導和照片，同時他們也發人深省地指出：「人們往往只注意到蟬鳴，而忘記蟬的生命循環是淒美的。」

在歐洲，人們對昆蟲的態度多半源自宗教、色情作品、娛樂以及詩歌的影響，相較之下與昆蟲飲食的關係較少。但即使如此，我們還是有機會重新形塑文化想像，將心中的昆蟲形象與愛情和娛樂連結在一起。

比方說，跳蚤並不是只會將鼠疫桿菌傳染給寵物和人類的惱人生物而已。約翰·多恩（John Donne）寫過一首情欲露骨的玄學詩〈跳蚤〉（The Flea），詩中內容藉由向某位女子訴說求愛之意，描寫出跳蚤的活動：先是從他身上吸血，然後跳到女子身上吸血，於是兩人的精血就在跳蚤體內結合。網誌作者布莉姬特．洛伊（Bridget Lowe）在〈跳蚤屬於戀人們〉（Fleas are for Lovers）這篇文章中提醒讀者：「特別要注意的是，這裡的『suck』（吸吮）是印刷字體，但多恩當年寫下這首詩時把『S』寫得跟『F』很像，令人聯想到『fuck』（性交）。他用這種方式悄悄玩弄隱諱的文字遊戲，但同時又能自稱詩句內容並無不雅之處。」[69]這種被某些人稱為昆蟲色情描寫的書寫傳統一般不太受推崇，多半是蹩腳的男性詩人以更露骨的方式描述昆蟲鑽進女性胸前或裙底，但多恩這首描寫感官的詩可說是出類拔萃之作。

一度有人說跳蚤馬戲團已經失傳，不過哥倫比亞出生的藝術家瑪麗亞．費南達．卡多索（Maria Fernanda Cardoso）就曾培養活生生的跳蚤馬戲團。她的《卡多索跳蚤馬戲團》（*Cardoso Flea Circus*）如今已列入倫敦泰特美術館（Tate Gallery）的永久館藏，作為馬戲團成員的貓蚤們有嫻熟逃脫之術的哈利．孚列迪尼（Harry Fleadini）、舉棉花球的參孫（Samson）和達麗拉（Delilah）、走鋼索的提尼（Teeny）和泰尼（Tiny），以及拉動玩具火車頭的布魯特斯（Brutus）。

昆蟲毀譽參半的名聲，也體現在馴化程度的光譜上。蠶已經徹底馴化，完全仰賴人類飼養。雖然蠶是大量養殖的昆蟲，但牠們並不像蜜蜂那樣擁有縝密的社會系統；我們會用蠶繭製作衣物，也會將牠們的幼蟲當成食物。蟋蟀並未馴化，不過一直被視為很好的食物，也有人看重牠們打鬥和唱歌的能力，而且如果華特．迪士尼（Walt Disney）和喬治．塞爾登（George Selden，《時報廣場的蟋蟀》作者）所言不虛，那蟋蟀還很擅長講故事呢。蝗蟲則是完全沒有馴化，牠們是全然野生的動物，偶爾會為邪惡的敵人帶來世界末日般的災殃，並且賜福給沙漠中飢餓的預言家。而蜜蜂就像昆蟲界的貓一樣，是半野生的動物。從埃及人到馬雅人，從米諾斯文明和邁錫尼文明的女神信仰、到印度教和天主教，蜜蜂屬（*Apis*）的昆蟲物種在人類神話中一直占有備受崇敬的一席之地，這項傳統也延續到二十世紀和二十一世紀。與蜜蜂相關的小說著作有蓋兒・安德森－妲嘉特（Gail Anderson-Dargatz）於一九九八年出版的《蜜蜂食譜》（*A Recipe for Bees*）、蘇・蒙克・奇德（Sue Monk Kidd）二〇〇二年的《蜂蜜罐上的聖瑪利》（*The Secret Life of Bees*），以及二〇〇七年拉琳・波爾（Laline Paull）的《蜜蜂》（*The Bees*）等等；相關電影作品有二〇〇七年的《蜂電影》（*Bee Movie*）；至於有關蜜蜂的科普與自然類書籍，則有甘黛絲・薩維奇（Candace Savage）二〇〇七年的《蜜蜂：自然界的奇異小生物》（*Bees: Nature's Little Wonders*），以及馬克・溫斯頓（Mark Winston）二〇一四年的《蜜蜂時間》（*Bee Time*）等等。這類例子不勝枚舉，可見蜜蜂在人類的文化想像中具有特殊地位。

提升及加強昆蟲在科學和文化上的正面形象是一回事，但若想開發包括昆蟲在內的永續糧食供應來源，最大的挑戰就是設法讓大眾了解昆蟲有壞處也有益處，並且巧妙處理推廣過程中產生的疑慮。畢竟，無論是為昆蟲塑造出過於可愛美好的形象，還是把牠們塑造成不知悔改的邪惡掠奪者，都同樣會妨礙人們接受昆蟲飲食。

〈拔腿逃命〉（Run for Your Life）和〈無法忘懷妳的容顏〉（I've Just Seen a Face）這兩首以不插電樂器伴奏的歌曲，都出自披頭四的《橡皮靈魂》（*Rubber Soul*）專輯。〈拔腿逃命〉表現出男性因占有欲和嫉妒而引起的憤怒，這是藍儂最不喜歡的歌曲，他曾經表示後悔寫了這首作品。〈無法忘懷妳的容顏〉歌中瞻望未來的那段歌詞「我從未體會／像這樣的感覺／過去我孤單一人／錯過了這些」，披頭四詮釋得淋漓盡致。這兩首歌放在一起，可說是人蟲之間矛盾關係的縮影。一方面想著**如果控制不了你，那就殺了你；**另一方面又想著**天啊，你的美是如此不受拘束、狂野不羈**。

德國哲學家馬丁・海德格（Martin Heidegger）在一九二七年發表了《存在與時間》（*Being and Time*），被視為二十世紀最重要的哲學著作；但他本人卻是納粹份子，至少到一九三〇年代中期都仍是。無獨有偶，二十世紀最具影響力的詩人艾茲拉・龐德（Ezra Pound）是個法西斯主義者。而大力提倡實現平等社會的卡爾・馬克思（Karl Marx），私底下的家庭生活卻是混亂不堪，還傳出虐待女傭的醜聞。或許有人會試著將意識形態與哲學和詩學上的成就分開來看，我就是如此；但當我將這個矛盾的難題告訴哲學家凱倫・霍爾（Karen Houle）時，她勸我應該把這些人物看作複雜且自相矛盾的普通人，就像你我一樣。那個當下我突然明白，我們也應該用更複雜多元的方式去想像人類和昆蟲的關係。

認定昆蟲、細菌和人類都是非善即惡，這就是我們最危險的錯覺。所謂負責掌管邏輯的左腦會告訴我們，昆蟲非常有用，而且大多對我們有益，**把牠們吃了吧！**而掌管直覺的右腦則會把昆蟲都想像成怪物，**還是把牠們都殺了吧！**如果有隻蟲子在旁看著這場爭執，應該會覺得這種左右腦之爭很無謂，至少對牠的命運來說毫無意義，因為牠怎樣都難逃一死嘛。況且，羅傑・斯佩里（Roger Sperry）提出的左右腦分工理論如今被認為可能過於簡化事情的核心。人類在將左右腦結合運用的時候才能發揮最大的成效；連接我們左右腦的神經纖維組織胼胝體，才是讓人類擁有完整複雜機能的關鍵。如同生態，局部器官之間交流的重要性，並不亞於需要溝通的資訊本身。

我們在提倡昆蟲飲食的過程中忘記了這些複雜的關係，而這會給我們帶來不少麻煩。

蝗蟲是會帶來死亡的災殃，但也可以是一種健康的食物，兩種性質是同時並存的；這樣的自相矛盾就和海德格、龐德和馬克思的自相矛盾一樣，是牠們的本質核心。在美國長青電視劇《辛普森家庭》（*The Simpsons*）的第五百一十三集〈一分錢聰明人〉（Penny Wiseguys）劇情中，花枝（Lisa，又譯「點子」）因為吃素導致缺鐵，決定以吃蝗蟲來補充鐵質攝取。後來她夢見自己遭到幾隻蟲子責難，使她改變了心意，隨後又碰上一些不順心的事情，於是她釋放了那些蝗蟲，結果這些蝗蟲馬上就將一片玉米田夷為平地。

從很有可能是杜撰人物的民間故事作者伊索（生於西元前六世紀），到現代各種螞蟻與蚱蜢故事的改編版本（例如電影《蟲蟲危機》），許多故事情節一直都把蚱蜢刻劃成好吃懶做的形象，螞蟻則是勤奮辛勞的工作者。但在《螞蟻與蚱蜢》的原版故事以及其後數百年衍生的大眾文學作品中，故事裡的蚱蜢其實是蟬，如此才能解釋牠唱歌的習性。幾個世紀以來，人們對於螞蟻和蚱蜢的觀點不斷地改變翻轉。在薩默塞特・毛姆（Somerset Maugham）一九二四年發表的短篇小說〈螞蟻與蚱蜢〉（The Ant and the Grasshopper）裡面，遊手好閒的弟弟最後與富有的寡婦結了婚。約翰・西爾第（John Ciardi）也將這則寓言改編成《約翰・J・樸蘭第與費德樂・丹》（*John J. Plenty and Fiddler Dan*），於一九六三年出版；故事中的費德樂・丹娶了跳脫傳統的螞蟻妻子，內容稱頌詩歌享樂更勝於努力工作。而約翰・厄普代克（John Updike）筆下不事生產的「蚱蜢哥哥」，則為辛勤工作但備感孤寂的弟弟留下了滿滿的寶貴回憶。

奇努瓦・阿契貝（Chinua Achebe）在知名小說《分崩離析》（*Things Fall Apart*）當中描寫了：

「忽然之間，一片陰影遮蓋了天空，陽光彷彿被厚厚的雲層擋住。歐康闊停下工作抬頭一看，心想莫非是要下雨了……但是四面八方幾乎立刻響起一陣歡呼……到處都可以聽到『蝗蟲要飛下來了！』這樣欣喜的呼聲……雖然烏默非亞村已經多年未曾出現蝗蟲，但每個人都本能地知道蝗蟲是非常好的食物。」在小說後段，蝗蟲則成為大舉入侵奈及利亞、帶來破壞的白人之象徵。

日本常被視為昆蟲飲食的先驅；在日本人眼中，昆蟲是害蟲、是詩人，也是寵物。從歌曲〈螢之光〉提及西元四世紀時一位中國文人以螢火蟲照明讀書的軼事，到動畫作品《蟲師》；從在故事中運用昆蟲勾起讀者恐懼的作家江戶川亂步，到盼望讓親子透過全新的鍬形蟲飼育方式和觀點增進家庭關係的川崎光也（Kawasaki Mitsuya，音譯）[70]，這些例子可以看出昆蟲同時擁有正面和負面的形象，但都與文化結構密不可分。

在約翰・維儂・洛德（John Vernon Lord）和珍妮特・布洛威（Janet Burroway）合著的童書《巨型果醬三明治》（*The Giant Jam Sandwich*）裡，癢癢鎮（一個「不太適合黃蜂的小鎮」）遭到四百萬隻黃蜂入侵，小鎮居民們試遍所有常見的噴藥和驅趕方法，但都無濟於事。最後，麵包師傅貝柏集合所有居民之力進行一項大型社區計畫，那就是製作一份用來捕捉黃蜂的超大型果醬三明治。故事結局是小鎮居民們大勝黃蜂，那個超大型果醬三明治讓當地的鳥兒「享受了一百個星期的大餐」。

如果這個故事現在有新的版本，也許會把結局改成小鎮居民親自享用這份三明治，不過拿來餵飽鳥兒看起來是比較不自私、比較符合生態的做法。但無論是哪種結局，以癢癢鎮居民解決黃蜂問題的對策來說，關鍵在於只鎖定造成危害的物種，並且利用動物的自然行為來解決害蟲，而不是像戰爭中的神經性毒氣一樣，連帶波及其他無害的生物。

《巨型果醬三明治》讓我想到我們可以用什麼方式慶祝「黑蠅星期五」，我覺得這可以是個稱頌所有昆蟲的節日，讓人們在這一天感謝黑蠅讓我們知道哪裡有純淨的水源、感謝烤箱裡的蟋蟀餅乾、感謝野外環境中那些可怕又令人敬畏的蝗蟲。如果我們舉辦一場盛大的慶典宴會，並邀請澳洲原住民、非洲和亞馬遜原住民、中國和東南亞地區的原住民，再加上來自加拿大安大略省、薩斯喀徹溫省以及美國內布拉斯加州的農民，會是什麼樣的光景？如果請他們各自準備一道菜，其中要包含昆蟲、昆蟲產品或是製作過程中仰賴昆蟲產生（例如靠昆蟲授粉）的產品，會怎麼樣呢？如果我們在探索蟲子、農作物害蟲以及瘧疾病媒蚊的黑暗面之餘，也食用蟋蟀、天蠶蛾幼蟲、椰子大象鼻蟲或是靠昆蟲授粉產生的堅果、穀物和水果，還有沾上蜂蜜的麵包，又會如何？我猜想並非所有人都會同意這些論點，也不是每個人都能接受食用昆蟲，不過這在我看來並不是最重要的。也許我們可以藉此開始改變人類用來定義自身的文化敘事和食物，關鍵就是開始對我們自己、我們生活的世界還有這個世界的多樣性，再多一點認識。

## 錢買不到蟲

# 談判的新世紀

**瓢 蟲 小 姐 是 隻 好 蟲**

**（而 且 她 真 的 有 很 多 話 要 說）**

---

＊標題取自披頭四歌名〈錢買不到愛〉（Can't Buy Me Love）
＊副標取自披頭四歌曲〈女王陛下〉（Her Majesty）歌詞：
「女王陛下是個美麗的女子，但她不怎麼吐露言詞」
（Her Majesty's a pretty nice girl, But she doesn't have a lot to say）

無論花多少錢，都無法彌補數百萬種昆蟲死亡的損失。如同披頭四在歌曲中唱的「錢買不到愛」，金錢也沒辦法替代昆蟲的授粉功用，或是取代昆蟲、植物、土壤和溫室氣體之間複雜的動態關係。如果昆蟲全都消失，週期蟬那神祕魔幻的音樂劇將就此沉寂，樹木、龜類和鳥類也會失去這頓定期出現的肥料和美食饗宴。食蟲性的鳥類將隨著昆蟲絕跡，花朵只能盛開一次，然後就此枯萎凋零。一旦蜜蜂消失，即使給牠們股東分紅也沒辦法讓牠們回來，換作是帝王斑蝶、糞金龜等昆蟲也一樣。殺蟲劑和肥料就如同提供一夜歡愉的妓院，人們可以用金錢交換玉米、大豆或油菜幾季的安穩收成；殺蟲劑能為想要掌控食材的人類帶來一時的短暫滿足。

環境工程師M．皮瑪拉妲（M. Premalatha）在二〇一一年發表文獻回顧，〈透過有效節能的食物生產方式減少全球暖化與生態環境惡化：可食昆蟲的作用〉（Energy-Efficient Food Production to Reduce Global Warming and Ecodegradation: The Use of Edible Insects），她在文中寫道：「最諷刺的事情是，為了保護植物性蛋白質含量低於百分之十四的農作物，全球每年花費等同於幾十億盧比的資金去消滅那些動物性蛋白質含量超過百分之七十五的其他食物來源（也就是昆蟲）。」但是，全球農糧系統就和經濟體系一樣，不會把諷刺的現象納入運作時的考量。

除了在理性和感性層面上化解昆蟲帶來的矛盾經驗與複雜感受之外，我們要如何在實務上身體力行？

起初可能會有人認為，如果不用殺蟲劑，要控制害蟲的方法就是把牠們吃掉；畢竟，會吃蝗蟲的本就大有人在。這是個殘忍的辦法，也確實有人嘗試過。但除了少數特例以外，吃掉害蟲並不是非常有效的防治手段，不過在為人類、昆蟲與食物之間的關係尋找無毒的管理方式時，這些特例還是值得參考。

在一九七〇年代的泰國，向來棲息在森林裡的條背土蝗（*Patanga succincta*）在林間空地肆虐為患，危害其中的玉米田。[71] 政府試過從空中噴灑殺蟲劑，但效果不彰，因此改為鼓勵民眾食用這些蝗蟲，甚至公布了各種食譜。時至今日，油炸蝗蟲已經成為當地的熱門點心，條背土蝗也不再被視為危害嚴重的害蟲，甚至有農民是為了吸引蝗蟲而種植玉米，因為蝗蟲的價格比玉米還要高。所以，這些蝗蟲算是食物，還是害蟲呢？答案是兩者皆是。而且從健康考量來說，食用蝗蟲五十五年，絕對好過暴露在殺蟲劑的風險中五十五年，無論殺蟲劑的殘留量有多低。

在全球各地，大約有八十種的蚱蜢和蝗蟲被人類當作食物。雖然牠們的營養成分各不相同，但大多數蝗蟲的蛋白質含量約為百分之六十，脂肪約為百分之十三（以乾重計算），和牛以及蟑螂一樣是人類優良的營養來源。對許多人來說，蝗蟲並非什麼「新奇」的食物來源，很多地方在歷史上早就有食用蝗蟲和蚱蜢的例子。有學者針對美國猶他州湖濱洞（Lakeside Cave）發現的早期人類排遺進行研究，發現在大鹽湖（Great Salt Lake）一帶以狩獵採集維生的人類偶爾會食用蝗蟲和蚱蜢，時間最早可追溯至四千五百年前。每隔一段時間，就會有數以百萬計的蚱蜢和蝗蟲掉入大鹽湖裡，這些昆蟲被沖上岸後，在大自然的鹽醃和日曬之下，就成了任人食用的豐盛餐點。近期的民族誌和民族史研究還顯示，一直到十九世紀晚期和二十世紀初，當地仍有一些原住民會食用蚱蜢和蟋蟀。

因此，當我讀到馬達加斯加在二〇一二年以及其後數年間發生蝗災、大多數地區嚴重受害的事情，就忍不住想到拿牠們做成秋季湯品或蟲乾麵包的可能性，想到當時人們能否把那些蝗蟲拿來吃。為什麼不呢？也許那些人是可以吃掉蝗蟲，但事情並非如此簡單。當時，飢腸轆轆的蝗蟲群毀掉了稻田和牧場，導致一千三百萬人面臨飢餓與糧食安全的危機。雪上加霜的是，蝗災的消息碰巧在逾越節之前登上新聞，這個事件在西方社會的猶太基督教觀念中正好呼應了聖經教示。這場蝗災不僅是災難性的蟲害，也成了公共關係的惡夢。

國際組織和政府單位在當地噴灑殺蟲劑，試圖消滅飢餓的害蟲，卻也因此汙染了可作為另類食物來源的昆蟲。但還是有些孩童會徒手或利用蚊帳捕捉蝗蟲，將牠們淹死之後再拿來炙烤或油炸。也有農民表示，蝗蟲或許是很好的食物，但牠們會腐爛，不像稻米那麼容易保存。對於蝗蟲，我們無法提出一體適用的普遍性對策。想要好好處理這個問題，不僅必須面對如何停止蝗災的這項挑戰，同時也必須發展出能夠捕捉蝗蟲、並作為食物妥善儲放及保存的新方法。考慮到後殖民社會的文化動力，以及在歐洲人面前食用「蟲子」可能會伴隨的尷尬不安，這種做法需要不少勇氣，也需要當地人共同參與，與農民、長者、廚師和孩童多方交流；此外還需要對各種策略進行深刻的反思，並妥善運用適合的新技術。

洛克伍德在描述美國的蝗災時提到，剛開始時有些農民對於自己的家禽會吃蝗蟲感到很高興，但他們沒能開心太久，因為這些雞隻和火雞吃個不停，結果把自己撐死了。農民們試著先餵食一些穀物，再讓牠們去吃蝗蟲，但情況沒有好轉，因為蝗蟲數量很多，多得讓牠們無法招架！更糟糕的是，農民們後來發現這些家禽的肉和蛋會散發出一種刺鼻油膩的怪味，令人難以下嚥。同時，湖邊、池塘、河川和井水裡都有大量腐爛的蟲屍發出臭味，也讓大家深感煩惱。蝗災是一萬多年來所有人類聚落都曾面臨的問題；如此嚴峻而特殊的情形更再次突顯出，我們的難題在於如何妥善捕捉及保存突然從天而降的食物。這個問題長久以來促使人類發展出發酵、鹽醃、糖漬、冷藏、乾燥、真空包裝等技術，近年更出現透過基因改良延長生鮮蔬果保存時間的做法。我的看法是，如果人類認真打算將昆蟲當作食物，自然就會有辦法解決存放與保存的問題，就像我們找到方法保存穀物、乳製品和生鮮蔬果一樣。在前哥倫布時期，美洲某些原住民就曾想到將昆蟲、松子和漿果一起搗碎曬乾，巧妙製作成「沙漠版水果蛋糕」。生活在哈尼湖（Honey Lake）一帶的派尤特人，也會將乾燥的蟋蟀和蝗蟲煮成湯。日本人會用虎頭蜂做成醃菜和酒，歐洲則有蜂蜜酒的傳統，如今在美國還有些人會飲用以蜂類身上的酵母發酵製成的啤酒。雖然可能性並非毫無止盡，但可以確定的是，保存方法絕對不少。

在墨西哥，人們認為某些種類的蚱蜢會嚴重危害玉米、豆類、紫苜蓿、南瓜屬植物以及蠶豆。從一九八〇年代起，已有許多農民嘗試噴灑有機磷殺蟲劑（大多是巴拉松和馬拉松，一般認為這兩種殺蟲劑對於人類**比較**無害）。不過，根據流傳至少五百年以上的阿茲特克傳統，當地人也會把蚱蜢當作食物來源。時至今日，在五月到九月之間，普埃布拉州聖瑪利薩卡特佩克（Santa Maria Zacatepec）的採集者還是會在破曉前來到農地裡；他們每週可以捕捉五十到七十公斤的蚱蜢，每年的採集量可達七十五至一百公噸。一年一度採集蚱蜢的銷售所得，可為每個家庭帶來三千元美金的收入，也是他們在這六個月內最主要的收入來源。

就採集者而言，這些收入當然是再好也不過；但對於想要防治害蟲的農民來說又是如何呢？墨西哥國立自治大學的兩位研究人員決定深入探討這個問題。在二〇〇〇年代初期，勒內・塞里托斯（René Cerritos）和瑟農・加諾-桑塔納（Zenón Cano-Santana）耗時兩年觀察噴灑殺蟲劑的農田以及以人工捕捉蚱蜢的農田，針對兩者遭受蟲害的情況進行比較。雖然施用殺蟲劑的農田遭到蚱蜢危害的機率比較低，但這兩位研究人員認為人工捕捉的防治方式仍然可以將害蟲侵襲的情況降低到可控管的程度，而且每年可讓農民省下一百五十美元的殺蟲劑費用，還能為村莊帶來額外收入、減少汙染水源和土壤的風險，也不會對非目標物種造成負面影響。[72]人工捕捉在社交層面還可帶來額外的好處，因為這種做法需要農民與採集者彼此對話交流、協調工作；世界銀行稱之為社會資本，在社會結構面臨破壞的地區，這個優點的重要性不容小覷。

長遠來看，我們確實需要這些替代方案；複雜的生態社群體系比較有能力解決害蟲侵襲問題，但若要培養這樣的體系，我們必須好好反思自己的生活方式。我們是否能克服重重難關，設法找到與昆蟲共同生活之道？雖然意識形態互相衝突的蘇聯與美國從未直接開戰，但在瓜地馬拉、尼加拉瓜、宏都拉斯、烏拉圭、安哥拉、莫三比克、柬埔寨和越南等國爆發的血腥爭戰，卻都是這兩國暗中交鋒的代理戰爭。美俄兩國爭奪世界霸權的夢想，造成他國人民大量死亡，這就是帝國運作的方式。同樣地，自從瑞秋．卡森揭發殺蟲劑意料外的負面影響，使得這件事成為公共議題之後，消滅害蟲之戰並未結束，只是改換了形式。這些勘比戰爭武器的殺蟲劑，在經過充分的藥效實驗之後又捲土重來，號稱如同波斯灣戰爭的外科手術式打擊一樣精準，創造出一個神話般的幻象，讓人誤以為這種攻擊不會傷及無辜。

想在盡量減少附帶損害的情況下控制昆蟲數量，最廣為人知且普遍運用的方法就是所謂的共生種植（適合比較溫和的園丁）和間植（適合更講究的農產者）。世上有超過一千五百種的植物具備某些殺蟲作用，但即使是不具殺蟲特性的植物，還是具備一些阻擋害蟲在整片田間擴散的能力。另一個對策則是引進其他會捕食或寄生在害蟲身上的昆蟲（可說是代理戰爭的害蟲防治翻版）。近期出現的做法還包括使用費洛蒙、基因改良，甚至還有人嘗試播放令人憤怒不悅的音樂。在此我只會探討某一些做法，證明就算殺蟲劑是生產糧食的必需品這種有待商榷的說法受到農產界某些大型企業支持，我們還是有飢荒和革命以外的其他選擇。

可想而知，農耕的出現比工業製殺蟲劑早了好幾千年。美國國家科學院在二〇一三年發表的報告指出，中國的農業文化可以追溯至兩萬年前，當地種植柑橘類植物的歷史可能長達兩千年。橘子在加拿大西部的內陸地區被稱為日本橘，起源於印度北部或中國南部地區，而後散布到東南亞地區，接著再傳到歐洲和世界各地。

中國農民在這塊昆蟲學發源之地種植橘樹長達兩千年，所以他們擁有對付害蟲和無毒防治方式的經驗也並不讓人意外。舉例來說，這些農民知道柑橘角肩椿象、柑橘潛葉蛾、啃食葉片的毛毛蟲還有蚜蟲可能會（而且也確實會）攻擊他們種植的檸檬樹、柳橙樹、柚子樹和橘子樹。在沒有馬拉松、亞滅培、錫蟎丹與得脫蟎混合劑、滅大松、賜諾殺和其他現代農藥武器可以對抗昆蟲的情況下，他們嘗試與自然「攜手合作」，而不是馬上設法對抗自然。或許他們讀過孫子在西元前數百年寫在《孫子兵法》中的建議：「不戰而屈人之兵，善之善者也。」

關於如何利用昆蟲控制其他昆蟲的文獻記載，一般認為最早是源自中國農民。大約在一千七百年前，他們發現黃柑蟻（*Oecophylla smaragdina Fabr*，為黃猄蟻的一種）會捕食多種啃咬植物的害蟲。最初農民是透過追蹤這些螞蟻找到野外的蟻窩，將其帶回；後來（約在西元九八五年），他們開始用肥肉放在豬或羊的膀胱袋內當作餌，吸引黃柑蟻進入。大約在西元一六〇〇年，農民們發現只要在樹木之間用竹子搭建橋樑，即使只有少數幾棵樹上有黃柑蟻繁衍，牠們也能遍及整個果園。冬天對黃柑蟻來說是一大難關，牠們很難在嚴寒天候下存活；因此農民開始在秋天收集這些螞蟻，以柑橘餵養牠們，等到溫暖的春季來臨才將牠們放回。有些觀察力較敏銳的農民最後發現柚子樹的葉片較厚，能為黃柑蟻提供更多保護，可以說是牠們的避難所。如果農民將柑橘和柚子混合種植在果園中，再以竹子在樹木間搭建橋樑，黃柑蟻就能躲在柚子樹上過冬，成為每年都能自力更新的蟲害防治來源。

聯合國糧農組織於二〇一三年發表《六腳家畜》（*Six-Legged Livestock*），內容是關於泰國可食昆蟲的養殖、採集和行銷活動；作者提到，當地也有農民使用織葉蟻為芒果園進行病蟲害防治。有些農民是自行照料蟻窩，但是找到蟻后和適合織葉蟻棲身的樹木並不容易，所以這些螞蟻大多是採集而來。農民們會用藤條或藤線在樹木間為螞蟻們搭好大道，而織葉蟻本身就是技術絕佳的的工程師，牠們利用這些通道移動到新地點後，就會用幼蟲吐出的絲築成新的蟻窩。在泰國東北部，有不少民間歌謠舞蹈的內容是在讚美織葉蟻，而牠們的卵、蛹和成蟲也都有人用來製作成沙拉和煎蛋捲（但若是其他像殺蟲劑這樣的害蟲防治產品，通常就不建議大家拿來食用了）。

歐洲和北美洲的農業發展最為迅速的時候，是在工業製殺蟲劑的使用趨於普及、但尚未引起太多爭議的那段時期。非食蟲文化的人們不僅醉心於農藥的效果，也積極將自身使用農藥的習慣推廣到世上其他地方。在使用殺蟲劑數十年後，如今中國、歐洲和世界各地的農學家才又開始重新發掘「益蟲」的好處。

基本上，想要推行昆蟲飲食，最好是使用毒性最低、最符合生態永續的害蟲防治方法；這些方法需要的是更複雜的農法和對生態的充分了解，而不是仰賴殺蟲劑。二〇一六年有一份關於墨西哥中部的胭脂蟲危害仙人掌屬植物的報告，研究人員根據農民回報的情況推論，這些胭脂蟲共有六種不同的天然掠食者，使得牠們的數量保持在可控制的範圍內。不過，研究人員也提出警告，認為這種「自主性的生物防治方法」必須在農業生態系統本身具備結構複雜度和生物多樣性的情況下才能夠實行。[73]

二十一世紀的農民面對殺蟲劑製造商的危言聳聽，為了確保萬無一失，往往會同時運用自然界掠食者和殺蟲劑來除蟲，也就是所謂的病蟲害整合管理（Integrated Pest Management，簡稱IPM）。這種管理方法是將所有病害蟲防治方式都納入考量並搭配使用，只有在作物生長週期的特定期間才會使用殺蟲劑。若將用藥比喻為戰爭，這就是對病蟲害的外科手術式打擊。許多IPM防治法都是採用昆蟲的天敵，例如細菌或原蟲。舉例來說，只要在不流動的水體中植入不同的蘇雲金芽孢桿菌（*Bacillus thuringiensis*）菌株，就可以殺死蚊子和黑蠅，植入日本甲蟲芽孢桿菌（*Bacillus popilliae*）則可消滅日本豆金龜。

雖然早在十八世紀時，赫尼・安托・費赫修・德・黑奧米爾（René Antoine Ferchault de Réaumur）就曾建議將草蛉放入溫室中，讓牠們捕食蚜蟲，但一直到最近幾十年非食蟲文化的農學家才開始採用生物防治法。包括惡名昭彰但其實不會叮人的小型擬寄生蜂在內，現在全球已有數百萬人飼養著數百種昆蟲（總數可達數百萬隻），主要是為了放到溫室裡以及農田作物上防治害蟲。寄生蜂可以找出番茄夜蛾和斜紋夜蛾藏在地底下的蛹，在蛹上或內部產卵，幼蜂孵化後就會吃掉宿主。目前也有人正在針對三個不同蜂種的經濟用途進行研究，分別是會攻擊甜菜夜蛾的

*Diapetimorpha introita*，會攻擊煙實夜蛾的 *Cryptus albitarsus*，以及會攻擊美國認定為害蟲的其他十種昆蟲的 *Ichneumon promissorius*。二〇〇〇年時，全球已有超過六十五家生產這些「天敵」的公司，銷售對象以溫室為主。

對北美洲的農民和園丁而言，瓢蟲是證實生物防治法功效的測試案例，同時也顯現出細分物種的重要性。瓢蟲在北美洲被稱為「ladybird beetle」（聖母之鳥甲蟲）或「ladybug」（聖母甲蟲）[74]，一方面受人讚美，另一方面也為人所誤解。人類對瓢蟲的讚美之意，從名稱就可見一斑，因為「ladybird beetle」就是「Our Lady's Bird」（聖母之鳥）縮略演變而來。瓢蟲之所以得到這個名稱，據說是源自於中世紀的農民；當時農民為了作物遭到吸食汁液的蚜蟲侵襲而苦惱不已，因此向聖母瑪利亞禱告祈求援助，結果就出現了瓢蟲這種專吃蚜蟲的昆蟲。瓢蟲在五十種語言當中約有兩百五十種名稱，其中有六十三種包含「Virgin」（聖母）的變體字，還有五十二種包含「God」（神）的變體字。貝倫鮑姆曾指出瓢蟲也有一些涵義沒那麼崇高的名稱，例如「Cowlady」（牛女士）或「Bishop is burning」（火燒主教）；瓦德鮑爾則舉出瓢蟲的希伯來文名稱，其意為「摩西的動物」。

人類對於瓢蟲的誤解，則與細分物種的重要性有關。某些瓢蟲愛好者一心認為聖母必然有最好的安排，就對瓢蟲本身不怎麼留心。在一八〇〇年代晚期，人們無意中將澳洲的吹綿介殼蟲（*Icerya purchasi*）引進了美國，使得加州柑橘業遭受嚴重損害。時任美國農業部（USDA）首席昆蟲學家的查爾斯・瓦倫泰・萊利，先前就在美國的蝗災大作戰中發揮了重要影響，對於歐洲葡萄園的根瘤蚜防治計畫制定也功不可沒；這次面對吹綿介殼蟲，他同樣想出了防治的辦法。為了避免觸犯農業部職員的旅遊限制，萊利指派自己的助理艾伯特．科貝勒（Albert Koebele）代表美國國務院前往澳洲墨爾本，參加一場國際博覽會。科貝勒在一八八八年寄回數百隻活生生的澳洲瓢蟲（*Rodolia cardinalis*），還有一種寄生蠅（*Cryptochaetus icerya*），這些昆蟲都被帶到果園中野放。吹綿介殼蟲的數量成功受到控制後，人們將這項成果歸功於瓢蟲的引進，於是沒過多久，全國各地的農民都想弄點瓢蟲來。

然而，這場勝利在缺乏昆蟲學知識的情況下，使得像我這樣的普羅大眾產生了許多誤解和困惑。如果你弄到的瓢蟲不是你需要的那種瓢蟲，那就無法解決你的蟲害問題。所以你放到果園裡的瓢蟲不一定能發揮作用，得要看牠們喜歡的是濱海地區的天氣或是溫和偏冷的天氣，以及牠們理想的交配方式是什麼。不過，最重要的影響因素還是牠們對食物的偏好。全球約有六千種瓢蟲，在飲食習慣上各有不同。例如食植瓢蟲亞科（Epilachninae）的瓢蟲，會吃南瓜屬等等的植物。園丁們為了防範這些瓢蟲侵害南瓜屬作物，曾經試著用擬寄生蜂進行防治，如今擬寄生蜂也被用於控制介殼蟲的蟲害災情。

將天敵引進新地區的負面影響，就是這些外來掠食者可能會對其他食物產生胃口。凡是戰爭，都不免傷及友軍和無辜百姓，這就是所謂的「附帶損害」，也是人蟲之戰產生的重大問題。

昆蟲學家嘗試飼養不具生育能力的昆蟲再加以野放，這對於防治害蟲似乎相當有用，而且比政治領導者試圖用節育控制人口數量的成效來得更好。這類策略的實行方式是運用輻射為昆蟲（通常是雄蟲）絕育，再將這些昆蟲放入為患的害蟲族群中。就像大多數的無殺蟲劑防治法一樣，想採用這種做法，必須對昆蟲的繁殖行為和生態具有相當程度的了解，並且掌握明確的生態疆界。這種方式用在孤立族群的效果最好，像是島嶼上的昆蟲、食性挑剔的昆蟲，以及雌蟲只繁殖一次、但雄蟲可交配多次的物種。在為雄蟲絕育的前例中，有一個案例是要將北美洲某些地區的螺旋蠅（*Cochliomyia hominivorax*）徹底消滅，這種做法亦曾用於防治某些果蠅物種。日本在一九七一年到一九九三年間，也藉由野放數千萬隻絕育的雄蟲，成功消滅了幾座島嶼上的瓜實蠅（*Bactrocera cucurbitae*）。

某些甲蟲、蜂類和蝴蝶的雌蟲帶有特定的細菌，會在交配時傳染給雄蟲，這些細菌會殺死雄蟲，雌蟲則可在受孕後成功傳宗接代，而且不用擔心雄蟲離開她之後繼續到處留情；我猜想某些人類應該會羨慕這項技能。昆蟲學家尚未確定這種選擇性殺害的運作機制，不過一旦釐清這個機制，或許就能運用在害蟲防治計畫中。

美國的研究人員分別在二〇一二年及二〇一五年，針對另類的昆蟲絕育防治法提出了研究報告。他們使用CRISPR/Cas9這種「複製貼上」的基因改造技術培育出新品種的蚊子，這種蚊子完全不會感染引發瘧疾的寄生蟲，也就是惡性瘧原蟲（*Plasmodium falciparum*），但牠們同時仍保有健全的身體和繁殖能力。這些科學家希望他們的「商標產品」（原文照錄）野放後，這些經過改造的蚊子可以讓野放地區的瘧疾傳染疫情完全平息。

我並不是實驗室基因改造技術的狂熱支持者，因為這類實驗缺乏對複雜生態背景的了解，也沒有進行一段期間的實際試驗，對於進程較慢的繁殖計畫所引起的非預期影響亦無相關檢驗。所謂的非預期影響會是什麼呢？過去曾有人針對麗蠅和采采蠅進行類似的疾病防治計畫，將絕育的雄蠅放入族群當中；經過一段時間後，新生的幼蠅減少，族群數量也隨之下降甚至完全消失，至少在島嶼或山谷等地形受限的地區可以達到這樣顯著的效果。然而，現在這些科學家提議的做法卻是完全不同的，經過基因改造的蚊子不會消失，牠們會繼續繁殖，而且不會受到感染。疾病往往是控制野生動物數量的自然機制，萬一寄生蟲或病毒就是抑制蚊子族群增加的因素，那該怎麼辦？去除寄生蟲是否會增加蚊子的繁殖率和族群規模？隨著族群成長，蚊子會不會因為對其他病毒或寄生蟲不具抵抗力而受到感染，進而成為帶原者？基於上述隱憂，即使這個計畫成功根除瘧疾，我這個老頑固也不會認為是一樁美事。

同期內，衣索比亞的研究人員也有了新發現。衣索比亞並不是島嶼，因此以最新科技進行基因改造的蚊子，在這裡也只是造價高昂但不切實際的新殖民主義產物；但研究者發現，只要在床附近掛上雞籠、裡面放隻雞，就能大幅減少附近的蚊子族群，顯然蚊子並不喜歡那種味道。這或許不是什麼特效藥，但能夠將防疫措施和晚餐食材集於一身，我覺得蠻有吸引力的。

某些更晚近提出的防治措施不僅十分天馬行空，還會引起道德爭議。南方松甲蟲和西方松小蠹蟲喜歡同樣的樹種，但這兩種甲蟲不會棲息在同一棵樹上。研究過昆蟲聲音生態學的音樂家兼作曲家大衛．鄧恩，曾經想過如果對西方松小蠹蟲播放南方松甲蟲的聲音會發生什麼事。畢竟在一九八九年時，美軍就曾連續十天播放艾利斯．庫柏（Alice Cooper）、范海倫樂團（Van Halen）、冥河樂團（Styx）、吻樂團（Kiss）、鼠王樂團（Ratt）和猶太祭司樂團（Judas Priest）等等的搖滾樂，迫使巴拿馬領導人曼紐．諾瑞嘉（Manuel Noriega）走出他尋求庇護的梵蒂岡大使館。那麼，對甲蟲播放惱人的音樂會發生什麼事呢？結果是西方松小蠹蟲的雄蟲彼此交配，而且還把雌蟲扯成碎片。鄧恩進一步研究這個構想，譜寫出非線性而混亂失序的電子音樂，然後播放給昆蟲聽。「鄧恩將這個音樂播給甲蟲聽，」大衛・羅騰堡表示，「結果甲蟲們就把彼此給扯得稀爛。與之相比，還有什麼反應更能證明他這個音樂作品的影響力？」（千萬謹記：別去聽大衛・鄧恩的音樂會。）就我所知，具有殺蟲能力的音樂還未經過大規模的試驗。

鄧恩這首激怒昆蟲的音樂，對我們而言是個提醒：藉由運用昆蟲彼此之間、還有昆蟲與世界萬物（聲音、景象、氣味、費洛蒙、磁性）之間的關係，我們可以透過傷害最少的方式與昆蟲對話、交流，以及處理我們與昆蟲彼此造成的影響。這些並非用來對付昆蟲的武器，而是能促進辯論、對話的語言，而且會讓更多人抱持順其自然、各不相干的態度，也就是傑弗瑞・洛克伍德所說的「昆蟲冷感」（entomapatheia）。[75]

# 第五部

# 我的生命不能沒有你

生活在非食蟲世界的我們，如果想讓昆蟲成為飲食的一部分，該從何著手？牠們是不是已經在我們沒注意的情況下，從後門、廚房窗戶和動物棚舍裡悄悄爬上我們的餐盤？在歐洲以外的地方，許多族群食用昆蟲已有千年之久，他們能成為我們的借鏡嗎？讓我們深入探索昆蟲飲食這片新大陸，仔細檢視昆蟲如何成為食物、飼料，甚至嘗試用嶄新多元的觀點看待昆蟲，視之為友。

## 把西方拋在腦後？

# 非西方文化中的昆蟲飲食

### 這些竹蟲真是讓我驚豔

＊標題與副標取自披頭四〈回到蘇聯〉（Back in the U.S.S.R.）歌詞：
「這些烏克蘭女孩真是讓我驚豔／她們把西方都甩在腦後邊」
（Well the Ukraine girls really knock me out／They leave the West behind）

我第一次有自覺地刻意吃蟲是在中國昆明，純粹是因為入境隨俗。當你去其他國家作客時，如果有人邀請你吃蟲，拒絕對方的好意會顯得很失禮。

二〇一〇年一月，我們的工作小組正在昆明研究導致新型疾病出現的生態與社會交互作用，鑽研中國少數民族的民族植物學家許建初為了款待我們，準備了一頓相當豐盛多樣的宴席。那些擺放在餐桌轉盤上的菜色在我看來，就像西藏的生命之輪一樣，精緻細巧、繽紛多彩，紛雜之中透露出精心安排的巧思。菜餚包括各種翻炒、串烤並加入香料的花朵、植物根部、豆莢、葉片、龍蝦壽司、雞肉和豬肉，其中還有一籃炸得酥脆的蠕蟲。這些蟲是筍蠹螟（*Omphisa fuscidentalis*），是屬於草螟科的蛾類，不過在廚房裡和餐桌上，人們通常稱之為「竹蟲」。我強作鎮定，按捺住心中那份屬於加拿大人的驚恐，一邊告訴自己這是一種跨文化合作，一邊試著吃了一點。我覺得吃起來就像薯條，只是吃得到小小脆脆的頭部。許建初面帶微笑地看著我吃，他說自己比較喜歡不要炸到這麼脆，保留一點柔軟多汁的口感。他接著跟我們聊起他吃過的所有昆蟲餐點，我一路聽下來覺得，不管是在地上蠕動爬行的、空中飛的，還是在淡水或半鹼水水域中游的，只要是蟲他全都吃過了。我沒有向許建初問起傳統的竹子採集方式可能帶來的破壞，也沒有詢問種植竹林來飼養竹蟲的可行性。

不過，我仍有很多其他事情想要請教許建初，也許可以一邊問他，一邊喝杯用草食性昆蟲的排泄物泡出來的蟲茶。二〇一三年有份學術研討報告指出，中國傳統的蟲茶可以降低血脂，而且具有抗高血壓及降低血糖的作用。[76]現在我覺得我該回雲南去問問建初，佤族人吃的是哪十種昆蟲的繭，西藏人又是怎麼處理蟲草（*Cordyceps*）這種身體被菌類寄生的毛蟲。

世界各地少數民族和原住民所吃的其他昆蟲，足以讓研究人員窮盡畢生時間研究；從少數民族和原住民身上，我們這些不吃蟲的人可以充分了解到烹飪食材的豐富可能性。如果說將昆蟲飲食常態化有助於找回我們的過去、重新體認人與世界的關係，那麼精於吃蟲之道的少數民族和原住民，不就是最能帶給我們引導和啟發的明燈嗎？

現今全球的農糧技術文化故步自封，一味追求工序效率和規模經濟，除了這些少數民族以外，我們還能從哪得到革新的建言？如果食用昆蟲就像丹妮艾拉．瑪汀形容的，是「拯救地球的最後希望」，我們還能在哪找到庇護之地，還能在哪找到能夠針砭問題核心的失落之聲？

湯瑪斯．高希爾（Thomas Cahill）在《愛爾蘭人如何拯救文明》（*How the Irish Saved Civilization*）一書中敘述，強大富裕的羅馬帝國因為橫行霸道、自視過甚，加上哥德人、西哥德人和汪達爾人入侵，最終招致滅亡；在當時一片黑暗的歐洲文化地景中，是渺小但活躍的愛爾蘭修道院重新種下文明的種子，讓哲學、希臘文明、古老手稿、幽默感以及文明化的演說技巧得以繼續流傳。高希爾同樣認為，如今傲慢自負、唯利是圖的全球化文明若是在不平等和不公義之下毀於宗教戰爭和貿易戰爭，能夠復興社會與人類的希望「不在倫敦某個董事會的會議桌上，不在華盛頓的某間辦公室裡，也不是在東京的哪間銀行，而是正在某些奇異的偏遠地區萌芽」[77]，他所指的也就是邊緣地帶。

至少站在討論的立場上，我是願意接受高希爾這個說法的。但我還是抱持著許多疑問：我們何以界定邊緣地帶？我們現在討論的不是羅馬帝國，沒有幼發拉底河和哈德良長城可以劃分邊界。一九七三年，社會規畫者霍斯特和韋伯提出，傳統的問題解決方法或科學方法因為難以劃分的邊界、複雜的相互作用以及對於解決方案的不同認知，在許多問題上都無用武之地；[78] 他們將這些問題稱為「難解問題」（wicked problems）。我們所看到的個別問題，往往只是另一個規模更大、更複雜的系統性問題之冰山一角，這是技術性問題的解決者所不願正視的。

面對這類難解的情境，假如無視問題背景、把其中的問題當作單獨存在來個別處理，往往會產生更為棘手的難題。比方說，如果想要根除某個國家的瘧疾，我們可以將有蚊子棲息的沼澤水池通通都填起來，但是這樣做會減少滲透到地層中的水，使得地下水補注不足導致長期性的缺水，而鋪平表面產生的輻射熱也會增加局部熱島效應，使得區域暖化效應加劇；但諷刺的是，停車場和排水管的積水因為沒有魚類等昆蟲掠食者，反而比生態健全的沼澤更適合許多蚊子生存。又或者，我們可以透過規模經濟來解決食品短缺的問題，但這也會為傳染病製造出理想溫床，並且讓小農失去工作機會。

從軟體開發和企業管理，到基因改造生物（GMO）、醫療保健及氣候變遷，已有數以千計主題各異的書籍和論文試圖從不同領域著手，提供「減緩」這些問題的對策。然而最成功的策略，應該是協同合作、發揮想像，並且認知到所有對策都必須時時調整因應。如果可以改編一下小說家道格拉斯．亞當斯在《漫長黑暗的靈魂下午茶》（*The Long Dark Teatime of the Soul*）的字句，我想說：「我們或許到不了自己想去之處，但我們認為自己最終抵達了應到之處。」

在被視為全球永續糧食安全的問題對策之餘，昆蟲飲食本身就是個問題，而且背後牽涉到另一個規模更龐大的難解問題。想要著手解決這個龐大難題，我們也許需要釐清問題核心，並且界定問題的範疇。那這個大難題會是什麼呢？昆蟲飲食運動本身對這個議題就充滿各種相互衝突的觀點（這也是「難解問題」的跡象之一）；不言可喻的是，現行的工業化農糧系統在過去百年來為我們帶來豐盛糧食，形成備受推崇、但有時也令人詬病的「生活方式」，但這套農糧體系也正是我們所面臨的大難題。

我們的「生活方式」既已全球化，又該如何界定這個問題的邊緣地帶？我們該將歷史學和人類學資源當成二十一世紀昆蟲飲食的基礎，用來劃分出時間上的邊界嗎？瑪汀和許多人士都認為，如果我們想真正採用舊石器時代狩獵和採集型態的飲食方式，那就應該要吃蟲。我並不相信在演化生存之中發展出來的現代飲食喜好能一直維持到下一個千禧年，不過在擁有八、九十億人口的世界，想從乾枯的河道和峽谷裡搜出不為人知的食物綠洲也並非全無益處。

比起祖先第一次從土丘內挖出白蟻、或是開始與蜜蜂爭奪蜂蜜這個甜美寶藏的時候，現今的世界已經是個截然不同的星球。但在工業進步主義的狂瀾之中，仍有一些先民的知識和活動，像退潮後留下的水窪一樣保留了下來。這些生態文化的流風遺俗能流傳到二十一世紀，必然與人類生活息息相關；它們讓人類得以生存，甚至能在面對極端的環境、政治、文化和氣候變遷時保有應變能力。我們可以分辨的界線，除了時間性的邊界以外，還有綜合文化與地理要素的邊界。

我們可以在全球各地尋找這些遺俗，像是亞洲、非洲、北美和南美洲邊緣族群所居住的區域，還有那些悄悄延續生態與生存知識的避世之所，例如在洛克伍德談到蝗蟲在沒有危害作物的時候是如何生活、帝王斑蝶如何生存至今的時候，被他稱為聖地的美洲山間峽谷或墨西哥森林谷地。在這些地方，仍然流傳著如何辨識、養殖、加工及料理昆蟲的知識。

但在我們開始尋找這些資源之前，還有一些值得反思的問題：這些風俗當初是為什麼會開始被邊緣化？如果要讓這些風俗成為主流，會面臨什麼樣的挑戰？在崇尚進步、秉持現代主義思維的人看來，這類飲食習慣缺乏效率，或許能讓人勉強餬口，但不適合科學化的現代世界。然而，這種想法並沒有什麼可信的根據佐證。有許多概念、人物和文化之所以被邊緣化，往往是許多因素莫名其妙結合在一起的結果，包括所謂的啟蒙科學（也就是起源於非食蟲文化的科學）、宗教狂熱、傲慢的殖民心態、電視媒體、社群媒體的熱潮、流行巨星，以及資金雄厚的公關宣傳。社會達爾文主義雖然早已被揚棄，不受（大部分的）演化生物學家認可，但其概念仍隱含在人類的許多活動中，包括科學研究，以及我們為了「幫助窮人脫貧」或是推廣健康與永續發展所進行的各種計畫和活動。維多利亞時代用來描述社會性昆蟲的詞語往往潛藏意識形態，某些懷疑論者對新昆蟲飲食運動的批評也有同樣情況。雖然過去已有數十億人食用昆蟲，但批評者認為這些人是在貧窮飢餓之下，因為別無選擇才會吃蟲。昆蟲飲食或許能賴以維生，但能對全球糧食安全帶來任何實際改善嗎？

先前提過的澳洲生態學家富蘭納瑞認為，以狩獵採集維生的人有能力從事任何現代世界的工作，然而要那些從事其他工作的人進行狩獵採集，可就未必行得通。富蘭納瑞更進一步引述相關研究證明：「（人類）依賴文明的惰性，已經在生理上留下痕跡。在我們所建立的小小生態系統中，所有生物的大腦物質都出現減少的現象。以山羊和豬來說，牠們的大腦物質比起野生的祖先只剩下三分之一，馬、狗和貓則更少一點。但最令人驚訝的是，人類的大腦物質也同樣減少了。根據研究結果，與冰河時期的人類祖先相比，現代男性的大腦物質減少了百分之十，女性則減少百分之十四。」[79]

既然有些族群的生活方式能獨立於全球經濟體系以外流傳下來，而且他們或許知道一些不靠藥物就能彌補腦部物質缺損的訣竅，我們當然**可以**向他們效法借鏡。但我們同時也必須格外小心避免因此讓這些族群更為邊緣化，也避免讓他們因為羞恥感而更怯於公開食蟲的風俗；即使我們希望能得到他們所承襲的先民智慧，也要避免將他們納入主流文化、導致他們變得更為弱勢。在數百年的殖民威權遺害之下，這樣的交流必須顧及許多層面。

殖民心態的根源深植在非食蟲文化的社會中。亞當・霍許柴爾德（Adam Hochschild）筆下令人椎心的歷史著作《利奧波國王的亡靈：非洲殖民史上充滿貪婪、恐懼與英雄主義的一頁》（*King Leopold's Ghost: A Story of Greed, Terror and Heroism in Colonial Africa*）當中，有一小段記載清楚顯示了這樣的心態。一八八六年，亨利・莫頓・史丹利（Henry Morton Stanley）率領一支探險隊沿著剛果河深入內陸，前往赤道省（Equatoria）「營救」獲派為當地總督的埃明・帕夏（Emin Pasha）；這場在傲慢自負和欠缺考量下展開的探險帶來了種種災難，而帕夏實際上根本不需要救援。史丹利帶去的三百八十九名當地腳伕當中有半數喪命，根據霍許柴爾德的描寫，存活下來的人「在糧食吃完後，就抓螞蟻烤來吃。」在那時，螞蟻被視為絕境中的食物，當「真正」的食物吃完之後還可以抓螞蟻來食用。但是人類在非不得已的情況下可以接受什麼樣的食物，會受到文化背景先入為主的觀念影響，這些觀念就決定了食物的可能性。那些腳伕認為螞蟻可以是食物，但美國人霍許柴爾德並不這麼想。這讓我想起薩伊共和國的洋西族（Yansi）原住民所說的話：「在我們村裡，吃毛毛蟲是正常，吃肉才是少見。」這句話很貼切地表達出他們對「肉」的看法，以及毛毛蟲在他們傳統飲食中的重要性。

在撰寫這個章節的時候，我讀了祖父在一九二〇年代烏克蘭大飢荒時所寫的日記，其中完全沒有關於將昆蟲作為應急食物的描述，他在某日寫著：「而我們吃什麼呢？老鼠、狗、烏鴉、馬肉、用南瓜做的麵包、甜菜、小米粥還有小米穀糠。」我祖父和大多數北方歐洲人後裔一樣，雖然識得昆蟲，但在與食物相關的領域中，昆蟲就只有害蟲這種角色。抱持和他同樣看法的人並不少見，他們對於什麼可以當成食物、什麼不可能作為食物，都抱持著根深蒂固的觀念。如果想以提倡昆蟲飲食來改善全球岌岌可危的糧食安全，這種難以扭轉的普遍心態將是相當大的挑戰。

即使是認真想對原住民的知識、文化和生態韌性保持敏銳度的人，往往也會不自覺地採用帶有殖民文化意識的用詞。像是被稱為「可樂豆木毛蟲」的天蠶蛾幼蟲，從史前時代開始就是南美洲許多部落飲食文化中的重要食材。然而，近期發表的可樂豆天蠶蛾幼蟲相關論文中，卻將食用這種重要食物的行為說成是位於社會邊緣的家庭在「維生方式」有限的情況下，迫不得已而採用的「維生策略」。「維生策略」是發展專家常用的詞，通常是用來描述在政經方面弱勢的社群找出的維生之道，涵蓋食物和居所、收入取得管道以及日常生活方式。隨著永續發展在一九九〇年代成為全球口號，「永續生計」逐漸成為發展援助領域的用語，至於「永續生計取向」（Sustainable Livelihoods Approach，通常簡稱為SLA，如果是跟我一樣有點年紀的人可別搞混了，這個SLA不是綁架佩蒂．赫斯特〔Patty Hearst〕的共生解放軍〔Symbionese Liberation Army〕[80]），則被國際農業發展基金會視作是「進一步了解貧困族群生計的方式」。

基本上，我對SLA這用語沒什麼意見，但我目前還沒聽過有人把這個詞用在歐美的都會白領和矽谷菁英身上。有人會說是因為這些人的生計並不符合永續的概念，不像馬拉威的村民們。

這讓我想到世界動物衛生組織的動物健康基礎建設評量計畫，有位首席獸醫官提出西歐或北美國家也應該進行這類評量，卻惹惱了該組織的官員們，他們認為這項工具是用來評估那些「發展中」國家，而不是用來評估「我們」的。

昆蟲飲食是某種新殖民主義嗎？還是如我所希望的，是讓現代都市人發展ＳＬＡ的方法？聯合國糧農組織近十幾年來舉辦的一系列工作坊，讓原本屬於小眾的昆蟲飲食進入了全球糧食議題的討論範疇。我在前面提過兩份引發全球性甲蟲狂熱的工作坊報告，分別是二〇一〇年的《可食用的森林昆蟲：當人類反咬一口》和二〇一三年的《可食用昆蟲：食物和飼料保障的未來前景》。這些報告提供了許多調查結果和個案報告，研究對象大多是非洲、亞洲和拉丁美洲至今仍有吃蟲風俗的特定「部族」。（在某種層面上，所有人類不是都源於部族嗎？）轉眼間，昆蟲學家、考古學家和人類學家紛紛開始在全球各地進行考察，尋找更多關於人類現在或過去食用昆蟲的資料。在新昆蟲飲食提倡者「發現」之前，有數十億人早已將蝗蟲、象鼻蟲和白蟻當作日常食物，對他們來說這沒什麼好大驚小怪的。吃蟲的例子在世界各地俯拾皆是，而烹調方式和生態系統也都各不相同。

在菜單上開始出現昆蟲的同時，我們也要好好了解這些人的吃蟲經驗：他們吃哪些蟲？為什麼？該怎麼料理這些昆蟲？最好的情況就是在將昆蟲飲食常態化之餘，也能藉由互相尊重進一步了解不同的生態和文化。

在非洲南部某些地區，碰到天蠶蛾幼蟲躲進地下蛹化、不容易取得的時期，人們會抓 *Encosternum delegorguei* 這種荔蝽來吃，但是荔蝽不能「直接」食用，得要在溫水中洗過三次、煮熟並且曬乾才能吃。而披甲樹螽（*Acanthoplus spiseri*）在食用前必須先除去有毒物質，所以得要剁掉頭部、去除內臟，然後至少煮上五個小時，再用油煎炒；倘若有人無視這個建議，未經處理就貿然食用，可能會因膀胱發炎而飽受折磨。天蠶蛾幼蟲在食用前要先除去內臟，糞金龜則需要經過清理才能吃。我們可以用這些原始食譜拼湊出各種料理，但對於新昆蟲飲食運動而言，中國、非洲和拉丁美洲少數民族的傳統食蟲者就好比寫出眾多食譜的名廚茱莉亞·柴爾德（Julia Childs）。

只是，這些昆蟲飲食的食譜恐怕有不少都已經失傳了。比方說現在要找個美洲原住民廚師來示範怎麼製作沙漠版水果蛋糕或蝗蟲湯，我想恐怕已經太遲。

不過，現在仍有些食譜是有人在實際運用的。在全球各地眾多曾被人當作傳統食物來源的昆蟲裡面，棕櫚象鼻蟲、麵包蟲和蟋蟀在後現代經濟體系中特別具有價值。

前面我已簡單說明麵包蟲與營養價值和動物飼料的關係，接下來我要談談蟋蟀。

對於和我一樣生長在溫帶地區的人來說，這三種昆蟲裡面最為陌生的就是熱帶的棕櫚象鼻蟲，我在前面已介紹過牠們的自然生態棲位。棕櫚象鼻蟲原產於亞洲熱帶地區，由於牠們會在樹木間傳播寄生蟲，一般被人們認為是害蟲。不過在歐洲以外地區，牠們也被視為美食珍饈。巴拉圭、哥倫比亞、委內瑞拉、巴布亞紐幾內亞和泰國，都有人以半人工的方式養殖棕櫚象鼻蟲；養殖採集者會砍倒樹木，讓棕櫚象鼻蟲在木髓中產卵。委內瑞拉亞馬遜州的荷提族（Jotï）是半遊牧民族，族人會飼養兩種不同的象鼻蟲，分別是南美棕櫚象鼻蟲（*Rhynchophorus palmarum*）和瓶刷象鼻蟲（*Rhinostomus barbirostris*），不過瓶刷象鼻蟲因為風味豐富，比較受他們歡迎。在東南亞，象鼻蟲的幼蟲常被用於製作炸西米蟲，又被稱為「西米美食」（sago delight）。喀麥隆坊間的一本食譜還將椰子大象鼻蟲的幼蟲（又稱為椰子蟲）形容為「只用來招待好朋友的美味餐點」。

泰國人原本只是採集西米蟲做成消遣零嘴，或是將食用西米蟲當成病蟲害防治的手段之一，但如今西米蟲已是供不應求。傳統的養殖方式是砍下龍鱗櫚或西谷椰子樹，在樹上鑽洞，然後將象鼻蟲繁殖配偶放在洞旁。需求增長影響到傳統採集方式是世界各地都有的現象，而人口數量增加與棕櫚樹砍伐日益嚴重的情況，也對生態和文化帶來了影響。委內瑞拉的荷提族人現在得多走四到二十個小時，才能找到可用來養殖象鼻蟲的棕櫚樹。泰國的傳統養殖方式則已改為將繁殖配偶放入塑膠容器中，以磨碎的棕櫚樹和豬飼料餵食。在二〇一一年之前，一百二十位泰國農民每年可生產四十三公噸的象鼻蟲幼蟲，同時也會製造出可作為肥料的蟲糞。

為了避免過度採集造成的破壞，「雄心糧食團隊」（Aspire Food Group）在迦納使用老朽棕櫚樹與棕櫚酒的混合物來餵養棕櫚象鼻蟲。雄心糧食團隊成立於二〇一三年，創立者是加拿大麥基爾大學五位不具養殖或昆蟲相關背景的ＭＢＡ學生，他們贏得了有「提供給年輕社會企業家的創業跳板」之稱的霍特獎（Hult Prize），獲頒一百萬美元的獎金，而他們實行計畫的地點就是迦納、美國和墨西哥。這個團隊在網站上宣告，他們的使命是「透過供應及開發昆蟲和昆蟲製食品，為營養失調但經濟能力有限的族群提供富含蛋白質和微量元素的食物。」[81]

我在蒙特婁一家咖啡館與雄心糧食團隊創辦人之一的修碧達．蘇爾（Shobhita Soor）碰面時，第一次聽她談到棕櫚象鼻蟲令人驚訝的營養價值以及雄心糧食團隊在迦納的計畫，當時我抱持著懷疑的心態。比起養殖、國際發展或昆蟲，這幾個ＭＢＡ學生對試算表和文書處理恐怕還比較有經驗，他們組成這個小團隊是希望能達到什麼？這該不會又是一個新殖民主義的例子、又是一批富裕善心的歐美專業人士吧，自己都還無法實行，卻想去指導迦納人怎麼樣經營永續生活？二〇一六年一月，《衛報》刊出關於這個計畫的專題報導，才看到標題我就想，等會我一定是看著內文悲哀又憤慨地搖頭。然而，報導內文引述一位迦納教授的說法，他表示這項計畫或許可以讓迦納的都市中產階級重新恢復吃蟲的傳統，這讓我原本的想法有點動搖；蘇爾也在採訪中強調要發展永續性的養殖方式與商業模式。「我們來此不是為了改變人們的飲食習慣，也不是要告訴他們該吃什麼，」她這樣說道，「我們來此，是想讓大家能透過更方便的管道獲得所需的蛋白質和鐵質，而棕櫚象鼻蟲是很優良的鐵質和蛋白質來源。」[82]或許是因為《衛報》記者專業老練（他們的確很專業），或許是因為蘇爾是擅長公共關係的優秀人才（這點也毫無疑問），但我還是忍不住想，這群抱持理想主義的熱血青年，說不定能達成以往那些灑錢的富裕白人所不能之事。

除了棕櫚象鼻蟲，我們還可以引證天蠶蛾幼蟲在非洲東部和南部地區的重要性，牠們不僅在生態上具有重要作用，同時也是具有豐富營養的膳食補充品，而且能為農村家庭提供相當可觀的現金收入（在辛巴威南部某些地區，天蠶蛾幼蟲占人們收入來源的四分之一）。非洲國家可以提供大量的昆蟲飲食經驗與相關研究報告，以中非共和國為例，據說該國幾乎所有居住在森林地帶的人民都是透過食用昆蟲來攝取蛋白質。還有一份關於剛果民主共和國巴雅族（Gbaya）的研究顯示，在這些原住民的飲食當中，昆蟲就占了蛋白質攝取來源的百分之十五。另一份研究則指出，在剛果民主共和國的金夏沙市，「平均每戶人家」一週會食用三百公克的毛毛蟲。

白蟻在非洲撒哈拉沙漠以南地區是相當受歡迎的食物，尤其是會種植菌菇的大白蟻屬

（*Macrotermes*）。二〇一三年有份關於食用白蟻的文獻回顧（我前面提到的系統化文獻研究中並沒有包含這一份），內容指出白蟻「含有很高比例的蛋白質、脂肪和礦物質，也能提供含有大量ω-3多元不飽和脂肪酸的優質油脂。白蟻具備獨特的營養價值，可作為優良的食品，尤其適合用來改善開發中國家人民普遍缺乏鐵、鋅，以及多元不飽和脂肪酸攝取不足的問題。」[83]

食用白蟻的人有時也會吃白蟻用來建造蟻丘的黏土，這種黏土含有大量的高嶺土，可以治療胃部不適的毛病。在表面上比較進步的西方國家，許多人小時候腹瀉時都吃過高克痢（Kaopectate），但至少就原始配方而言，這款藥品和白蟻黏土的成分其實幾乎是一樣的。據說食用白蟻丘的黏土對於孕婦和哺乳中的婦女很有幫助，根據一份研究報告指出，食用這種黏土能補充鈣質攝取量、強化胎兒骨骼以及增加胎兒的出生體重，還能改善妊娠高血壓的問題。

尖頭蚱蜢（*Ruspolia nitidula*）在烏干達也是很受歡迎的食物，有時每單位重量的市場價格還比牛肉昂貴，成為相當可觀的收入來源；尤其是在一九九〇年代咖啡價格遽跌時，許多迦納人失去主要的現金收入來源，必須靠尖頭蚱蜢賺取收入。不過也有人指出，尖頭蚱蜢保存時間短暫是個難題，而且一旦將牠們從存放用的圓筒裡面取出，這些蚱蜢就會咬人。

討論非洲和亞洲地區食用蚱蜢、椿象和竹蟲的習慣基本上沒什麼問題，但若提到把這些昆蟲放到加拿大和美國的雜貨店裡，恐怕連想像那光景都不太容易。現代昆蟲飲食的提倡者不斷面臨的問題，就是這些從當地生態衍生但日漸消失的傳統昆蟲飲食，究竟該如何導入西方世界主導的新興全球飲食文化當中。

在從邊緣進入主流的食物當中，最常被提起的例子就是壽司。如果歐洲和北美洲的人們可以在一個世代間就學會像日本人一樣品嘗生魚片，那昆蟲又有何不可？甚至有人依照演化歷程，主張採用和生魚片一樣的行銷模式。根據近期的基因研究，昆蟲可說是陸生甲殼類動物的後代；現存與昆蟲血緣最接近的甲殼類，是不具視力、喜歡穴居的槳足綱動物。以昆蟲飲食的觀點來看，或許昆蟲與甲殼類這層「親戚關係」可以用來改變大眾的想像。我對丹妮艾拉．瑪汀在YouTube上吃蠍子的表演無意冒犯（倘若真有冒犯之處還請包涵），不過正確分辨可食陸生甲殼類與蜘蛛和蠍子的不同，或許在宣導上可以帶來更多實際效果。

歐美民眾對壽司的喜愛源自於日本，而日本現在也是新昆蟲飲食運動的先鋒。日本文化長久以來都將昆蟲視為娛樂、自然現象和食物的一種，日文中的「むし」（mushi）一詞，可以代表小蟲、細菌、昆蟲或心中的念頭，由此可見蟲在日本文化中的複雜意涵。

由於西方對昆蟲飲食產生興趣，這股風潮又與傳統日本文化的現代化互相影響，如今日本文化與昆蟲的關係正在快速轉變。以往在收集木柴時順便採集毛毛蟲等等的做法，如今幾乎看不到，因為已經很少人還在使用木柴煮飯了。昭和天皇顯然特別喜歡將炸黃蜂用醬油和糖調味，配著白飯一起品嘗，只不過天皇制的日本一般不會被視為未來世界的啟迪模範。就像中國和韓國一樣，日本仍廣泛使用產絲過程中附帶產生的蠶蛹。家蠶（*Bombyx mori*）在全球製絲業中占百分之九十的蠶絲來源，由於牠們早在五千年前左右就在中國被人類馴化，相較於野生蠶種，家蠶的蠶繭大小、生長速率和飼料換肉率都已經過改良。中國製絲業約有一百萬勞動人口，每年生產超過十四萬公噸的蠶絲、八十萬公噸的新鮮蠶繭，至於可食用的乾燥蠶蛹，每年則可生產超過四十萬公噸。蠶繭製絲後汰除的蛹有許多用途，像是製成肥料、人類的食物以及動物的飼料。白桑（*Morus alba*）是家蠶最愛吃的食物，原生於中國北部地區，不過包括日本在內的許多國家如今都採用人工栽培，並已讓白桑成為歸化物種。

日本曾經盛行吃蚱蜢，不過如今吃的人已逐漸減少。捕捉及食用黃蜂、大虎頭蜂和胡蜂的情形在許多紀錄片、學術報告和大眾媒體中都可見到，但部分蜂類的供給量逐漸下滑，也使得日本必須從韓國和中國進口食用蜂類。

哪些蟲能在昆蟲飲食的美麗新世界占有一席之地，又有哪些人願意讓蟲子進入自家廚房，現在猶未可知。不過就我目前見到、讀到和聽到的資訊，有個人比這波昆蟲飲食變革的浪潮更前衛。他叫做內山昭一，出生於日本中部某個對吃蟲司空見慣的地區，現在則住在東京這個最具有未來意識的城市，是馳名日本國內外的昆蟲料理專家。他寫過好幾本推廣昆蟲飲食的書，還成立「昆蟲料理研究會」，啟發各種昆蟲料理靈感。瑪汀曾在她的《可食昆蟲》一書中描述與內山昭一見面的經過，令人印象深刻。我看過內山先生[84]在YouTube上的影片，也讀過熱門新聞報導對他的稱頌，還在日本廣播協會國際放送局（NHK World）製作的昆蟲飲食紀錄片中看到他，讓我感到自己也勢必要拜訪內山先生一趟。

日本統一版權代理公司（Japan Uni Agency）的栗岡由紀子（栗岡ゆき子）曾負責接洽我上一本著作《排泄物的起源》（*The Origin of Feces*）的日本版權；在我抵達日本的那天，慧黠周到的她與內山先生一起為我安排了一場讀書會和座談。讀書會辦在某家百貨公司二樓的書店，店內空間包含整個樓層，面積非常大。書店裡的客人也很多，即使他們是來找圖像小說和漫畫的，還是讓我印象深刻。我的座談主題是「模仿自然：永續社會中的昆蟲飲食和排泄物」，這是我的好友兼同事川端善（Zen Kawabata，音譯）的女兒卡倫（Karen）為我翻譯的。

當天參與座談的聽眾大多都聽得全神貫注，至少每個人都安靜地聽講，甚至在我試著開些「全球通用」的玩笑時，大家也都跟著笑出來。畢竟全世界沒有人不知道華特・迪士尼，聽到我說小鹿斑比的媽媽會把剛出生的小鹿所排出的糞便吃掉，聽眾幾乎都會有反應。開放問答時，有位先生問我他該不該在自家院子裡大便來改善土質，我是建議他別這麼做。另一位聽眾認為歐洲人不吃昆蟲是因為聖經教示禁止吃蟲，我的回應是，我認為這個現象與氣候和地景的關係比較大，宗教方面的影響程度應該不高。

我從加拿大帶了一袋伊托摩農場的摩洛哥風味蟋蟀送給內山先生，當天也分了幾盤讓聽眾們試吃。為讀者簽名時，有位女子拿了一本雜誌給我，她特別打開其中的某一頁，上面好像是幾個年輕女孩在烹煮昆蟲的照片。一直到回家後翻開這本雜誌，我才發現它並不是日文版的《Bon Appétit》美食雜誌或其他類似的刊物。由紀子在她寄給我的電子郵件中這樣說明：「《金曜日》（*Friday*）是一本週刊，內容主要是知名人士的新聞和醜聞，還有文化潮流等等。那本雜誌上的便利貼看起來應該是寫給別人的，上面寫的是『抱歉沒有早點把這本寄給你，瀨賀（人名）。』那篇文章是講述那些年輕女生吃蟲的情況，她們喝的伏特加裡面泡了負蝽（也就是田鱉，或是昆蟲學家所謂的半翅目昆蟲，怕蟲的人稱之為咬腳趾蟲），零食則是炸蝗蟲跟蝴蝶幼蟲。文章中提到聯合國糧農組織推薦大家採行昆蟲飲食，撰文記者還參加過內山先生在五月十八日舉辦的活動。後面的文章內容則是介紹各種昆蟲餐點，以及吃蟲的魅力所在。」

吃蟲的魅力啊，說得好。看看那伏特加，還有照片中穿著小短褲的日本女孩，不過我確定讀者會買這本雜誌只是為了那篇昆蟲飲食的文章。不管怎麼說，我想這些插圖代表昆蟲飲食正在融入都市的流行文化。

隔天早上，在當地導遊飯塚京子（Kyoko Iizuka，音譯）和飯塚健次郎（Kenichiro Iizuka，音譯）的帶領之下，我加入內山和其他幾人的行列，前往多摩川沿岸捕捉昆蟲及烤肉。我們從市區出發，搭了一個半小時的火車，下車後走過幾個街區來到一家小店。內山從店裡牽出他的自行車，車上裝著抓蟲和野餐所需的各種裝備和器具，包括一塊防水布、幾根捕蟲網、一具野外用瓦斯爐，還有一袋蟬（當地抓的）和幼蟻（從中國進口的）。我們這個意氣風發的捕蟲隊在火烤般的高溫下走到河岸邊，將自行車停在橋下，然後就出發去捕捉午餐食材。

我走在長草和灌木叢間的羊腸小徑上，突然聽到附近傳出一陣很像卡祖笛（kazoo）的鳴叫聲。我往聲音來源所在的樹枝靠過去，意外撞見一隻拇指大小的虎頭蜂正在吞食另一隻體型較小的綠色昆蟲，可能是蚱蜢或螳螂。因為我聽過太多大虎頭蜂造成死傷的恐怖故事，我小心翼翼地後退離開了現場。不久後，我憑著科學家的自覺克服了害怕的本能，去查看另一棵樹上更響亮的拍翅聲是怎麼回事，結果是一隻長達好幾公分的薄翅螳螂，口中正咬著一隻蟬。我用網子捕到這兩隻蟲之後拿給內山先生看，他告訴我那隻螳螂已經懷孕了（所以這份量可不只一隻！）。螳螂的日文名稱叫做「かまきり」（kama kiri），字面直譯的意思就是「鐮切」（「きり」的意思是「切」，像「腹きり」〔hara kiri〕就是切腹的意思）。

剛開始時，很多蚱蜢和螳螂都在我揮下網子的那刻就咻地一聲逃走了。好不容易抓到一隻蚱蜢，但當我一網罩下抓到第二隻，想裝進夾鍊袋時，第一隻就趁隙溜了。最後我學會耐著性子，等到蟲子靜止下來之後，再用迅雷不及掩耳的速度出手捉住牠；而且在把新抓到的蟲子裝進袋子裡之前，要先搖晃袋子，讓前面抓到的俘虜掉到最底下去。

回到水泥橋樑下的營地時，內山先生和他的幫手已經架好爐子、準備好煎鍋，正忙著料理各種蟲子和幼蟲。他們告訴我這些蟲吃起來會有點「堅果味」，我吃起來也確實如此。我想著這些味道比較像哪種堅果，我們幾個人討論下來覺得蟬的若蟲在炒過之後吃起來有點像杏仁。以後如果有人問我杏仁是什麼味道，我就可以說：「有點像蟬的若蟲炒過之後的味道。」

這場探險結束後，內山先生和他的同好們回到他家稍事沖洗，隨後我們在幾個站牌外的火車站再次碰頭，一起前往全球最多日系角色動畫、電玩、電影和漫畫的地方：秋葉原。日本國際志工中心（Japan International Volunteer Center）就位在秋葉原邊緣的巷子裡；這個機構正在寮國進行一項社區型計畫，是關於昆蟲採集與森林保育之間的關係。不出我所想，國際志工中心這項計畫雖然看起來相當具有發展潛力，但實際上帶有不確定性，因為結果往往是當地人獲准在保護區內狩獵或採集。開放狩獵採集的理論根據在於，如果原住民獲得這樣的許可，他們會維護這些天然資源。但若這些資源在公開市場上越來越受歡迎，這樣的策略在隨之產生的政治操作和龐大的財務壓力之下，將會喪失說服力。我簡單講了一些與排泄物有關的議題，還有無國界獸醫組織在寮國的蟋蟀養殖計畫。內山先生和他的同僚準備了鹹餅乾當點心，抹在餅乾上的佐料我猜是某種昆蟲口味的鄉村肉醬，另外還灑上了搗碎的昆蟲，應該是蟋蟀、螞蟻或者是蟬。

隔天下午，導遊京子和健次郎到旅館大廳跟我會合，一起前往內山先生的辦公室。那天他在辦公室舉辦了一場昆蟲料理烹飪試吃會，約有十幾個人到場，其中包括一位從俄亥俄州來就讀語言學校的研究生，還有一位築地書館出版社的編輯，堆滿書的辦公室頓時顯得有點擁擠。根據健次郎所言，內山先生在一家專門出版俄國文學的出版社工作，不過他書架上少數幾本英文書，都是艾倫．金斯堡（Allan Ginsberg）所寫的。原來如此，這樣一切就都說得通了！（如果金斯堡也有說得通的時候。）金斯堡和《裸體午餐》作者布洛斯同屬美國「垮掉的一代」（Beat Generation）的代表人物，這些垮世代的作家會是通往主流的途徑嗎？如果內山先生和Le Festin Nu餐廳是這波浪潮的先驅，那麼答案或許是「沒錯」。

內山先生提供的餐點包括虎頭蜂的幼蟲、蠶蛹和蠶。我不是很清楚這些昆蟲的產地，有些應該是進口的。蠶蛹有白的、粉的和黃的，顯然製絲業者培育了不同顏色的品種。我們剪掉蛹的末端，幼蟲就從裡面掉出來，善把這些幼蟲放到小鍋裡，在路邊用露營爐煎過，說是要把「外皮」弄掉。虎頭蜂是從一家專門為人摘除房屋周邊虎頭蜂窩的公司買來的，所以吃掉牠們可說是更加名正言順。我們用以櫻花飼養的蟲所排放的糞便泡了茶，聞起來有股櫻花香，假如你不知道這茶是用什麼泡出來的，肯定會覺得喝起來相當清新順口。我們也試了用蠶寶寶糞便泡的綠茶，味道就像用蠶寶寶糞便泡的綠茶。內山先生的一位助理還做了麵條，他所用的蕎麥麵糰裡和入了用完整蜜蜂製成的粉。

後來回想到這段經歷時，我試著思考有什麼方式能把這種類型的街頭料理引進北美洲的廚房和餐廳，但想來想去似乎沒有什麼容易達成的途徑。

我在日本的第二段行程是前往名古屋附近捕捉虎頭蜂。由紀子那天早上早上七點半到飯店跟我碰頭，然後帶我去搭新幹線。她給了我車票和時間表，上面畫著我會行經的站次，她也告訴我搭車的方向怎麼走。日本的火車都非常準時，行駛也很平穩，搭乘新幹線的舒適度更是不在話下。抵達名古屋站後我趕忙去換車，順利銜接上前往惠那的快車。到了惠那之後，我搭上一班只有單節車廂的電車，外觀讓我想起六〇年代我太太還沒跟我結婚時開的那台手繪車身的福斯廂型車。電車搖搖晃晃穿過隧道、經過蔥鬱的深谷，來到位在山間的明智町。前來迎接我的，是翔子和她兩歲大的女兒奏代加。我坐上她的車離開小鎮，途中曾停在某家小雜貨店前，我注意到架上有幾個罐子，裡面裝著看起來像是醃漬虎頭蜂的東西。隨後我們抵達串原村，這個小村落的人口不到一千人，翔子家在AirBNB上出租的民宿「伐木工人」就在這裡。翔子的丈夫大介先生本身就是一位伐木工人，他經營一間小型鋸木廠；先前在電子郵件中跟我保證一定會帶我去「捕蜂」的也是他。

曾在此進行長期研究、還發表多篇昆蟲飲食重要學術論文的學者夏綠蒂．珮恩很肯定地告訴我，大介所指的應該是虎頭蜂。她也說明，雖然當地人有時會捕捉中華大虎頭蜂，但在我造訪的這個時節能捕到的應該是他們稱為「黑雀蜂」的黃胡蜂（*Vespula shidai* 或 *Vespula flaviceps*），我們一般通稱為胡蜂。

後來我問起為什麼會把虎頭蜂和胡蜂混為一談，珮恩解釋道：「這個專有名詞的混淆是從日文的習慣用語產生的。除了螞蟻以外，其餘所有膜翅目昆蟲的日文俗名都含有『蜂』（バチ）這個字，因此虎頭蜂（hornet）、蜜蜂（bee）和胡蜂（wasp）都可以稱為『蜂』。由於『蜜蜂』是大部分小孩最早認識到的膜翅目昆蟲，很多人就把『蜂』當成『蜜蜂』了。所以，許多愛好昆蟲飲食的人以為自己在日本吃到的是蜜蜂幼蟲（在英語國家往往是用「蜜蜂寶寶」這樣的名稱販售），但他們實際上吃到的可能是黃胡蜂（*Vespula flaviceps* 或 *Vespula shidai*），因為黃胡蜂是日本最普遍的食用胡蜂。（據說某些地方的人會食用分類在其他目之下的蜂類，但我從來沒有親眼見到過就是了。）」

隔天早上，我們享用了一頓家常早餐，有白飯、納豆、醃漬的茄子和小黃瓜還有味噌湯，用餐後就出發獵捕野生虎頭蜂（野生這個形容詞其實沒什麼必要，畢竟並沒有馴養的虎頭蜂或胡蜂）。我搭上大介先生的皮卡車，後面跟著鋸木廠一位工人開的另一台小車，穿過生長著雪松和日本扁柏的森林，沿著山谷裡的單線道路開了大約一個半小時，來到座落在路邊的一處房屋聚落。我們在這裡見到了七十六歲的春伯，也有人喊他春大哥。他是擁有五十年經驗的虎頭蜂獵捕專家，外貌看來短小精悍、飽經風霜，頭上戴著棒球帽，身穿牛仔褲，腳上是一雙分趾靴；除了我以外，大家都是這身裝束，看來是今天的工作服。旁邊還有位七十一歲的社區領導人物，但我不清楚他是什麼身份。

我們的車子在陡峭的山野間奔馳，開過時而泥濘、時而碎石滿地的路面，最後終於在一部大型平土機附近停了下來，因為前面的路還沒有鋪好。春大哥準備了幾根尖端有刺叉的竿子，刺叉上各掛上一小片烏賊肉（有人會用鰻魚肉，大介先生一開始也說這是鰻魚肉，不過他太太翔子後來替我翻譯時說是烏賊肉）。我們在這些竿子上綁了粉紅色緞帶做記號，再將竿子以遠近不一的間隔插在路旁各處，然後靜靜等待。

在此同時，大介先生給我看一個塑膠箱子，裡面裝著白色的扁平細線（有點像牙線）。最後，總算有人看到一隻小型的黑色虎頭蜂正在啃食誘餌，春大哥拿出一小片烏賊肉，弄成一團珍珠大小的肉球，再用細繩穿過，接著他靠近那隻虎頭蜂，引導牠從自己手上那團烏賊肉球取食。那虎頭蜂取了一點肉，很快速地飛走了，但那條白色細線還拖在牠後頭。我們看著牠消失在雪松的枝葉間，大介先生穿過潮濕而半腐爛的樹幹、蕨類和枯枝殘葉，爬上陡峭的斜坡，直到跟丟那隻虎頭蜂為止。我們等著別隻虎頭蜂出現，然後重複同樣的過程，這次大介先生追蹤的距離更長了一點。我們前後大概引誘了三隻虎頭蜂，終於在一根腐爛樹幹旁邊陰影處的地面上，發現了被蕨類遮住的幾個小洞。我們其他三人站在蜂巢附近等著，大介先生則回頭去幫春大哥的忙。在等待時，我們看到不少虎頭蜂在洞口穿梭進出。那位七十一歲的先生往地面重重敲了幾下，虎頭蜂連忙飛出來查看入侵者是誰，我則是不安地往後退。

春大哥和大介先生終於爬上來，帶來兩個大約三十平方公分的木箱。春大哥戴上捕蜂用的帽子和面罩，還有厚實的手套，開始從洞口處的地面往下挖掘。大約五分鐘後，他就從濕潤的紅色腐殖質和泥土中挖出一個葡萄柚大小的虎頭蜂巢，隨手放到一個箱子裡。箱子太小，但在大介先生爬下坡去車上拿更大的箱子時，春大哥仍不斷挖出滿手的虎頭蜂和蜂巢放到箱子裡。當大介先生帶著大箱子回來時，春大哥就把蜂巢移到新的箱子裡，又多放了連同蜂后在內的幾隻虎頭蜂，蜂后迅速爬進巢裡。等他把箱蓋和箱子綁好後，我們便上車回去。

回到春大哥家中，他給我們看了他擁有的二十個蜂巢箱。他會以雞肝（用細線掛在每個蜂巢的前門）和冰糖餵養這些蜂幾個月，一直到十一月的祭典為止，到時（我的理解是這樣）將會舉辦一場比賽，看看誰的蜂巢最大。比賽結束後他們會吃掉大多數的蜂，一部分則會放回野外。

我在日本的最後一天早上，當我吃著家常味的早餐（沒有昆蟲）時，大介先生給鋸木廠的兩位工人看了NHK環球廣播網製作的那部關於內山先生和日本食蟲情況的影片。其中比較年輕的那位工人大概是二十幾歲，他看了影片後露出皺眉撇嘴的古怪表情。影片播完後，兩位工人返回工作，大介先生則走到木桌旁，在我身邊坐了下來。他看起來似乎有些心煩，彷彿有什麼重要的話想說，卻不知道該怎麼說出口。

最後他終於說，有件事讓他很在意。這麼多拍攝影片的工作人員和研究者來到他的村莊，但這些外國人全都只關注當地人偶爾會吃蟲這一點，讓他感到很不高興。他們確實有時會吃蟲，但吃蟲並非他們的全部。這是一個多元化、多面向的社群，他們過著規律的生活，一直努力降低環境傷害、維持生計、過有意義的生活。他們有時會吃蟲，但光是吃蟲這件事情並不代表他們的全部。他希望我寫書的時候，能夠記得這一點。

在東京羽田機場等待延誤的班機時，大介先生所說的話讓我想了很多。他說的很對。我有時會吃我家附近採集的楓糖，還有用當地生長的蘋果做成的蘋果醬，但這些食物並不代表我的全部。我想我從小吃到大的那些東西，包括俄式起司餃和羅宋湯、新年葡萄乾炸麵糰、德式香料聖誕餅乾以及東歐復活節吃的帕斯卡麵包，由於它們在歷史和家庭關係上的重要地位，多少是我認同感的其中一部分。如果在羅宋湯裡面丟些蟲子、在帕斯卡麵包裡面加點用蟋蟀做的蛋白質粉，這些食物在生態和營養上的價值會有所不同，但並不會改變它們與我的文化認同之間的關聯。個人生涯、家庭歷史和生態史受到各種因素相互影響，食物和味道也深植在這個脈絡中。如果改變食物的內容物但保持其外形（比方說把白腰豆湯裡面的火腿換成蟲子），在經過幾個世代後，會不會改變賦予意義的文化和人們的自我認同感？我想應該會，但我不知道會是如何改變。

我在二〇〇四年三月曾前往埃及的亞歷山大博物館參加一場特別的研討會，主題是關於二〇〇年代早期的大型全球計畫「千禧年生態系統評估」（Millennium Ecosystem Assessment）。這場研討會的名稱是「為評量方法與知識論建立橋樑」（Bridging Scales and Epistemologies），會中強調我們面臨的許多挑戰，包括聆聽來自不同文化的聲音、與抱持不同世界觀的族群相互尊重及溝通，以及建立能夠涵蓋個人、村落、政府以及整個地球的有效連結系統。如果吃蟲的世界代表某種跡象，我認為那就代表著建立這種橋樑所需的重要溝通對話正在起步。

## 她從廚房窗戶爬進來

# 向非西方文化取經的料理革新運動

**冰涼的荔蝽和甜美的象鼻蟲塔**

**我能感受你的滋味雖然你不在身旁**

---

＊標題取自披頭四歌名〈她從廚房窗戶爬進來〉

（She Came In Through The Bathroom Window〉

＊副標取自披頭四〈薩伏依太妃糖〉（Savoy Truffle）歌詞：

「冰涼的櫻桃鮮奶油和甜美的蘋果塔／我能感受你的滋味雖然你不在身旁」

（Cool cherry cream, nice apple tart／I feel your taste all the time we're apart）

就如同許多YouTube影片和熱情旅人告訴你的，東南亞是名符其實的昆蟲飲食自助餐廳，也可說是將昆蟲料理與非食蟲文化串連起來的先鋒。

泰國在一九八八年以孔敬大學開發的技術為基礎開始養殖蟋蟀，如今蟋蟀養殖業與相關產品需求在泰國及鄰近地區的增長，就連過去最樂觀看待前景的人也料想不到。截至二〇一一年，泰國共有兩萬名蟋蟀養殖者，每年產出七噸以上的蟋蟀，也有學校在校內推行將蟋蟀加入午餐菜色來提高營養價值的計畫。養殖蟋蟀需要投入最多成本的主要是飼料方面，許多人以雞飼料餵食蟋蟀，不過也常有人會在最後收成前用南瓜、木薯、牽牛花的葉片和西瓜等植物蔬果餵食，這樣可以讓蟋蟀嚐起來味道更好。

鄰近的寮國在蟋蟀養殖商業化上的步調則比較慢，大約在二〇〇〇年代左右才開始起步。不過，寮國許多部族早有吃蟲的傳統。就算是現在，即使透過電視媒體傳播的全球化風潮逼迫他們放棄自己的「原始」習慣，據說寮國仍有大約百分之九十五的人口會食用某些昆蟲。當地保留著許多吃蟲的習慣，像是住在稻田等水邊的人們，就會找龍蝨、牙蟲、蝎蝽、田鱉、椿象以及蜻蜓的稚蟲等來吃。乾季時，人們會吃糞金龜的幼蟲和成蟲。市面上除了會販售炸過的椿象，也有供應活的椿象讓人帶回家料理。廚師會用滾水去除椿象的臭味，然後將其加入麵糰中做成一道配菜。在南非、馬拉威、巴布亞紐幾內亞和墨西哥，也都有人會吃椿象。

二〇一五年八月，湯瑪斯・維格爾（VWB/VSF的蟋蟀養殖專案負責人）帶我到東馬海市場；這地方就在永珍城外，有許多小販在那販售從寮國森林中採集來的各種產品。《可食用的森林昆蟲：當人類反咬一口》當中收錄的其中一篇論文裡面，作者這樣寫道：「在（東馬海市場上的）各種可食昆蟲中，銷路最好的依序是織葉蟻的卵（百分之二十三）、蚱蜢（百分之二十三）、蟋蟀（百分之十三）、蜂巢（百分之十三）、胡蜂（百分之九）、蟬（百分之五）以及蜜蜂（百分之五）。售價最高的則是若蟬，每公斤價格約為二十五美金。」

我和維格爾在市場上看到的食物種類多到驚人，就和那些報告中所寫的一樣。堆在小販桌上的商品有蘑菇、種子、青蛙、烏龜，以及摻了蜂蜜之後仍嚐得出苦味的藥用植物產品（不過後來我發現加上能多益〔Nutella〕巧克力醬就還過得去）；此外，還有各種各樣的六腳野生動物，包括各種大小的蚱蜢、白色小蟋蟀、家蟋蟀、螻蛄、胡蜂、蜂卵和幼蜂、蜻蜓以及糞金龜。這些昆蟲大多都已經烤過或炸過，但也有少數攤販展示活蟋蟀，讓客人看到牠們努力想爬出塑膠深碗的樣子，以證明這些蟋蟀夠新鮮。我和維格爾買了兩份炸蟋蟀，還有一些（對我來說）不知道是什麼的幼蟲。我們一邊喀吱作響地嚼著這些食物，一邊逛著其他剛採集來的貨品。當我們在某個攤位停下來吃午餐（沒加昆蟲的湯麵）時，有幾位年輕女子（在母親陪同下）過來向我們自我推銷，想表達她們會是理想的婚姻伴侶。

另一個攤位推銷的商品就沒這麼刺激了（相較於結婚對象而言），他們賣的是新鮮肥軟的白色虎頭蜂幼蟲。這次我們接受了推銷；柔軟的幼蟲口感滑順，在舌尖散發出一股爽口沁涼、像奶油和卡士達醬般的濃郁滋味。小販的桌上可以看到身型肥胖、體長數公分的中華大虎頭蜂，茫然地在幼蜂死去前曾經是育嬰室、但如今已殘破毀壞的蜂房上爬來爬去，顯得不知所措。這副情景讓我有點悲傷，但每當想到食物，往往讓我意識到自己終將一死，而且無論如何掙扎，仍被困在無從掙脫的生命之網當中，只能帶著混亂矛盾的感受面對生命中定然的死亡、不期然的美麗和必然的失去。南美洲、墨西哥、非洲、澳洲和亞洲等地都有許多原住民族將蜜蜂、胡蜂和虎頭蜂的幼蟲奉為珍饈；基於對他們的尊重，我買了一小塊蜂巢，裡面還有一些幼蜂和已經死掉的大虎頭蜂，小販把牠們和卡菲爾萊姆的葉子混合在一起。[85]

回到住處後，我用虎頭蜂和牠們的幼蟲隨興做了一道咖哩，然後決定如果我要繼續嘗試製作昆蟲料理，首先得要找到更好的食譜，其次就是最好能向出身於那些原住民文化的廚師請益。

幾天過後，我和寮國國家大學的農學院副院長方沙門．薩斯安瑪馮（Fongsamouth Southammavong）、該校的動物科學家黛歐維．康麥妮拉（Daovy Kongmanila）還有其他幾人，一起開車穿過平坦的綠野，前去拜訪VWB/VSF的蟋蟀養殖專案實施地點。其中一個地點位在永珍附近，參與者包括十六位來自寮國國家大學附近哈提分罕村（Hatviangkham）的農民。這裡的專案目標是製作具有附加價值的蟋蟀產品，並在永珍行銷。另一項專案在博利坎賽省（Bolikhamxay）進行，這個貧困地區位於首都南方，車程大約三個半小時，最近才剛經歷過嚴重的水患和食物短缺。如果我提早一個星期來到這裡，道路就會是完全無法通行的狀態了，而且我們在博利坎賽省的期間，還聽說有人發現一具遺體，很可能是在洪水中溺斃的。即使是現在，泥濘濕滑的紅土胎痕在許多地方的路面上仍隨處可見。

農民們在參加過一次設計工作坊後自己打造了蟋蟀養殖箱，大約是一公尺長、兩公尺寬、一點五公尺高。箱子裡的蟋蟀有些到處爬來爬去，有些在我觀看時躲了起來，有些鑽進可以裝下好幾打蛋的蛋盒，有些則靠在箱子的壁面上。農民們還放了裝滿木糠或米糠的托盤，讓蟋蟀可以在裡面產卵。這些農民（全都是女性）會用雞飼料餵食蟋蟀，偶爾幫牠們補充一些新鮮的農產品，像是空心菜和木薯葉。不過在收成之前五天，蟋蟀們就只吃得到素食。經過四十五到五十天，在蟋蟀們為下一輪的生命循環產下卵之後，據說農民們總共採收了大約五公斤的蟋蟀。關於適合採收的時機，她們說一到繁殖季節，雄蟋蟀就會唧唧喳喳叫個不停，而且會緊跟在雌蟋蟀後面，她們只要等到雌蟋蟀產卵就可以收成了，蟲糞還可用來當成院子的肥料。

薩斯安瑪馮的大學室友招待我們吃午餐，對方如今是該省的農業與林務部主任。我們搭乘四輪驅動車行駛在兩座丘陵之間，沿著人工湖在泥濘蜿蜒的紅土路上奔馳，最後來到一座可以俯瞰湖面的涼亭，我們下車進入。當主任的員工在生火準備烤肉時，我靠在涼亭的欄杆上看著周遭。有條電線從山坡一路拉過來，連接到懸吊在水面上的一顆燈泡。主任說，這顆燈泡到了晚上就會點亮，用途是為湖中的肉食性魚類吸引昆蟲前來；這些魚是抓來給人吃的。人們還會將木薯葉丟入水中，為草食性魚類補充食物。在一座小土壩的另一側，座落著以木樁架高的高腳小木屋，旁邊有個昆蟲陷阱，外觀和我在柬埔寨看過的很類似，有一片豎直的金屬波浪板屋頂，中間是一根垂直的螢光燈管，下方還有一盆水。別人告訴我，這是寮國相當受歡迎的捕蟲方式，很多家庭都會用。我走過去查看那個水中陷阱，裡面有幾隻田鱉、蜻蜓、蛾，還有一隻色彩斑斕的吉丁蟲。任職於加拿大安特拉飼料公司（Enterra Feed）的安德魯．維克森（Andrew Vickerson）曾在柬埔寨工作過，他曾經向我高聲抱怨這類陷阱的「混獲」問題。我猜想這或許是任何昆蟲採集活動在規模擴大之後都會出現的問題。

康麥妮拉告訴我，許多人以這種方式捕捉昆蟲，除了自己吃，也有人會用來餵食魚或其他動物。她提到她和丈夫某天早上睡得比平時晚，結果陷阱裡的蟲子全都被他們養的雞給吃掉了。

VWB/VSF的另一項計畫，則是同時包含養殖蟋蟀以及製作含有蟋蟀的炸脆片和莎莎醬。這種炸脆片是以木薯粉、乾燥研磨的大蒜和紅蔥頭以及乾燥蟋蟀製成，先將木薯粉糰揉成香腸狀，然後用塑膠膜包起來蒸煮，再將蒸過的木薯粉糰放在冰箱中冷卻一夜，然後切片，放入熱油中油炸。在進入最後製作階段之前，維格爾和同事們造訪了許多酒吧和啤酒專賣店（這也是一門生意嘛），發送試吃品吸引訂單。不過，等到所有訂單終於都確定時，哈提分罕村有些農民已經把自己的蟋蟀吃掉或在當地市場上賣掉了。為了補足缺額，維格爾必須再補買一點五公斤的蟋蟀。所以在離開博利坎賽省前往城裡的路上，我們先來到一家沒有接受任何外來協助或開發計畫的商業農戶，詢問能否向他購買蟋蟀。

那農民是個二十來歲的年輕人，他擁有七籠蟋蟀，是養來做雞飼料的。他每六個星期可以生產八到十五公斤品質極佳的蟋蟀，以每公斤三萬五千基普[86]的價格賣給市場商家（市場上的售價為每公斤五萬基普）。他說自己是從網路上學會養殖蟋蟀，也曾經跟其他農民討教，如今他還可以將蟋蟀卵分送給當地其他有意養殖蟋蟀的人。在我們談話的時候，有個人從附近一棟建築物慢慢走來，他介紹自己是農林部農業推廣局的組長，養殖蟋蟀是他的興趣，他一共養了六箱蟋蟀。我很好奇開發計畫在這個環境中代表的意義，這些計畫會造成不公平競爭嗎？是自認擁有更多知識的外國人又一次干涉當地發展，還是有助提倡新型養殖方式和食品的誘因？

隔天，我在寮國國家大學的食品科學實驗室觀看幾位研究人員製作要給消費者試吃的蟋蟀莎莎醬，共有五種。他們在研究室裡用杵臼研磨，並使用小型的戶外烤肉架炙烤洋蔥和大蒜。莎莎醬調製完成後，他們就在校園內外邀請別人試吃不同口味的莎莎醬，然後回到研究室將他們收集到的資訊輸入一份試算表中，包括對色、香、味等方面的意見。之後他們會將獲得「最佳」評價的莎莎醬提供給哈提分罕村的村民，村民們會（根據先前的經驗）適度修改烹調方式，讓食材「變得好吃一點」。在我看來，這是村民們在產銷過程中掌握擁有權和代理權的方式。這種對於烹調方式的調整，多少也讓有心將製程工業化的人面臨挑戰。

二〇一五年，在馬克斯普朗克學會（Max Planck Institute）擔任化學生態學博士後研究員，同時也是昆蟲消化酵素演化基因學研究專家的馬塔．榭洛米（Matan Shelomi），在《食品科學與科技》（*Trends in Food Science and Technology*）期刊上發表了一篇文章，提出我們應該將西方糧食體系中的昆蟲當成堅果一樣看待；我們已經提過昆蟲吃起來有種類似堅果的味道，而許多廣受歡迎的昆蟲（例如麵包蟲和蟋蟀）也常被人用在與堅果類似的用途上，包括當作點綴食材、零嘴或是料理用油的原料等等。這樣說也沒錯，像我和維格爾在卡拉OK分食的那份蟋蟀，就是加上鹽、大蒜和卡菲爾萊姆的葉子一起油炸，再放到剛切片的黃瓜上，嚐起來清爽香脆，可說是堅果過敏者在喝啤酒時最適合的堅果替代品。不過，這個類比雖然好用，但就如同所有的比喻一樣有不盡完美之處。以變質疑慮和食品安全的考量而言，昆蟲還是和蝦子比較類似。

在寮國和周圍鄰近國家，蟋蟀養殖業的初始投入資金不高，對於居住在大型都會邊緣地區的貧窮族群來說很適合當成謀生餬口的事業，還可以為家人補充營養。就國際發展的思維來看，這種產業的下一步就是「擴大規模」，維格爾正在研究與國營釀酒公司合作的可能性，打算用釀酒過程的廢棄物來餵食蟋蟀，這種方式可以促進生長、降低成本，並且修復損耗的生態連結。聽起來相當理想，但是以賺取更多收入來吸引農民進入工業化的全球農糧體系這一點，讓我感到憂心。首先，如果把在自家後院養雞當成前例，當養殖蟋蟀從維持生計轉變成營利事業，掌控相關管理工作並藉此獲得收入的女性就會被男性取代，原先提升女性生活條件的立意也就消失了。我也擔心一九六〇年代泰國人民從鄉間成群湧入曼谷的情況重演，擔心寮國農村居民手頭闊綽起來之後會開始建造大型購物中心、銷售大量汽車，讓農村景觀轉變為林立的摩天大樓、街道化為水洩不通的城市峽谷。維格爾指給我看，在永珍邊緣一整片綠色的地景中，已經可以看到中國出資興建的集合公寓和購物中心不斷在推進。這就是未來的景象嗎？那些小規模養殖蟋蟀、只求讓一家人溫飽健康的農民，未來還會有容身之處嗎？我該去在意這些人如何運用增加的收入嗎？

養殖蟋蟀或許能改善東南亞家戶營養及增加小農所得，並改善農村婦女的處境，但在工業化畜產體系已經發展得極為完善的北美洲，又會扮演什麼樣的角色呢？

加拿大的伊托摩農場或許可作為參考的榜樣。伊托摩農場不是從消費者的需求出發，而是從農場本身出發，想透過更直接的方式將昆蟲放上消費者的餐桌。對於這種以資源而非消費者為首要考量的做法，生態學家提姆·艾倫（Tim Allen）和他的兩位同事喬·坦特（Joe Tainter）及湯姆·霍埃斯特拉（Tom Hoekstra）稱之為「供給端永續經營」（supply-side sustainability）。伊托摩以「未來食物」行銷品牌，宣稱自己生產的是「世界上最能永續發展的超級食物」。他們最初是以「爬蟲動物養殖者」起家，生產供爬蟲類和魚類食用的昆蟲；我在二〇一五年造訪，而他們在一年前就開始生產供人類食用的昆蟲。伊托摩的經營者認真踏實、熱情聰明，而且懂得運用媒體。加拿大的報紙和廣播都曾報導他們的事業，他們還曾在多倫多的皇家冬季展中與政治人物一起推廣創意料理。《加拿大商業雜誌》（*Canadian Business*）有篇關於伊托摩的報導，文中稱其為「北美洲最大的蟋蟀農場」，撰稿記者卡蘿・托勒（Carol Toller）寫道，她看到經營者三兄弟其中一人的九歲女兒凱拉・高登（Kayla Goldin）興高采烈、輕輕鬆鬆地吃掉好幾隻蠟蟲，感到十分驚奇。托勒在報導中引述支持昆蟲飲食的常見論點：若以同等重量做比較，昆蟲所使用的土地和水比其他家畜來得少，而以每單位重量來比較時，昆蟲將飼料轉換成肉的效率也比牛等牲畜來得高。

不過，這篇報導的標題和副標都點出了大規模養殖所面臨的主要挑戰。報導的標題是「新一代的食品企業家如何說服大眾接受吃蟲」，下面的字樣則是「蟋蟀或將成為解救二十一世紀糧食危機的奇蹟食物，唯一的難題是讓挑剔講究的消費者買單」。

伊托摩位在安大略省，地點在彼得堡這座小城市附近，距離我住的地方只有幾小時車程。因此二〇一五年的夏天，我在啟程前往世界各地研究昆蟲飲食之前，決定先開車前往伊托摩了解那邊的情況。途中我注意到路邊有塊牌子，上面寫著「這是我們的土地，不要政府插手。」要不是我對安大略省農村的情況所知不少，我恐怕會開始擔心農村生存主義者的活動，還有昆蟲對他們來說是否能列入菜單，這不就像戈馬克・麥卡錫（Cormac McCarthy）遇上生存準備者？[87]

我不知道自己原先期待看到什麼，不過那裡並沒有什麼特別之處可以看出是蟋蟀農場，既不像酪農場或飼養場的外觀那麼明顯，也不像養豬場有獨特的氣味。這座農場的建築物看起來就是一般的農場，它是經過改建的倉庫型雞舍，佔地約有九百三十平方公尺，座落在一片平緩的鄉間丘陵上，附近有北方針葉林、玉米田和牧草地。

公司的創辦人是達倫・高登（Darren Goldin），以及他的兄弟萊恩（Ryan）和杰羅德（Jarrod）；此外還有其中兩人的太太，分別是擔任「烹調經理」的卡琳．高登（Caryn Goldin）和「媒體專員」史黛西．高登（Stacie Goldin），她們顯然也是團隊中非常重要的成員。我在敞開的大門前停好車，達倫前來招呼我，柏油停車場旁堆著一整排裝滿蟲糞的袋子。原本在此經營養雞場的農民已經退休，住在附近的農莊，他顯然很認同這些新來的昆蟲養殖者。

達倫．高登原本在多倫多約克大學學習環境研究，就在快要拿到學士學位時，他到西部參加了一場反對砍伐卑詩省克拉闊特灣原生林的抗議活動。之後，他和一位朋友決定在庫特內山區蓋一棟小屋，過著無水無電、與世隔絕的生活。然而達倫還是想念社交關係和家人，最終回到了安大略省。他和伴侶卡琳從製作打擊樂器轉而生產昆蟲製作的飼料，提供給爬蟲類和兩棲類寵物食用。接著在二〇一三年，聯合國糧農組織發表了昆蟲是未來食物的報告，也是在這一年，麥基爾大學的雄心糧食團隊贏得一百萬美元的獎金，達倫於是找了兄弟們來商量拓展事業的計畫，結果他們的回應是：「嘿，我們什麼獎都沒有得過，但我們已經知道該怎麼做了，那還有什麼好猶豫的？」

對於達倫和他的父母兄弟而言，伊托摩是把他們對環境惡化的憂慮化為實際行動的管道，為製造大量生態足跡的農業帶來了永續生態的替代方案。我去過許多動物農場，包括肉牛和乳牛、雞、火雞和鴨等。我喜歡和牛相處，喜歡牠們低低的咳嗽聲和呼嚕聲，也樂意偶爾讓牠們實踐生態上的工作任務；但是蟋蟀農場、還有其中縈繞的雄蟋蟀求偶合唱聲，對我來說是截然不同的全新體驗。

達倫帶領我參觀，讓我了解整個生產流程。他們會將蟲卵放在有點濕潤的乾淨泥炭蘚上等待孵化，上面是相連的長條格狀結構紙板，看起來就像我們用來包裝酒瓶防止碰撞破裂用的包材。若蟲一孵化就會立刻往上爬，這似乎是一種與趨光性無關的本能。

孵化後的若蟲會（裝在原本的格狀厚紙板裡面）從這間「育嬰室」被移到一個個藍色的收納箱中；這些收納箱疊放在一個狹長房間的層架上。若蟲的飼料是玉米和大豆磨碎後的混合物（都是農場自己種植的），撒在這些藍色塑膠盆的底部。在接下來幾週內，若蟲會經歷幾次蛻皮，這段期間這裡就是牠們的家園，是屬於牠們的蟋蟀公寓。

接著達倫帶領我走進另一個大上許多的房間，蟋蟀送到這裡後就會被人從藍色收納箱中移出來；房間裡有一個長長的橡膠飲水槽，採用滴灌系統補水，兩側則放了一排排的格狀厚紙板。這個房間的溫度比這棟建築物的其他地方都要溫暖（大約攝氏三十度），蟋蟀會在這裡待上四週，直到完全發育長成。我看著牠們在細細的水流旁排成一列啜飲著，就像其他動物在河邊喝水一樣。置身在這些小動物細碎輕快的腳步聲中，我感到相當自在放鬆。牠們在這裡所吃的食物和先前一樣，隨著牠們逐漸發育成熟，雄蟋蟀會開始唧叫求偶，然後開始繁殖（假如有找到情投意合的伴侶）。雌蟲懷孕後會尋找適合的地點藏匿受精卵，農場為牠們準備好的產卵地點是幾個淺盤，兩側有斜坡，上面鋪著一層柔軟的泥炭蘚，牠們所產下的卵會被收集起來，用來培育下一代的蟋蟀。只要把整個淺盤放到一桶水裡面，泥炭蘚就會浮到水面，卵則會沉到底部，這樣就能把卵移到育嬰室裡等待孵化了。

在交配及產卵後，蟋蟀很快就會死亡，從繁殖到死亡之間這段時間就是收成的時機。農場的人會將蟋蟀從紙板塔裡面搖出來裝入藍色箱子中，然後倒進一個金屬漏斗裡依照重量分裝，每五磅（約二點三公斤）裝成一袋，接著在其中加入乾冰，蟋蟀在寒冷和缺氧的情況下很快就會死去。

達倫說在蟋蟀收成後，他們會先用氯化水沖洗水槽，然後用乾淨的水再沖洗一遍，從地板上清理出來的蟲糞也會用麻袋裝起來。少數幾隻沒被裝到袋子裡的蟋蟀會匆匆跑向牠們的「旅館」（相連的格狀厚紙板），農場的人會再把牠們抖出來裝進袋子裡。

我們再次來到戶外，達倫揮了揮手指向堆在柵欄旁邊的蟲糞袋。他說蟲糞是非常好的肥料，擁有豐富的磷和鉀，他都是用這些蟲糞幫作物施肥，也會賣給當地農民。他還說我如果想帶回去用在自己的院子裡，可以儘量拿沒關係。他們在這方面還沒有行銷計畫，達倫希望有人願意以創業投資的方式接下這個事業，因為他們自己光是要滿足主力產品的需求就已經忙不過來了。

為蟋蟀進行加工處理的地點在鄰近的諾伍德鎮（Norwood）的一棟建築物裡，轉角外就有幾家餐廳和公司行號，但這棟小小的建築沒有散發出什麼特殊的味道，鄰居們顯然不反對伊托摩在這裡。裡面有接待室和幾個設有電腦的辦公間，此外還有一間擺了好幾座類似披薩窯的不鏽鋼烤爐（有很多抽屜，裡面是裝著蟋蟀的大烤盤）的房間。加工處理經理德瑞克．德拉哈伊（Derek Delahaye）正在清洗水槽中一批批的蟋蟀，然後將牠們擺在烤盤上。如果要為蟋蟀調味，就是在這時候進行；不做調味的蟋蟀在烤過之後就會被磨碎，製成「粉」。蟋蟀粉最主要的市場是製造能量棒和蛋白質棒的公司，德拉哈伊滔滔不絕地念出一連串的公司名，至少有六、七家。

除了德拉哈伊以外，廚房區還有兩位工作人員，一男一女，約莫高中生的年紀。他們在電腦前坐了一陣子，然後在房間裡走來走去包裝物品。我在加拿大和歐洲造訪其他昆蟲公司時，發現努力推廣昆蟲飲食的人幾乎都是介於二十幾歲到四十幾歲之間，這點讓我印象深刻。我們這些嬰兒潮世代製造出來的農糧問題，將是由這個世代的人接下，因此他們會提出創新改革的解決方案也相當合理。

站在舒適的廚房裡四處張望時，我拿了一點蟋蟀丟進嘴裡：這是我第一次品嘗「真實原味」的蟋蟀零嘴。後來在聊天過程當中，我又試吃了一些，有的是從烤爐中直接拿出來，有的則是在烘烤前調味過（有醬烤口味、蜂蜜芥末口味、摩洛哥風味）。在我克服對蟋蟀眼睛和腳的心理障礙、擺脫吃蟲這個「想法」之後，丟進嘴裡的蟋蟀吃起來就和達倫之前跟我說的一樣，就是食物的味道，有點像堅果。我本來覺得蟲腳會卡進齒縫，或是引起嘔吐的反射動作，但吃起來卻是相當酥脆。達倫告訴我，蟋蟀是非常健康的零嘴，富含蛋白質、ω-3脂肪酸、維生素B、鈣質和鐵質。麵包蟲含有更多優良的脂肪，吃起來味道更豐富，感覺就像吃洋芋片一樣。

二〇一五年夏季，伊托摩每週生產了四千磅（約一千八百公斤）的蟋蟀、一千五百磅（約七百公斤）的蟲糞，每天用掉大約三十加侖（約一百多公升）的水。我問達倫，蟋蟀是否和豬、雞、牛等動物一樣有感染疾病的問題，他點了點頭。北美洲的蟋蟀養殖者原本飼養的是家蟋蟀（Acheta domesticus），生長到發育完全的速度很快，飼料換肉率也很高。但二〇〇九年家蟋蟀濃核病毒（*Acheta domesticus* densovirus）大流行，導致北美洲半數的蟋蟀生產商倒閉或改為繁殖別種蟋蟀。亞伯達省有位達倫認識的養殖者幾乎被病毒毀掉了整座養殖場的蟋蟀，他在徹底清潔農舍後帶回新的蟋蟀，但九個星期後這一批又全部死光。現在養殖場大多都使用另一種家蟋蟀（*Gryllodes sigillatus*，又稱短翅竈蟋），這種蟋蟀不會受到家蟋蟀濃核病毒感染，但體型比較小。

為什麼選擇養蟋蟀？對於伊托摩和其他同類型的公司來說，蟋蟀比較能迎合北美洲人的口味和飲食喜好。如果昆蟲飲食提倡者想徹底改變現狀，讓昆蟲成為北美洲人的日常飲食，那是不可能從一道菜要價五百美金的高檔餐廳開始做起的。整隻的蟋蟀和麵包蟲就像酒吧食物一樣，跟爆米花、花生和雞翅似乎差別不大。此外，牠們很容易用來做成蛋白質粉，也可以用於為湯品、麵包和能量棒增添營養價值。

在向非西方文化尋求昆蟲飲食革新之道的同時，我們可以回顧現今確保食物的方式在歷史上是如何出現，也可以從地理或文化角度檢視那些尚未確立現代糧食體系、仍保留著傳統飲食習慣的地方。這樣能讓我們好好思考可以透過那些方式讓不同的傳統飲食進入現代飲食體系中，進而帶來改變；這些選項並不是互相排斥的。如果人類有任何一點在未來地球上生存的希望，我們就必須持續不懈地面對挑戰，在保留某些型態的農糧體系之餘，也確保生態社群的多樣性。在這世界上，唯一與這些難題無關的就是已經死亡的動物。

回到高希爾對這個問題的看法，我們要界定邊緣的對象就像找麻煩的野獸，大小形態各異，從九十億人口的糧食安全保障、到現代都市生活中意義更模糊不清的問題等等。從極度簡化的模糊界定來看，昆蟲自己本身就是一種邊緣族群，因為以人類的全球化農糧體系當中認定為可食的東西而言，昆蟲就已經處於邊緣。有人認為食用昆蟲是為現有農糧體系提升效率的一種方式，也有人基於麥可．波倫的評論，認為現行體制本身就是一種困境。抱持後者這種想法的人認為昆蟲飲食可以帶來更具革命性的轉變契機，就這個觀點而言，食用昆蟲不僅可以改變舊有的體系，還能帶來全新的飲食方式。同時，由於舊有的農糧體系與我們所謂的現代性密不可分，這種全新的飲食也可能會徹底改變我們在地球上的生活方式。

## 她從雞舍窗戶爬進來

# 非食蟲文化中的昆蟲製飼料

**或許隱於無形，但牠們就在這裡**

---

＊標題取自披頭四歌名〈她從廚房窗戶爬進來〉（She Came In Through The Bathroom Window）

二〇一五年，來自十八個不同國家、超過四十位的研究者共同發表一篇報告〈透過昆蟲養殖製造牲口、家禽和水產養殖所需的蛋白質飼料達到保護環境之目的〉（Protecting the Environment through Insect Farming as a Means to Produce Protein for Use as Livestock, Poultry, and Aquaculture Feed）。這些學者認為「國際漁業已經過度開發，現行做法也不符合永續經營，最明顯的佐證就是魚粉和魚油的產量從一九九四年的三千零二十萬公噸（活體重）減少到二〇一二年的十六點三公噸。為了確保水產養殖業能永續經營，我們急需替代的蛋白質來源。」[88]

保羅・范托姆（Paul Vantomme）是聯合國糧農組織裡面對昆蟲飲食議題最為積極的人士之一，他在給我的一封電子郵件中寫道：「昆蟲主要的創新用途將會是動物飼料（以水產飼料和雞飼料為主），尤其是那些以有機廢棄物為食、不會和人類競爭相同食物的昆蟲。」同樣地，在新出版的《昆蟲製食品與飼料雜誌》（*Journal of Insects as Food and Feed*）擔任總編輯的嚴慶棣也在信中告訴我，他發覺昆蟲飲食的發展重心開始轉向製造可用於動物飼料或人用產品（包括食品、沐浴清潔用品等等）的蛋白質粉，至少在昆蟲生產端可以看到這種現象。

在將昆蟲製成動物飼料的產業中，加拿大卑詩省的安特拉飼料公司可說是全球首屈一指的企業。我在二〇一五年五月前往溫哥華，參加一場關於串聯生態和社會影響因素的公共衛生研討會；既然來到溫哥華，我就打電話去聯絡他們。當時我對昆蟲飲食在產業界的發展還一無所知，但我讀過他們的網站介紹，看起來充滿發展潛力；不過話說回來，網站如果不是看起來充滿發展性，那還有什麼作用可言？

根據安特拉公司的網站所述，這家公司的成立契機是聞名國際的環保人士大衛・鈴木（David

Suzuki）和企業家布雷德・馬琴特（Brad Marchant）在卑詩省的弗斯河釣魚時，鈴木對過度捕撈野生魚群、做成魚粉來餵食養殖魚類的做法大加批判。[89] 當馬琴特問他有什麼更好的做法，鈴木「指著釣竿尖端說：『何不用昆蟲和牠們的幼蟲？』安特拉就此誕生，也創造了『Renewable Food for Animals and Plants™』（動物與植物的可再生食物）這個商標。」

這個時間點非常完美。二〇一四年，溫哥華市立法規定所有有機廢料都必須回收，並訂定於二〇一五年開始執行。有些公司叫苦連天，認為這不可能做到，但也有一些大型食品雜貨店的想法比較創新。這些店家會製造大量的消費前廢料，包括過老的花椰菜、甘藍菜、現成沙拉、過熟的水果；他們可以比照某些行政區域和農場對於排泄物和廚餘的處理方式，自行建立生質燃料系統，也可以將這些廢料賣給別人，讓對方代為處理。這時候，安特拉公司已經準備好承接這類工作了。

安特拉的辦公室最初設在溫哥華一棟低矮的建築物裡，我也是在這裡見到技術主管安德魯・維克森。維克森個子不高，年約三十幾歲，蓄著整齊的鬍髭，臉上帶著若有所思的微笑，彷彿他不太相信自己身上發生的一切，但也坦然面對。他在一間休閒農場長大，求學時主修水產養殖，後來在柬埔寨擔任志工，專門研究如何在稻田中養魚，他發覺這些經歷勾起他對於使用昆蟲來餵魚的興趣。我向他提到我在柬埔寨看到的捕蟲陷阱，他指出使用這種方式捕捉食用昆蟲會有混獲的問題，而且如果有人使用殘忍的手段，將可能對生物多樣性造成嚴重傷害，他還將這個問題與海洋漁獲的現況相提並論。

安特拉剛開始在溫哥華成立時，是接收廚餘並在自己的廠房設施中進行加工處理，雖然事業規模不大，但鄰居仍舊有些排斥。所以他們將農場從菲沙河谷（Fraser valley）搬到蘭里市，當地有間溫室育苗場的擁有者投資他們的事業，並提供自己的土地建物和溫室給他們使用。剛開始時，當地政府不認為昆蟲養殖是「來真的」，官員們最初認定這個農場只是有機廚餘的轉運站點，目的是要將溫哥華的垃圾悄悄運出溫哥華，然後傾倒在市郊；不過，他們最後終於被說服了。

安特拉的農場位在比連棟住宅和密集住宅開發區更遠一點的地方。我們開進鋪著柏油的車道，映入眼簾的是一排大型溫室，還有單側敞開的穀倉頂倉儲間、輸送帶、運送裝置以及管線。滿載著胡蘿蔔皮、腐壞水果和蔬菜等濕潤廚餘的傾卸卡車開了進來，散發出一股又酸又甜的氣味；這些卡車會先載著廚餘秤重，然後將廚餘傾倒出來，之後再空車秤重一次。安特拉會接收這些「廢物」，用一些攪拌機器將其變成泥漿狀，然後用來餵食黑水虻（*Hermetia illucens*）的幼蟲。

我看著成虻在一個以網紗圍出的高大空間裡產卵，雄虻以螺旋形繞圈飛舞著，一開始是尾隨著雌虻，之後就在周圍飛舞，每隻雌虻會選擇一隻雄虻與其交配。在交配時，雄虻和雌虻會彼此緊貼，就像狗一樣。我看到一對正在交尾的黑水虻像雙螺旋槳直升機一樣飛舞，接著雌虻就在外觀像小型蜂窩的塑膠盤中產卵。我問維克森，雌虻為什麼不會在這裡以外的地方產卵，他看著我，然後笑了一笑：這是商業機密。這樣的回答，我在接下來幾個月內不時會碰到。由於許多天使投資人會挹注大量金錢在這些昆蟲新創產業上，所以相關從業人員不願意詳細說明任何可能有賺錢機會的流程，這也不算令人意外。

我猜安特拉用的是某種費洛蒙引誘劑。在短暫的參觀中，我得知他們會將剛產下的黑水虻卵放到像植物育苗盤那樣的大型平盤裡，並將這些平盤堆疊擺放，經過三到四天後，虻卵便會孵化。幼蟲剛開始吃的是買來的啤酒粕，等蛻皮四次、成長到準備化蛹及收成的大小之後，便改吃廚餘；等這批黑水虻收成後，這個循環就會再重複一次，整個過程歷時約一個月。每批幼蟲的數量非常驚人，在成長到可以收成的大小前，每天都要餵食。有幾隻迷路的成蟲在舊溫室周圍飛來飛去，牠們是從繁殖用的網籠中溜出來的，我還看到門內棲息著一隻看起來心滿意足的鳥。我問起逃脫的黑水虻會如何，維克森說他們會儘可能抓住，不過黑水虻並非入侵物種，而且牠們長到成蟲後完全不會進食，存活時間只有數天，幼蟲則是以有機物質和腐物碎屑為食。

維克森告訴我，每五公斤的幼虻可以消化一百公噸的飼料，製造出六公噸的肥料（蟲糞和蛹蛻）以及六公噸可作為蛋白質補充品的幼蟲。這些有機蟲糞可供當地農民、溫室栽培公司和一般人家的庭院使用，還有一些研究數據顯示這些蟲糞具備驅蟲劑或殺蟲劑的特性，可以讓其他害蟲遠離庭院和作物。這個現象並不令人意外，因為就演化角度來說，這種特性可以讓更多幼蟲存活。

總之，安特拉公司收費負責處理基質（有機廢物），然後用這些基質製造高品質的雞飼料和魚飼料。他們使用的土地很少，卻能產出大量的蛋白質，而且無需耗費額外的水；由於安特拉可以從用來當飼料的蔬菜水果中回收水分，實際上也是淨水的製造者。安特拉公司在網站上表示，他們每年可回收大約一千五百公升的淨水。網站上也寫到，相比之下，生產一磅牛肉（等同四百五十三公克）需要用掉大約五千三百公升的水，一磅豬肉則需大約一千九百公升的水，一磅雞肉則要用掉大約一千五百公升的水。我問維克森有沒有考慮製造供人食用的昆蟲蛋白質食品，結果他大笑起來。他說光是要向加拿大食品檢驗局（CFIA）註冊成為合法立案的動物飼料製造商，需要準備的相關文件就已經多到讓他忙得人仰馬翻，所以他還沒開始準備申請製造人類食品所需的文件。[90]

就算不考慮對生態的助益，我覺得這門生意聽起來仍然相當吸引人。我環顧這間設備相當基本的小型實驗室，維克森說明，比較複雜的研究工作大多是在別處進行。我見到的工作人員看起來大約三十幾歲：未來世代已經到來了。

安特拉公司的溫室和廚餘載運卡車，至少在某種程度上符合我想像中具有生態意識的昆蟲養殖農場會有的樣子，這家公司結合了鈴木對環境議題的專業素養與馬琴特在商業上的敏銳度，正如安特拉的網站所述：「安特拉的使命是解決廚餘和營養缺乏這兩個全球性的重大問題，藉此確保地球未來的食物供給。」

如果說安特拉公司符合我對飼料和養殖的概念，自翊為「昆蟲公司」的因賽克公司就可說是出乎我意料之外了。因賽克總部位於巴黎市郊，設立在研究園區裡某棟門禁森嚴的大樓內；相較於其他看好昆蟲在西方社會未來發展的公司，因賽克的做法相當獨到。因賽克公司源自於一位生物工程企業家的夢想，公司網站上有段這樣的文字：「這套獨一無二的科技解決方案以量產的方式養殖昆蟲，並製作成具有實用價值的細微分子，可供營養補充及綠色化學市場使用。」這種方式或許也是出於生態考量，不過就與鈴木的理念大相逕庭了。

我與因賽克公司的執行長安托萬．聿貝赫約好碰面；聿貝赫具備農業工程方面的教育背景，並曾經為製漿廠、屠宰場以及石油天然氣產業管理廢料，後來他對有助減少及回收有機廢物的新技術產生興趣，於是與艾力克希．昂谷（Alexis Angot）、法布里斯．貝侯（Fabrice Berro）以及珍-嘉布莉葉．列翁（Jean-Gabriel Levon）三人展開合作。四人在二〇一一年創立因賽克公司，目標是發展他們所稱的昆蟲生物精煉技術。在進行先導性研究之後，他們進一步拓展了目標並投入更多資本。

我們走過因賽克總部白淨的走廊，聿貝赫談到他們的第一批鉅額投資者和打入市場的過程；他們鎖定的市場是寵物食品。這讓我想起我太太和我總會開玩笑說我們老了以後可以吃貓咪食品，因為這些食物比大多數人類食品還更注重營養成分的調配。我曾經在製造瑪氏巧克力棒和多款寵物食品的瑪氏食品公司（Mars, Inc.）資助下進行過幾項研究，所以我很清楚哪些產品可以在寵物食品市場獲利。

雖然在二〇一五年八月時他們仍處於「極具前瞻性的研發」階段，但聿貝赫說明，他們的目標是製造大量可靠的昆蟲製產品，並以高效率的生產方式和具有競爭力的價格提供給市場。他們想運用機器人技術、內嵌感應器以及藉由標準化研究規範獲得的資料，開發出零廢料的製程。聿貝赫帶我參觀生產環境，這裡在不久之前還屬於某個人類基因組研究室，設有嚴格門禁、良好的通風系統以及門鎖。他們在這裡針對各種不同基因的物種、品種、飼料和管理方式進行實驗，整體形象就是一間乾淨、高科技而充滿未來感的公司，就和任何高科技農糧公司一樣富有「綠色」氣息。

聿貝赫和他的同事計算過，透過他們的最新技術，每公頃土地每年可生產的蛋白質比起使用其他動物的生產方式多一萬倍，而且可省下一百倍的用水量。而他們使用的飼料，還是農業和食物產業的廢料，整個生產過程對環境生態的衝擊很低。不同於其他以昆蟲製作飼料的公司採用蠅虻等昆蟲（安特拉就是一例），因賽克選擇使用甲蟲，他們認為甲蟲相較之下蛋白質含量較高、灰分含量較低；此外，甲蟲含有較多幾丁質，可用來製造品質優良的化學品和藥品。聿貝赫彷彿猜到我想問的下一個問題，他接著說，他們對於基因改造生物沒有興趣，一向是採用標準的繁殖與基因選育流程。

我向他問起最終產品，他表示現在最大的市場是給寵物、魚和雞吃的高品質標準化飼料，還有其他以昆蟲製成的化學品和藥品，這些市場具有數十億美元的價值。未來，因賽克將往人類食品材料的方向拓展。他們正與新加坡的一家投資公司合作，在亞洲、北美洲以及歐洲開發商業農場的「平台」，朝全球市場發展。他們之所以能說服創業投資者挹注數百萬歐元的資金，正是因為這些投資可望獲得高額的收益。不過由於歐盟法規的限制，因賽克仍只能生產寵物食品；這個市場雖然不小，但並非他們追求生態與經濟利益的長遠目標所在。

我一邊聽著他興致勃勃地說明他們的願景，一邊思考因賽克究竟是如聿貝赫所想像的那樣，是一股具有變化性、破壞性以及革命性的力量，還是更接近一種對於動物飼料和醫藥產業材料的改良新思維。我在想，這兩者對於自然系統中的昆蟲，是否會有不一樣的觀點。也許這兩者可以發揮互補作用，成為某種類似列夫·托洛斯基（Leon Trotsky）不斷革命論翻版的機制，達到永續發展、和諧共生且友善環境的效果。

離開前我問聿貝赫哪些公司是他們的主要競爭對手，結果安特拉飼料公司名列前茅，此外還有南非的農蛋白公司（AgriProtein），這家公司和安特拉一樣，主要是生產用於動物飼料的昆蟲蛋白質。就如同其他在創業之路上起起伏伏的新創公司一樣，農蛋白公司在經營重點上同時強調生態和經濟考量，但在經濟面上著力稍微多一些。舉例來說，他們在網站上就已明白寫出，這家公司是在大豆和魚粉蛋白質價格飆漲的情況下成立的。

由於兩家公司在生產模式和地理位置上都差距甚大，我很納悶因賽克為什會將安特拉視為勁敵。聿貝赫回答是因為歐盟法規以及精明巧妙的商業活動。在因賽克與新加坡投資者攜手合作的同時。安特拉則藉由政治局勢形成的側門進入歐洲，這個側門就是瑞士。

二〇一五年六月，安特拉飼料公司發布一份新聞稿，宣布與一家位於瑞士的企業成立合資公司；瑞士並非歐盟成員國。「我們很榮幸能與安特米爾公司（Entomeal）合作，共同拓展在歐洲的商業營運，」安特拉執行長布雷德．馬琴特表示，「對於使用黑水虻將廚餘轉變成有價值的飼料食材，安特米爾公司早已具備精良的技術，創辦人過去在業務經營和飼料產業中也有相當出色的表現。成立合資公司可將我們領先全球的技術與他們在當地的專業經驗結合，有助安特拉在這個地區開拓商機、更上層樓。」

不過在歐盟法規修改之前，這家合資公司將只能侷限於瑞士這個小型市場。這類法規可能會大幅影響昆蟲製食品與飼料日後的發展形式與方向，我會在後面的章節中深入說明。

二〇一五年十月，聿貝赫宣布因賽克公司已研發出使用擬步行蟲製作飼料的技術。臨床實驗證實這種新飼料可有效提高飼料換肉率，比起同等份量的其他飼料，食用這款飼料的魚增加了百分之三十的重量。據他們所稱，這款新飼料可全面取代鮭科幼魚所吃的魚粉。如果這款新飼料可以大量生產，而且成效確實如同臨床實驗的結果一樣好，或許能解救不少野生魚群免於遭人趕盡殺絕、用來製成魚粉餵食牠們被人類養殖的親戚。

有些人或許會認為，像因賽克這樣的企業並非那麼有破壞性，而是更具永續發展潛力的。這類公司是在改革我們製造及分配食物的方式嗎？或者只不過是採納了高希爾的見解並加以運用、稍做改換，好讓這套論述符合我們現在想要強化全球農產畜牧業的需求？在世界快速變遷、紛擾不斷的同時，這樣的區分是否有意義？也許最能夠永續糧食安全的做法，就是建立多樣化的互聯網路，囊括寮國的農家、法國的高科技企業、南非的可樂豆木育成林、烏干達的集約式棕櫚象鼻蟲生產商、為北美洲市場養殖蟋蟀的家庭式農場，還有將廚餘製作成水產飼料的公司。

## 眼睛如萬花筒的廚師

# 菜單上的昆蟲

### 我想成為你的酥餅

＊標題取自披頭四歌曲〈露西在綴滿鑽石的天空中〉(Lucy in the Sky with Diamonds)歌詞：「眼睛如萬花筒的女孩」(A girl with kaleidoscope eyes)。

＊副標取自披頭四歌曲曲名〈我想成為你的男人〉(I Wanna Be Your Man)

二〇一四年出版的《昆蟲食譜：讓地球永續的食物》一書當中，有許多將秘魯、中國、墨西哥和日本等地的昆蟲食譜修改成合乎西方人飲食想像的例子。前任聯合國秘書長科菲．安南在其中一篇序文裡寫著，說不定從二〇一四年起再過十年，泰國就會成為將昆蟲運送到歐洲和其他各地的出口國，就如同現今阿根廷跟澳洲出口牛肉一樣。這本書囊括的食譜五花八門，從酪梨醬、巧克力杯子蛋糕、披薩，到串烤蚱蜢、油炸昆蟲肉球和蟋蟀羽衣甘藍沙拉都有。有些食譜做法是讓昆蟲完全融入食材，想要在成品中找到牠們，就像在看繪本《威利在哪裡？》一樣考驗眼力；有些料理的做法則是讓昆蟲置身在餐盤中最顯眼的位置，瞪著牠們茫然空洞的複眼。無論是哪種場合、喜歡何種口味，都有適合的昆蟲餐點，這些食譜作者的想像力實在令人拜服。為這本書背書推薦的人士都非常熱心支持，書中的說明介紹也清楚易懂，食譜內容更是充滿吸引力。然而，借用莎士比亞劇作中的名言來講就是，「我覺得那女人申辯得太多了些。」熱情真誠的背書和色彩繽紛的食譜，真的就能讓昆蟲飲食成為主流嗎？

星巴克在二〇一二年發生的一起事件，顯示出光是有趣的食譜還不足以讓非食蟲者允許昆蟲進入廚房。當時這家連鎖咖啡業者透露「草莓星冰樂」的紅色色素是使用胭脂蟲（*Dactylopius coccus*）製成，結果引起許多顧客強烈抗議。這些抗議聲浪一部分是來自素食者，但也有人是出於宗教理念認為胭脂蟲並非符合猶太教教規的潔食，這個說法亦讓某些深具科學素養的猶太人陷入耐人尋味的兩難處境。一九二〇年代晚期，以色列昆蟲學家博登海默展開了一場田野調查，為的是釐清以色列人出埃及的四十年當中，他們在曠野沙漠裡賴以維生的「嗎哪」究竟是什麼。他的研究結論是「毫無疑問，製造出嗎哪的是某種蚜蟲」，這個論點很快就從密教研究演變成全球熱門新聞。蚜蟲和胭脂蟲在分類上屬於同一個亞目，而胭脂蟲所製造的紅色染料在為星巴克平添紛擾之前，早就被阿茲特克人和西班牙統治者用來當作深紅色染料。既然蚜蟲不是合乎猶太飲食戒律的潔食，有人便因此質疑，猶太聖經中耶和華將這種嚴禁食用的糧食賜予人們，難道是在開玩笑嗎？或者，當時以火焰之姿對摩西宣言「我是我所是」而不宣告其名的神，對於這些規則和其中彰顯的心態也有著矛盾？

不過，某些星冰樂愛好者抗議的理由與其說是因為違反道德，不如說是因為他們希望自己喝的飲料（裝在使用化石燃料生產的塑膠容器裡）不要含有用蟲子做成的那種……噁心的東西。

無論他們的動機是什麼，所有抗議的說法都忽略了一件事情，那就是咖啡粉本身很可能就含有比星冰樂更多的昆蟲碎屑。很多負責把關食品安全的聯邦機構把食品中的昆蟲視為無傷大雅的問題，並且允許任何食物中含有可測出含量但外觀看不出來的昆蟲成分。

我在二〇一五年春天開始著手寫這本書，當時主打以昆蟲入菜的餐廳和新創公司正如雨後春筍般冒出來，宣傳昆蟲和昆蟲製品的廣告似乎隨處可見。昆蟲飲食就像料理界的一波海嘯，引發自南營國家（Global South）的小小潮池，然後湧向歐洲部分地區，如今即將席捲全球。不過，即使陸續出現各種新穎想法、創新的群眾募資以及鼓勵推廣昆蟲飲食的獎項，仍有許多餐點逐漸消失或停止供應。

二〇〇八年，溫哥華知名的加拿大式印度餐廳「維吉的店」（Vij's）與「藍果力」（Rangoli）的合夥人兼主廚米露．德瓦拉（Meeru Dhalwala）開始讓昆蟲餐點「試水溫」，在菜單中加入以磨碎的蟋蟀製作的印度煎餅。三年後，她開始「放手大膽嘗試」（這是她本人的用詞），推出鋪著蟋蟀料的披薩。她接受網路雜誌《泰伊》（*The Tyee*）專訪時，將蟋蟀講得令人口水直流；她對蟋蟀的形容是「帶著一種青草味和土地的氣息，幾乎就像堅果的味道，還有著像松露般的風味。」[91]

> 我比較喜歡用烤的，這樣可以保留牠們脆爽的口感。蟋蟀味道溫和，質地細緻，所以我想儘量減少用油，這取決於烹調的方式。如果是使用整隻烹調，會有像堅果般的口感，需要採用這樣的料理方式……
>
> 下廚的時候我會一邊烹調一邊想像。如果你不知道從何開始，那就先找個出發點，牢牢把握住基本的味道。對我來說，料理食物的時候，我是用食材的來源當作判斷標準，然後試著跟我自己儲備的各種香料做搭配。把握基本的味道，然後將它調整成自己喜歡的口味或口感，對我來說這是最自然的烹飪方式。
>
> 你可以試試看烘烤或煸炒，嚐嚐味道如何。我喜歡用孜然、香菜和大蒜為蟋蟀調味，不妨試試看這合不合你的胃口。

看了這樣的推薦，還有誰會不喜歡蟋蟀料理？我寫信給德瓦拉詢問她在推廣昆蟲入菜時的經驗，也表達了我希望能前往溫哥華品嘗她所做的餐點。但她回信表示，他們已經暫時將昆蟲料理從菜單中撤掉了。她在說明時提到飲食文化逐漸趨於企業取向，入侵並取代傳統飲食，這也是全球各地都碰到的文化難題：

> 印度人的社群最難接受蟋蟀料理，很多人覺得這樣很丟臉，而且『很髒』。我在西雅圖得到的迴響比在溫哥華還多，因為那些比較年輕的印度人已在美國生活一段時間了。那些為亞馬遜公司工作的印度人大多是靠為期兩年的短期工作簽證待在美國，我在印度餐廳裡供應蟋蟀讓他們嚇得目瞪口呆，但很多人對於我不提供六點九九美元便宜吃到飽的服務，也同樣感到不可思議。
>
> 溫哥華和西雅圖的媒體反應都很不錯，困難的地方在於吸引顧客點這種料理來吃，昆蟲料理很顯然是比較適合年輕族群的新食物。

在後續的信件往來以及媒體訪問中，德瓦拉也強調在餐廳菜單中結合環境問題與永續議題的困難之處。許多顧客是想來品嘗某種咖哩料理，但對於食材的來源並沒有什麼興趣。野外捉到的蟋蟀可能會有殺蟲劑殘留的問題，但又很難找到有機養殖的蟋蟀。遇到這些問題的，並不是只有印度料理餐廳或來自印度的人們。我從小吃甘藍羅宋湯、「rollkuchen」炸麵粉捲、「verenicke」[92]以及香腸長大，這些都是我父母還在烏克蘭時吃的東西；大家在意的是口味是否「道地」，而這些食材是怎麼來的並不那麼重要。生活在冬日漫長的溫帶區域，我平常碰到的料理大都主張「健康」和「永續」，大概只有在墨西哥或加州才會看到主張食材要「新鮮有機」的料理方式。

這家溫哥華餐廳的經驗是個值得警惕的故事，它提醒我們光是熱情並不足以說服人們接受昆蟲飲食，烹飪習慣的變遷也與複雜的文化觀點和潮流趨勢環環相扣，這些因素的影響力更勝於科技變遷。

有哪些現象能顯示昆蟲飲食正像壽司一樣逐漸成為全球性的料理呢？現在已有多家餐廳在網路上大力宣傳昆蟲菜餚，我稍加調查後發現，看來我可以花上一輩子的時間環遊世界各地品嘗各式各樣不同滋味的昆蟲料理。假如我再年輕四十歲、單身而且有錢到不必工作，或許我真的會嘗試看看，只可惜這些條件我全都不符合。我曾經讀到引領風潮的丹麥美食餐廳諾瑪（Noma）的相關報導，標題是「全球最佳餐廳諾瑪再次將昆蟲入菜」（來自《富比士》雜誌），還有「主廚雷奈・瑞哲彼（René Redzepi）認為昆蟲可以解決地球的糧食問題」（來自《食客》網站〔*Eater*〕）。只不過，在被《紐約時報》某位評論者稱為「新北歐運動教父」的瑞哲彼領導之下，諾瑪的收費實在是頂級價格，如果我想去嚐嚐他們的料理，恐怕要先拿我的房子去申請二次抵押，還得先盤算好接下來兩年的飯錢有沒有著落。

舊金山的「唐布吉多」（Don Bugito）則自稱為「可食昆蟲的街頭餐飲計畫」，他們在網站上宣稱是「以西班牙征服前的墨西哥飲食和當代料理為靈感，並採用在地食材，提供獨樹一格、充滿創意的美味料理。」

二〇一五年八月二十四日出刊的《紐約客》雜誌有篇由席薇亞・奇琳斯沃（Silvia Killingsworth）撰稿的餐廳食評，介紹了紐約曼哈頓東村的黑螞蟻餐廳（Black Ant）以及他們供應的酪梨醬，這也是一道起源自墨西哥的昆蟲料理。根據這篇文章，這款自家製酪梨醬可能會使用鷹嘴豆、炸玉米、柳橙片、豆薯、蘿蔔，甚至還有乳酪。「不過，」奇琳斯沃小姐在文中寫著，「這道料理最後一定會加上螞蟻。更確切一點地說，用來點綴這道菜的是『sal de hormiga』，也就是鹽和磨碎的『chicatanas』，這是一種有翅膀的大型切葉蟻，生長在墨西哥的瓦哈卡，每年可收成一次。這種螞蟻的味道介於堅果味和奶油味之間，帶有某種化學成份的特殊香氣，可為鹽增添一些鮮味。」[93]奇琳斯沃也提到黑螞蟻餐廳在擺盤上傳遞的多重訊息，例如模仿達利作品中「令人討厭的螞蟻」。

從網路資訊看來，位於澳洲雪梨的家常便飯（Billy Kwong Restaurant）似乎就如同黑螞蟻餐廳的澳洲翻版。根據二〇一三年的一篇專訪，主廚鄺凱莉（Kylie Kwong）除了提供友善環境的澳洲中式料理，也熱衷於在其中加入各種美味的昆蟲餐點。這篇專訪記錄了鄺凱莉從原本害怕昆蟲、到大力推廣昆蟲這種永續性的美味食材這段心路歷程，她在專訪中表示：「這些昆蟲現在都已經在家常便飯的菜單上了。」[94]

在這篇專訪刊出的兩年後，我在十月份一個溫暖的週二晚上前往家常便飯餐廳。室內點著微弱的燈光，顯得相當忙碌；服務生、酒保和擔任其他職務的員工們個個年輕好看、彬彬有禮，他們以輕快嫻熟的腳步彼此錯身而過、穿梭客桌之間、進出酒窖和吧台、穿過開放式廚房，從不曾互相碰撞擋道，彷彿化身黑衣舞者，與美食美酒共演一齣優雅的芭雷舞碼。餐廳內氣氛溫馨，令人感到舒適而不封閉、自在但不受干擾。菜單上寫著：「我們盡可能採用有利永續發展、以有機和生機互動農法種植的在地農產品。」

這裡提供的中式融合料理包括了牛肉、明蝦、豬肉、米飯和雞蛋，還有一些我從沒見過的「澳洲原生蔬菜」，像是番杏和濱藜。不過，其中完全沒有看到昆蟲。

我向女服務生詢問昆蟲料理，她的回答是：「哎呀，不好意思，我們現在已經沒有供應昆蟲餐點了，您要不要試試別的菜色呢？」

因為我相當堅持不肯放棄，女服務生最後說她會去請示主廚，並問我在這段時間是否要先來杯飲料？在我喝下幾杯琴通寧又鍥而不捨地追問幾次之後，女服務生回來告訴我一個「大好消息」：主廚會為我做一道有蟋蟀的炸餛飩和甜辣醬。

這道炸餛飩其實是酥脆的炸麵糰，裡面包著明蝦，上面灑了一點蟋蟀碎屑，我得拿出我的iPhone打開閃光燈才能看出蟋蟀在哪。**好吧**，我想著，**他們真的是在蟋蟀很小的時候就把牠們給殺了**。這道餛飩口感極佳，外酥內軟（就像加里・拉森〔Gary Larson〕某張諷刺漫畫裡面的北極熊吃冰屋時的形容一樣）。我加點了一道沒有蟋蟀的炸餛飩，為的是比較其中的差異。說真的，「唯一」的不同就在於餛飩上面那一點蟋蟀碎屑，味道上嚐不出任何差別。我問那位女服務生，平常主廚都是這樣料理昆蟲的嗎？她告訴我，因為他們要用巧妙而不易引人注意的方式將這種新料理介紹給澳洲人，所以主廚確實都只加入少量的昆蟲。

鄺凱莉的經歷，與溫哥華的米露・德瓦拉有許多相似之處。德瓦拉在《泰伊》的專訪中表示：「我想等到時機適合的時候，我會默默把昆蟲重新放回溫哥華這裡的餐廳菜單上。我覺得太過著重在人們為什麼不喜歡某個東西，會在無形之中強化你不喜歡它的這個事實。我現在打算在溫哥華採行不同的戰略。宣傳在西雅圖很有效，但在溫哥華沒辦法達到同樣的效果，我們只有獲得正面的媒體報導，沒別的。餐廳用蟋蟀入菜這件事情雖然成為大家的話題，但溫哥華人的反應都是『喔，這概念很不錯，不過……我大概不會想吃。』這次我打算讓昆蟲像普通菜色那樣放在菜單上，不去刻意突顯，看看會有什麼發展。」

不久，家常便飯的女服務生又給我送來一小碟烤麵包蟲，份量大約一茶匙左右，吃起來脆脆的，像他們說的一樣有點堅果味，口感毫不油膩，但是並不值得大老遠跑來品嘗。只要跟安大略省伊托摩農場訂一包烤麵包蟲，也可以吃到同樣的美味。

布里斯本高檔餐廳帕伯利克餐酒坊（Public Bar and Restaurant）的主廚戴蒙．阿莫斯（Damon Amos）對於供應昆蟲料理有不同的做法，剛好介於Le Festin Nu的「光明正大」與家常便飯的「低調無感」之間。帕伯利克餐酒坊有著挑高的天花板、現代時尚的風格以及開在建築物兩側的窗戶，營造出一種開闊放鬆的氛圍。這裡不像家常便飯餐廳那麼繁忙吵鬧，但仍可聽到許多三四十歲、經濟能力良好的都市人在此用餐聊天的對話聲。這裡的昆蟲餐點清楚寫在菜單上，不過用詞含蓄平實，還帶點揶揄意味：「蕹菜和蟲」以及「鮭魚、麥蘆卡蜂蜜和小黑蟻」。蕹菜又稱為空心菜、通菜、通心菜、壅菜、應菜、藤菜及葛菜，對植物學家來說，則叫做*Ipomoea aquatic*。這道菜是以一碗鮮脆的綠色蔬菜搭配烤過的麵包蟲，另一道則是將小黑蟻隨意灑在切成塊狀的生鮭魚肉上，並加上冷凍乾燥的麥蘆卡蜂蜜和洋甘菊珍珠，為這道有點像壽司的融合料理增添配色、口感和香氣。

阿莫斯在接受《布里斯本時報》（*Brisbane Times*）訪問時表示，身為主廚的自己擔任的角色是「為人們開拓眼界，讓大眾認識昆蟲飲食的可能性，並幫助人們克服那一層心理障礙。」[95]在布里斯本擔任大學教授，同時也是昆蟲飲食支持者的尼爾．孟席斯（Neal Menzies）亦認同這樣的觀點。他在同一篇文章中提到，他推斷在澳洲這樣的地方，昆蟲的真正價值在於擔任廚餘的清理者，以及替代魚粉成為牲畜所需的優質蛋白質來源。

在想像上，家常便飯餐廳和帕伯利克餐酒坊所屬的「新昆蟲飲食」世界，可能比我們某些人在一九六〇年代經歷過的冷戰時期光景還要更為複雜。這些餐廳以及一般的新昆蟲飲食支持者，都處於後九一一時期的網路虛擬架構中。在這個充斥著危機、恐怖主義、掠奪資源的新自由主義企業和國營企業、難民、戰爭以及赤貧的世界，我們每天甚至每時每刻的境遇，都會讓我們改變心態和觀點，進而帶來更多不同的經歷和地景。年輕人和傑出人才、旅人和行動主義者、在城市裡養雞和蜜蜂的新農民，這些不同的族群重新振興及定義了原本的國家。

在不斷演進但還未完全融合的全球文化中，我還無法確定新昆蟲飲食的提倡者處於什麼定位。但我猜想，來自各文化邊緣地帶的他們應該會找到許多融入的方式，有些人會用蟋蟀為餐點裝飾，有些人會用螞蟻和荔蝽來增添一些獨特風味，有些人會以昆蟲作為主要的蛋白質或熱量來源，有些人則會將昆蟲當成其他動物主要的蛋白質來源。有的餐廳即使在現代化過程之中也從未捨棄昆蟲食材，並且成為最為出色的經營典範，我不會感到意外，而且這是完全合理的。

舉例來說，二〇〇二年三月，三十二歲的DJ佩琳．塔奴凱耶（Pailin Thanomkait）和曾經從事養蝦業的二十九歲合夥人薩塔波．普拉帕（Satapol Polprapas）在泰國成立了一家供應昆蟲的速食連鎖店。這家叫做「昆蟲之間」（Insects Inter）的速食連鎖店，因為提供食材產銷履歷而且保證沒有使用農藥，成功吸引了喜愛嚐鮮的西方人士以及相對富裕的都市人，也因此可以訂出比一般街頭小販更高的售價。他們在公關聲明中特別著重品質控管，並強調他們使用的是一種特別的芝麻油。在創立幾年之後，這家連鎖店在泰國的分店數量快速增加，並且開始評估前進中國和韓國的可能性。

在家常便飯餐廳淺嘗蟋蟀之後，我在我房間的窗前站了好一陣子，眺望著這座城市。燈火勾勒出雪梨的城市天際線，可以看到港灣大橋優美的深色弧形，還有歌劇院白色的層疊貝殼造型。無論當時還是現在，我都對昆蟲料理在國際上和實質上受到的高度注目感到吃驚，也對昆蟲飲食在各地大多數人日常生活中幾乎完全不受任何重視感到困惑。這關係到社群媒體往往會強化對於世界的片面認知；每個孤立的族群都會有一種隱含（而且不正確）的假設，認為其他族群的觀點和知識都和自己相同、認為存在所謂的「共享世界」和「共享健康」。或許所有人都看到山坡上有個庇護所、城堡或伊甸園，但我們對於如何前往的假設，還有對到達之後要做什麼的認知，卻是截然不同。

將昆蟲製成動物飼料有助於落實綠色經濟，不過在菜單中加入一點昆蟲或許能為文化轉變帶來更多契機。身為喜歡更多可能性的人，我認為這兩種方式都具有促進生態烹飪的商機，對於地球上的人類、昆蟲、演化、生態和永續健康，都能帶來獨特的貢獻。

# 第六部

# 革命一號

有些動物被我們當成寵物，也有些動物，當我們克制不了張口咬下的衝動時，就會被當成食物吃掉。不過食用動物也讓我們陷入種種困境，包含倫理與權利、政策與法規、糧食匱乏與廚餘過剩。如何以符合倫理的方式對待狗、牛和雞等動物原本就是引起多方討論的議題，但我們會討論蟋蟀的福利問題嗎？這種涉及愛護與昆蟲的討論，該從何談起才不會顯得像是在胡說八道？這個故事能否有個完美大結局？就讓我們來看看這些議題的發展，還有採取昆蟲飲食以後我們會如何度過「日常的一天」。

＊標題出自披頭四歌曲名稱:〈REVOLUTION 1〉

## 愛你原來這麼難

# 倫理與昆蟲

**小子，你得扛起這個重擔**

---

＊標題取自披頭四歌曲〈只是愛〉（It's Only Love）中的歌詞：「但是愛你原來這麼難」（But it's so hard loving you）。

＊副標取自披頭四歌曲〈扛起重擔〉（Carry That Weight）歌詞

大部分了解或讚揚昆蟲飲食未來潛力的人（包括我），都不是哲學家或倫理學家。我們的背景大多是農業、糧食安全、健康促進以及自然科學等等，因此倫理問題鮮少受到昆蟲飲食提倡者重視，也就不足為怪了。大多數學者指出的困難之處，主要在於公共關係、技術以及法規層面。

我先前提到過馬塔・榭洛米在二〇一五年發表的文章，這篇文章可說代表這類議題最常見的觀點。榭洛米這篇文章標題為〈為什麼我們還是不吃蟲：透過創新擴散理論架構評估昆蟲飲食的推廣成效〉（Why We Still Don't Eat Insects: Assessing Entomophagy Promotion through a Diffusion of Innovations Framework），他在文中重提那個不斷引起討論的問題：為什麼在經過這麼多年的努力、這麼多的討論溝通之後，我們（指的是歐洲人與其後裔）**仍然**不願意吃昆蟲。他在文章末尾做出的結論是，科學家如果「有興趣發展昆蟲飲食，應著眼於如何飼養及包裝，而不是煩惱如何說服其他人吃蟲。只要建立安全穩定的供應來源，」他目空一切地宣稱，「需求自然就會產生。」他也預測（根據創新擴散理論），只要具備規模經濟優勢和大量養殖技術的大型養殖者進入市場，所有小型養殖者就會遭到淘汰退出。這些新的商業生產者可藉由技術擴大規模，進而提供穩定的食用昆蟲產品，因此這類技術將成為破壞式創新，徹底改變農糧產業。至於食品安全和環境問題，榭洛米更預言政府將透過與其他畜產企業類似的方式加以監督及管理。對於有些人希望其他非西方文化能夠保留或鼓勵傳統的昆蟲飲食習慣，榭洛米認為：「基於西方生活方式在傳入經濟邊際族群時的文化涵化優勢，我們可能會看到其他文化爭相效法全新的昆蟲飲食風潮，並在飲食中加入昆蟲……正如我們最初希望的一樣。」

如果榭洛米（以及許多參與聯合國糧農組織研討會的學者）所言屬實，那昆蟲飲食的最主要考量應該在於生物學、經濟學和營養學，有時這些甚至是**唯一**的考量。以此來看，面對全球化昆蟲飲食所帶來的挑戰，最適合的解決方式就是根據自然科學研究與企業模式發展出新技術和公共關係計畫。性別和權力的不平等以及經濟失衡都與此無關，那些問題都是其他形式的農業才有的，交給政治人物處理就好。照這樣的思路想下去，基本上只要有許多大規模的昆蟲生產系統，加上更有效的廣告行銷，就能讓「大家」變成我們想要的樣子。而這裡所謂的「大家」是指誰，「我們」想要的究竟又是什麼，我實在不太清楚。

為了避免讓人覺得討論倫理和動物福利這些非技術性的問題純粹是「學術」議題，我要舉一下義大利佛羅倫斯的例子。根據當地傳統，人們每年春天都會聚集到阿諾河的河岸舉辦慶典。對教會而言，這是為了慶祝耶穌升天節（Ascension Day），也就是傳說中耶穌進入天堂的日子；但在許多人看來，這天更重要的活動其實是「Festa del Grillo」，也就是「蟋蟀節」。有些學者認為這個節慶之所以出現在歷史上，是由於從前人們的生活與農民關係比現在更為緊密，原本的用意是要減少害蟲蟋蟀的數量，也有人認為這個節慶是來自古代的異教徒春季慶典。不論這個活動的起源是什麼，以往當地人都會帶著自己的蟋蟀前來，或是向小販購買那些在彩色木箱、藤箱或鐵籠裡唧叫的蟋蟀，但在一九九九年，佛羅倫斯的地方政府通過了一項「動物保護」法案，明文禁止銷售活體蟋蟀。如今，你只能買到會發出類似蟋蟀叫聲的電子小玩具。這是一種進步，還是離我們生物上的自我更加疏離的一步？要是對蟋蟀養殖者實施這樣的法律，會發生什麼事？

如果比榭洛米少一點天真、多留意一點現實面的謹慎，以周詳、系統化且遵循倫理的觀點看待，昆蟲飲食就不會只是有待科技解決的一句「為什麼不吃蟲？」從更為複雜的理解層次來看，昆蟲飲食面臨的倫理難題不僅涉及社會關係（人類的健康與幸福，包括生產者和消費者在內），也牽涉到生物網（昆蟲的動物福利，還有人蟲共存的生態系統之健康程度）。比起設法解決那些被富有遠見的技術人士拋諸腦後的各種社會和生態問題，或許我們該想想如何描述「我們想要的世界」，並且設計出能夠實現這個理想的技術做法。如果要討論非技術層面的問題，我們該如何重新界定昆蟲飲食這個議題？

關於這個主題，我想到的第一個問題是我對倫理和道德的混淆；這兩個詞在許多公共討論當中經常被人混用。我向加拿大貴湖大學的哲學教授凱倫．霍爾（Karen Houle）詢問如何區分這兩個詞，她說：「道德關係到我們對於正當行為所認定的標準。在傳統上，這些標準往往是以宗教理念界定，教導人們不可做什麼，應當做什麼。所以有道德的人符合兩個要件，其一是對於正當行為有一套規範標準，其二是遵循這套標準。」

在某些情況下，這些標準是絕對的。以我的父親為例，他認為只要殺人就是不對的，絕無例外。也就是說，他強烈反對所有戰爭，無論發動戰爭的原因有多正當，同時也反對死刑。以他的立場，寧可死在邪惡之人手上，也不能自己殺害對方。絕對的道德準則有時可以讓人心安，因為你確切知道在任何情況下都要奉行這套標準，至少理論上如此。但在許多情況下，這種絕對的道德觀點會產生令人苦惱的兩難；以我父親的立場來說，第二次世界大戰和流產議題就是這樣的兩難情況。就食用昆蟲而言，基於人類以往與昆蟲的關係如此複雜矛盾，保持絕對立場所帶來的問題恐怕不亞於它原本要解決的問題。像是阿爾伯特．史懷哲（Albert Schweitzer）抱持的理念「尊重生命」，就可以引申為堅決保護、養育及拯救所有昆蟲，包括你為了架設籬笆而挖洞時在土裡鑽動的蟲。[96]這真的**只是**對於殺生的厭惡嗎，或者不僅如此而已？這會不會是在抗拒自然世界、抗拒我們所生存的生態環境？如果不去撲滅傳播疾病的昆蟲，是否意味著坐視孩童死於瘧疾？

我詢問霍爾，倫理又該如何定義？她說：「倫理牽涉到如何應對某種龐大到無法理解、無法制定規則、也無法找到適用規則的處境……一個有倫理的人會認為在自己心中、在世界上、在生命中，有某種事物需要自己的重視、注意和所有的智慧。儘管有可能做不到，仍必須試著去做，會有一股不得不這麼做的感覺。人生來懂得重視某些事物，也能夠感受喜悅、痛苦並分辨這些感受在內心造成的差異，這就是倫理的根源。所以符合倫理的人生，是在沒有地圖指引下仍設法邁開步伐、小心踏實地前進，而且在過程中不違背你所重視的價值。你所知道的就是自己有腳、有感受，其他人或許也是如此，至少他們有自己的人生，而所有人的人生共同構成了我們身處的現實世界。人生很短暫，你是否會去重視、是否努力嘗試，某種程度上會影響你能不能過得好（也就是感到喜悅而非卑微或悲傷），還有其他美麗或怪異的事物能否順其自然發生。沒有倫理的人，就是麻木的人，他們不懂得憐憫或悲傷，這樣的人在他們自己的心中和已經死了沒有兩樣。」

法規反映了社會的期盼和理想，那是倫理上的道德典範。最好的科學技術可以將這些理想典範與法規結合，但其中的問題在於，我們要考量的是誰的理想典範？同時我也認為，人類發展的技術應該考量到我們所想要的世界是什麼樣子，可是「我們」是指誰？我們針對動物建立的道德準則深受文化背景影響，北美洲人會吃牛，但若在印度吃牛，可是會遭到私刑嚴懲。我一九九〇年代在尼泊爾工作時，別人告訴我說在當地吃水牛沒有道德問題，但不可以吃黃牛。我記得我和一位非常虔誠且富有道德感的同事聊起中國的菜市場上有人將貓狗關在籠子裡販賣，他似乎很意外這種行為居然有爭議。有人肚子餓，而那些狗就是養來吃的，這有什麼問題？

在〈「豬」儸紀公園：一個穿越時空的猶太教徒可以吃什麼？〉（Jurassic Pork: What Could a Jewish Time Traveler Eat?）這篇學術論文中，幾位作者針對所謂的「潔食古生物學」進行了探討。他們發現，答案不但會因你諮詢的宗教學者和譯者而有所不同，也與林奈分類法最新的發展有關。就研究結果看起來，蝗蟲和蟋蟀應該是符合猶太教規的潔食。這篇論文中並沒有把昆蟲感知痛苦的可能性列入考慮，也沒有提到博登海默那份認為聖經上的嗎哪可能是某種介殼蟲的研究。

這個「潔食」問題只是一個例子，說明衍生自宗教經典的道德規範常有的問題，因為這些經典本身就是倫理與道德衝突的特例。宗教與思想方面的專家和權威學者們，對於相關文獻與經典的意義或是作者的意圖一直無法達成共識，因此對於什麼才是正確的規範也就各執己見。每當人們嘗試將明明很簡單的倫理立場（親生命性、尊重生命或促進共同利益）落實在複雜多變的世界上，大眾的討論就會衍生出相互牴觸的規則和規範。對於這些問題，即使收集更多佐證也沒辦法解決。若是以為昆蟲飲食躋身二十一世紀都會的主流飲食就能避免這些衝突，那就是在作夢。星巴克草莓星冰樂使用胭脂蟲作為紅色色素之所以引發抗議，不僅是因為絕對素食主義者的反彈，也是因為宗教純正主義者的不滿。

因此，與其一下子就陷入各種文化性、政治性和宗教性道德準則的泥沼，我認為比較有用的方法是先緩一緩，好好分析這些規則背後的倫理因素。昆蟲飲食這個議題，只要有人刻意操作，就足以擾亂經濟與性別關係、政治、政策和法規。不僅如此，昆蟲飲食還挑戰著我們與生物世界的關係；而人類作為生物世界裡億萬物種的一份子，昆蟲飲食也讓我們自問身而為人究竟代表什麼？我們想成為什麼？在這樣的處境下，我們能認同更廣泛的倫理考量嗎？如果答案是可以，我們就能開始思考如何邁向昆蟲飲食才能同時符合生態利益和文化考量，又能讓人們配合各種不同的規範做法（也就是道德準則）。

有些人認為，我們對這種令人摸不清的倫理思想，或許可稱之為某些人所謂的愛。知名的昆蟲學家愛德華．威爾森提出了親生命性（biophilia），也就是說人生來就喜愛其他生命。當然，「愛」這個字眼本來就帶有一些負擔。像是《陌生人的需要》（*The Needs of Strangers*）（昆蟲對我們來說當然幾乎都是陌生人）一書裡面，作者邁克爾．伊格納季耶夫（Michael Ignatieff）就這麼寫著：「我們在生命中深切需要許多事物，尤以愛為最；但其中有很多事物並不會帶給我們快樂。如果我們需要這些事物，表示它們會牽涉到我們的存在本身，會在我們能夠容許的最大限度下掌握我們的本質，會讓我們重新了解自己與週遭他人，與自己和解，也與別人和解。」[97]

以筆名「吉米．哈利」（James Herriot）聞名的獸醫艾爾夫．懷特（Alf White），曾經「以親身經歷為靈感」寫出許多故事，其中至少有一本可以看出作者熱愛動物，尤其是狗。許多北美洲人會說自己愛狗、愛馬、愛貓，大家這麼說的時候並不會感到難為情，但我們有辦法說出自己愛昆蟲嗎？能夠坦然講出自己喜歡黑蠅、蚊子或臭蟲，而不使用任何模糊的比喻或暗示嗎？如果不採信平行宇宙這類幻想概念，我們能否創造出一套語彙，涵蓋費洛蒙、氣味、顏色、聲音、味道和磁場等隱然存在於我們周遭並將我們與其他生物連接在一起的生態語彙，甚至超越其範疇？

愛未必會帶來快樂這樣的概念，正好符合亨利・雷吉爾（Henry Regier）所提倡的生態系統研究與管理方式；雷吉爾曾獲頒加拿大勳章，為多倫多大學環境研究所榮譽教授。雷吉爾在討論如何為五大湖盆地制定保育計畫時提出，在綜合性的評估與管理當中，最重要的因素是愛。根據他對這個概念的闡釋，愛是一種複雜的現象，涵蓋並且勝過其他解析自然現象的系統性方法，例如熱力學、經濟學、生態學等等。[98]

傑弗瑞・洛克伍德和哈維・萊梅林（Harvey Lemelin）曾指出，我們對於昆蟲懷抱著一種又討厭又敬畏的矛盾感受，對於這種相忍共存的態度，洛克伍德稱之為「昆蟲冷感」。談到昆蟲和生態系統時，也許昆蟲冷感給人的「印象」就和雷吉爾所稱的愛還有威爾森所說的親生命性差不多。從五大湖盆地的管理措施到保育昆蟲棲地，威爾森和雷吉爾已經提供了幾個實際應用他們這些觀點的例子。

對我來說，最能夠表達我對自然世界（尤其是昆蟲）感受的字眼，就是「在乎」（care）；這個詞源自原始日耳曼語，其字源會令人聯想到惋惜、悲傷和懊悔，以及某種變相的愛。我在乎昆蟲，正如同我在乎所有動物，即使牠們可能會讓我感到困擾。昆蟲讓地球成為不同物種能夠共同居住的環境，雖然我因此不得不糾纏於與昆蟲有關的倫理問題。

在乎自然聽起來是個很好的出發點，可是一旦將親生命性的這些概念應用到生態系統中的昆蟲飲食，事情馬上就複雜了起來。對於無關乎昆蟲飲食的的其他人類與動物關係，我們已花費好幾個世紀的時間討論動物的知覺、情緒、福利和權利，還有人類在更普遍的層面上是否對昆蟲負有任何義務，而若是如此，這些義務的範疇又有多廣。人們在這些領域上的思想發展，對於我們如何管理及規範種種關於動物的事務有著重大影響，從牲畜養殖與研究到動物園和野生動物保育公園，無一例外。就科學分類來說，昆蟲屬於動物，那麼我們對於管理貓、狗、牛、豬等動物的思維以及為其設立的法規，也適用於可食昆蟲嗎？如果說適用，那是為什麼？又該如何實行？

如果我們在管理非節肢動物上的經驗可以作為借鏡，那麼在談到動物的痛苦時，相關法規就可以派上用場。如果動物有感知痛苦的能力，我們就會說人類必須負責，因此制定各種法律、頒布相關規範，但這是為什麼？為什麼造成動物的痛苦，就必然負有義務而必須加以管理？我和某些獸醫不同，我碰過一些怎麼樣都只能公事公辦、無法打從心裡喜愛的動物（昆蟲也包含在其中），就像威爾森、伊格納季耶夫和雷吉爾所說的那種心態，而這在大眾文化當中完全稱不上是愛。

因此，我要回過頭來討論「在乎」。即使我並不喜歡或喜愛某種動物，我依然在乎牠們。我打從心底不想造成其他動物或人的痛苦，因為我在乎。我會在最後一章談談我們**為什麼**會想去在乎這些，但現在我要先假設我們的確在乎，並接著討論這種在乎的心態代表什麼意義。

在我研究昆蟲飲食的過程中，很少有人明確談到倫理，甚至也少有人提及另一個相近的道德觀念：動物福利。不過，我先前討論蝗災時提到的洛克伍德是個例外；他是專業的昆蟲學家，現於美國懷俄明大學擔任自然科學與人文學教授。洛克伍德於一九八七年和一九八八年各發表了一篇文章，他提出昆蟲應該得到合乎道德的對待，因為有充足證據顯示昆蟲感覺得到痛苦，至少社會性昆蟲是感覺得到的。

洛克伍德表示：「有大量的實驗證據證實昆蟲會感到疼痛或是擁有痛覺。只要是能夠察覺得到的疼痛程度，昆蟲就會努力避免遭受痛苦，而且牠們的生命確實會受疼痛影響。不僅如此，作為有知覺的生物，昆蟲對於自己的生命是有未來規畫的（包括當下在內），而死亡則會破壞這些計畫。這樣的感知能力顯然是一種合乎倫理和科學的依據，證實我們應該從道德角度考量對待昆蟲的方式；加上先前的討論已經可以推知昆蟲擁有自我意識、規劃能力以及痛覺，我認為我們應該謹守最低限度的倫理規範：只要是在不影響我們自身健康或福利，或是只會造成些微影響的情況下，我們應當停止任何可想而知會造成昆蟲死亡或為其帶來嚴重痛苦的行為。」[99]

我有點懷疑洛克伍德對於昆蟲能夠感受痛苦的說法。然而，從二〇一三年以來的科學報告已有記載脊椎動物與昆蟲的「腦部」有許多相似之處。二〇一六年，《美國國家科學院院刊》（*Proceedings of the National Academy of Sciences*）刊登了〈昆蟲在知覺起源方面給我們的啟示〉（What Insects Can Tell Us about the Origins of Consciousness）。這篇報告的幾位作者聲稱「無脊椎動物在知覺研究領域中長期遭到忽視，」並且「現在我們該將無脊椎動物視為主觀經驗演化過程在科學與哲學上的重要模型。」[100]此外，由英國工程和自然科學研究委員會（Engineering and Physical Sciences Research Council）出資的「綠大腦計畫」（Green Brain Project）則宣稱，他們的研究「針對蜜蜂（*Apis mellifera*）認知能力進行最先進的神經生物學實驗，並將實驗獲得的資料與神經科學運算模型、學習與決策理論、新型平行運算方法以及機器人學結合運用。」[101]

既然我們能用昆蟲來研究人類知覺的演進，並打造出運算模型、機器人和無人機，我想昆蟲能夠感受痛苦這件事也不算太牽強。這會引導我們走向何方？洛克伍德的思路是正確的嗎？

我把洛克伍德的想法告訴霍爾，讓我驚訝的是，她對此並不意外。

也許這是正確的「道德做法」，但沒有人能夠真的照做，我告訴你為什麼。不將我們所觀察到（或是用什麼東西測量到）的現象認定為畏縮的表現、也就是單純的本能（感官意識），而是認定昆蟲確實能體驗到痛苦，這在概念上和實證經驗上都是一大躍進。如果你試圖做出這樣躍進的結論，別人就會認為你很愚蠢（要嘛是個差勁的科學家，不然就是一味投射自己的心理，又或者兩者皆是）。或者，你設法使用某種方式在受試對象身上測量腎上腺皮質素，而結果顯示「蟋蟀在時間為T5時感覺到痛苦」，那麼看完圖表上接下來的兩個資料點之後，你就會宣布：拔掉蟋蟀翅膀後牠們就不覺得痛苦了。問題出在哪裡呢？你必須假定更高的主觀性，才能讓昆蟲『進入』與人類知覺還有人類痛苦同樣的實證道德場域。這表示，我們必須假定（或者說證明）昆蟲擁有自我意識，並且牠們在一定的生活品質下長期追求這樣的自我。過去我們為了證明猩猩和大猩猩擁有這樣的自我意識，在設計實驗及實際執行上就碰到過不少困難。實證經驗的特權，讓人們認為理性的做法就是不斷懷疑實驗證據是否能夠作為『經驗』的證明。也就是說：如果你沒有這種程度的可信度和證據（也就是證明你擁有自我意識這種無形但終生存在的內在知覺），那麼當一顆石頭掉到你頭上時，你只會在被打到的那一刻感覺到疼痛，但你不會（明顯地）感到痛苦，因為你在一開始或事後回想時都不知道自己並不希望這件事情發生，只不過是一隻被壓扁的蟲子。

也就是說，歷來許多研究都致力於了解昆蟲、海豚、貓、老鼠和牛等動物內在的「感覺認知」究竟到達什麼程度。我們只能解讀症狀（血液測試顯示腎上腺皮質素增加、受試動物面部痛苦扭曲、發出尖叫），但即使如此，還是有很多人會說：喔，我們沒辦法確定這些是因為疼痛而產生的。但為了要聲稱質昆蟲會感到痛苦而認定牠們擁有次級人格，並進而支持洛克伍德的說法，這樣的正確性實在有待商榷。

霍爾說明，她尊重像洛克伍德這樣的科學家試圖達成的事情，也就是採取讓我們認為可愛貓咪具備道德地位的科學性實證條件，並且提出問題：同樣的道理可以適用在昆蟲身上嗎？但她也懷疑實證科學能否消弭這場論戰中的差距，能否帶來任何明確的結論。「你想想，」她對我說，「我甚至連你感覺到什麼都無法完全確定。這完全是自作聰明、肉體性的、在經驗上合乎數據的臆測，擺明是姑且信之地投入這件事情。而姑且信之（也就是不顧一切地相信）這一點，往往是事情開始惡化的開端。」

除了考量人類養殖及宰殺的動物所遭受的痛苦，也有一些人會認為自己是導致這些動物受苦的元兇之一，至少偶爾會這麼想。我們對此感到擔憂，劊子手會感到痛苦嗎？這種感受可以合理地被稱為是在「受苦」嗎？任何有道義的肉食人士、牲畜主人或屠宰場員工都知道，就像霍爾對我說的：「痛苦從來不是只限於那個對象或目標，而是會溢流、滲漏，感染存在於那個空間中的所有生物。生命是充滿孔隙的；生命會溢流。而人類的生命就是會牽扯到周圍所有的生物。女權主義式的關懷觀點會認為，我們都在同一條船上，所有人都應該關心彼此的身心健康，也有能力這麼做；跟隨我們的心聲，不要只用理性決策，這樣一來，我們就能體會到感受（同情），即使是對劊子手也能以本質看待：他們也是人類的一份子。」

我又想了想所謂「對人類健康或福利的些微影響」，如果吃蟲的理由是能夠餵養數百萬貧苦民眾、進而減輕他們所受的苦，並且避免地球發生災難，這樣的影響應該不能說是些微而已。事實上，這似乎稱得上是個不能輕忽的大漏洞，是造成痛苦的合理藉口，就像許多自認愛好和平的人仍認為某些戰爭是「師出有名」。當面臨取捨關頭時，人類飢荒的重要性不是總優先於蟋蟀福利嗎？一旦鑽了這個漏洞，我們好像就一點進展也沒有。而且，像史懷哲這樣的絕對主義者，即便沒有任何漏洞，難道就不會面臨理念上的兩難，還有被某些人視為荒唐的情況？

即使認知到人蟲關係面臨著尚未解決、而且可能無法解決的倫理困境，昆蟲飲食提倡者仍然有必要針對管理及宰殺這些小型六腳動物做出完善的決策，也「希望」能做到這一點。在某些情況下，一旦我們接受將某些動物作為食物，如何宰殺的問題就會顯得比較容易解決，無論這件事情有多容易牽動情緒。在非肉品相關從業人員的耳裡聽來，「人道屠宰」是個相當微妙的詞彙；這個詞長久以來在豬和牛等畜牧業中都衍生過不少論戰。罹患自閉症的知名動物科學家天寶．葛蘭汀（Temple Grandin）聲稱自己能夠從牛等動物的觀點看待世界，她和許多同行科學家的著作都提供了不少貢獻，儘可能減少家畜在運輸和屠宰過程中所受的苦。

許多昆蟲養殖者採取與葛蘭汀相同的做法，以人道的方式宰殺昆蟲。問題出在如何將疼痛減到最少，還有在我們所知的範圍內讓昆蟲少受一點苦。有人認為，煮熟對蟋蟀來說是最快速、最不痛的方法，但你要怎麼把一大堆蟋蟀放進鍋子裡？有些養殖者會使用乾冰，但又有人說昆蟲對於含氧量低的環境忍受度很高。那用冷凍的方式好了，可是有些昆蟲會在冷凍過程中感到痛苦。要不然，採用急速冷凍如何呢？我訪問過的昆蟲生產者當中，有很多人在乎他們養的昆蟲，不希望在牠們身上加諸疼痛和折磨（雖然不是所有人都重視這件事）。由於科學界對於昆蟲的痛感和痛苦還沒有肯定正確的知識，這些生產者會採取雙重保險的方式，先使用乾冰（可以殺死昆蟲，至少能讓牠們失去意識），接著再以烹煮或炙烤的方式處理（這樣可確保昆蟲都會被殺死）。

對於實行人道宰殺，有一些非純素主義者認為獵鹿的倫理問題不及宰牛來得嚴重，因為被獵捕的鹿是在生命的中途突然面臨死亡，除了運氣很差遭逢死劫的這天以外，牠們度過了美好的一生。我們不是都希望能在這樣的情況下告別人世嗎？對於昆蟲飲食提倡者來說，這樣的看法意味著支持採集而非養殖，也就是說，如果你在昆蟲的原生棲地用有效率的方式捕捉並了結牠們，這些昆蟲就可說是「快快樂樂的死去」。

然而，一旦對這種「合乎倫理的捕捉方式」所捕獲昆蟲的消費需求增加，這個問題的本質就會改變，因為會有數百萬人踏入森林、草地和沼澤區去捕捉昆蟲。在人口過多的吃蟲世界，昆蟲採集可能會導致其他數百萬個體和物種因為棲地遭到破壞而死亡，並且／或是讓無法食用或「不受歡迎」的昆蟲也連帶被捕蟲網捕獲。在漁業上，這種情況被委婉地稱為「混獲」，在戰爭中則稱為「附帶損害」。我們的自我感覺或許會比較好，但在解決地區性、個人性的問題上，我們恐怕會留下更多負面的倫理影響。

看到牛、狗或是馬受苦的時候，我們會感到不忍，這種情況顯然表示有什麼地方不符合倫理。像電影《老黃狗》（*Old Yeller*）或比較近期的紐西蘭冒險電影《神鬼嚎野人》（*Hunt for the Wilderpeople*），當我們看到片中的狗被槍射死時會覺得難受，即使我們某種程度上知道這是為了結束狗兒的痛苦，是「正確」的事情。這是許多獸醫在為受傷動物脫離苦難時都會面臨的掙扎，他們會感到不忍，但仍然要結束動物的生命，因為他們的目的是要盡可能將痛苦和折磨減到最少。

對大部分人來說，殺死昆蟲似乎不太會引起這種難受的感覺，尤其是當殺蟲的動作結束得很快、而且不是發生在眼前的時候。我們缺乏對昆蟲感同身受的想像力，牠們實在太像「異類」。如果我連想像變成另一個人是什麼感覺都辦不到，我怎麼有辦法想像自己若是隻蟋蟀會是什麼樣子？那種難受的感覺，是在昆蟲出現在盤子上的時候才會浮現。然而，人們對於沙拉裡的昆蟲感到難受的這種情緒，從昆蟲飲食的文宣上看來並非倫理問題，而是一種歐洲文化的偏見，必須透過更有效的廣告加以消除。

但這會不會是更深層的問題？會不會是一種告訴你有什麼不太對勁的直覺？會不會是因為生在彷彿非得一命換一命的世界，而感覺到一種令人不安的兩難？我認為，任何事情都值得一問。

除了受苦和不忍之外，另一個倫理考量的標準則是關於我們如何衡量昆蟲的生命。在昆蟲飲食提倡者眼中，昆蟲的價值大多關係到牠們對於生態的貢獻、牠們作為食物的功用，以及牠們傳播疾病的可能性。但我們生命中重視的許多事物，像是朋友、家人、藝術、音樂等等，都與這類可量化的結果無關。在許多情況下，我們會重視稀有動物或是某方面被認為很吸引人的動物，也就是所謂的「富有魅力的巨型動物群」（charismatic megafauna），比方說獅子和貓熊。只要是能吸引人的昆蟲，就會讓我們的倫理意識油然而生。但就昆蟲來說，怎麼樣才算是能夠吸引人？

在某些情況下，人們會因為宗教或精神上的關聯而認為某些事物富有魅力。像是阿爾布雷希特·杜勒（Albrecht Dürer）在一五〇四年的畫作《三賢士來朝》（*Adoration of the Magi*）裡就畫了鍬形蟲，因為鍬形蟲與耶穌有關。其他情況則可能涉及經濟價值、賞玩價值和美麗外貌。日本每年進口超過一百萬隻、大約七百種的鍬形蟲，作為寵物和展示用途，有些價格可高達美金五千元。二〇〇四年的第二十一屆日本獨角仙相撲大賽吸引了超過三百名參賽者；在二〇〇一年，光是進口到日本的獨角仙和鍬形蟲紀錄數量就達到了六十八萬，來自二十五個不同國家。有些昆蟲學家甚至認為，鍬形蟲種類最豐富多樣的地方就是日本的寵物店。

在其他情況下，也有一些審美觀點是無關商業或宗教色彩的，像是「意想不到的昆蟲之美」[102]和「貝里斯的美麗昆蟲」[103]這兩個圖片網站。甚至有些科學家也曾對自己的觀察對象表示嘆服。霍德伯勒和威爾森二〇〇九年出版合著《超個體》（*The Super-Organism*），副標題是「昆蟲社會的美麗、優雅與怪誕」。蜜蜂特別容易因為與宗教無關的原因被人視之為美麗的生物。很多地方的人會吃蜜蜂或其他蜂類的成蜂和幼蟲，但在歐洲和北美地區，昆蟲飲食提倡者卻大多避免鼓勵人們食用蜜蜂，因為這就像是在新德里提倡吃牛肉，或是在多倫多將貓狗做成料理。我們**喜愛**蜜蜂，牠們是菩薩的化身、是民主的動物，而且是重要的授粉者。像是在荷蘭出版的《昆蟲食譜》一書，雖然將蜜蜂列為**可以**食用的昆蟲，但實際食譜內容卻只有將蜜蜂當作杏仁膏的裝飾而已。

總之，在如何對待昆蟲的倫理考量問題上，我們已經知道牠們有可能會感受到痛苦。我們對於美醜和價值有著各式各樣截然不同的看法，對於在乎的認知也相當複雜。而且，一旦將倫理問題從我們手中的蚱蜢升高到族群、物種，以及多元物種社群和地景所構成的動態網狀關係，我們就面臨到所謂的「契約」或「條約」。

霍爾的說法是這樣：

> 數百年來，我們和許多動物建立契約，包括明示性的（我們已經彼此適應）和暗示性的：你是我的寵物，請到我家來，我會好好照顧你。你不能因為肚子餓就打破承諾、吃掉你的朋友……為了生活在社會上，為了融入這個社會，我們發現自己身在各種各樣的協定之中。君子協定（誰先把車停在共用的車道上）、正式協定（我繳稅，政府要退還溢繳的金額）、非正式協定（我丟我的垃圾、你丟你的；去參加每個人都要準備一道菜的聚餐時，不可以什麼都沒帶）、自然協定（不要往井裡面便溺或是在隱僻處大小便，我的狗認得那個地方）；法律承諾（在我出生前，我的父母承諾彼此至死不渝，我是這個承諾的關係人）。
>
> 有時我覺得倫理不過就是弄清楚人際之間的契約之網，並且依照我們認為夠實踐這些契約的正確方式行事（就算我們認為正確的方式是完全拒絕遵從也一樣）。至於蜜蜂，牠們一向克盡己職、孜孜不倦。蜜蜂帶給我們的好處可說是數也數不盡。有些人是直接介入蜜蜂的生活，好從中獲益，像是養蜂人；有些人更重視杏仁公司的收益，但深

知這些獲利都是仰賴蜜蜂，像超大型的養蜂企業便是如此；還有一些人在為經濟作物噴灑藥劑的時候完全沒有考慮到蜜蜂，例如殺蟲劑和除草劑公司。蜜蜂減少了。如果我們將人與蜜蜂的關係視為一種雙方承認、互不干涉的契約，那會是如何？恐怕幫助不大。也許蜜蜂更需要的是支援，比方說放置飲水、建造遮蔽處等。如果所有人都將蜜蜂看作雙邊貿易協定的對象（而且我們雙方的存亡都仰賴確實執行這份協定），那也許我們真的能夠有所改變！[104]

二〇一五年的一份研究計畫結果顯示，螞蟻每年為紐約街頭清理掉大量的有機廢棄物，總量相當於六萬條熱狗。在這其中，有很多螞蟻都被認為是來自歐洲的入侵物種。所以我們有個契約：只要你會清除垃圾，你就可以住在這裡。這件事情的本質算不算貿易協定？

我這說法讓霍爾笑了。

拜託，不是這樣。別這麼急著把那套『市場模式』搬出來！我們在心理健康上也需要牠們，否則我們會完全失控。動物對我們而言，一方面是異類，但同時也是與我們息息相關的鄰居、是與我們共同居住在地球上的生物，牠們可以讓我們了解如何成為更好的人……這可能不適用於蛇、虎頭蜂、臭蟲和蠓就是了。雖然這可以讓我們確定鏡像階段（mirror phase）確實會發揮相互影響的作用（無論是否正式），但只適用於某些生物。這樣的影響是雙向的嗎？這是我一直在思考的問題。就這樣的倫理關係來說，這個影響必須是雙向的嗎？要說是也對，要說不是也對。我們替那些無法自行承諾或理解承諾的生物，擅自立下了承諾……這個概念的另一個考量在於，所有動物傷害我們的可能性，都比不上被我們傷害的可能性。也許這個契約本身（一個權力不平衡關係）的規定，就是不能利用弱勢方的處境加以剝削，研發出將牠們入菜的食譜（因為牠們無法反過來對我們這麼做）。

倫理學的各種學說理論都有一個通則，那就是剝削弱者是錯的。假如你是個士兵，你在看守一名犯人，相對於你，對方是百分之百弱勢的。如果你因此對他做出任何事情（像是強暴、嘲弄、毆打），這就會成為你的汙點。無論弱者是孩童、是孩童手中的昆蟲、還是在要被抽乾蓋成住房的沼澤裡生活的蚯蚓，在某個情況下都是單方面受影響的對象。只為了某一方的目的而使他人受到影響是錯誤的，無論有多微小。

但如果所謂的目的是永續糧食供應或減少飢荒這類一點也不微小的事情呢？

如果我們不看個體動物遭受的痛苦，先考慮牠作為一個小小成員所屬的整個生態系統，我們就會面臨完全不同的問題。支持食用昆蟲最有力的主張之一，就是昆蟲的生態足跡比傳統牲畜來得少、飼育所需的資源也沒那麼多，而且牠們製造的溫室氣體也比較少。但是以昆蟲養殖業來說，這要看你拿什麼來餵食昆蟲。像卑詩省的安特拉飼料公司那樣用廚餘來餵食是一種情況，但如果你要像養雞一樣調整飼料配方比例，可能就會造成比較多的問題。

「不浪費，不愁缺」這句格言的精神，出現在所有的昆蟲飲食文獻、永續發展文獻，還有因應不景氣年代的生活智慧等等的那些著作中。效率已經變成了人類社會追求的一個理想目標，某種程度上我也深受吸引。這也是我認為大肚豬在峇里島是理想食物的原因；大肚豬是腐食性動物，而且只要殺一頭豬就足以讓全家人吃上一頓大餐。但如果你把大肚豬養在北美洲當成寵物，這個論點就失效了，這也是我為什麼覺得這樣養豬對牠們是一種委屈和不尊重。不過，我還是擔心這類不浪費行為是否合乎倫理的標準，因為這個標準往往會被扭曲解讀，變成現在我認為大有問題的農業系統模式：我們能不能提高雞隻的飼料換肉率？可以，只要餵雞吃低劑量的抗生素就好了。我們能不能讓牛生長得更有效率，並且減少屠宰過程的浪費？可以，只要把人們不喜歡吃的牛內臟和其他殘渣拿來餵食小牛，當成小牛的蛋白質補充品就可以了。這種一味追求效率並避免浪費的野心，很容易演變成重視短期利益勝於一切的觀念，甚至勝過那些不幸的「副作用」，像是狂牛症和廣泛出現的抗生素抗藥性。

「浪費」或「過度消費」的門檻，對於每種情況、每座湖泊、每個物種、每個人口族群都有所不同。哲學家約翰．洛克（John Locke）曾指出，在大自然和四季的運作機制下，環境的生產量、生產所需的勞動（付出與收穫）以及每個家庭能夠取用的資源都有限制。理想上，這過程會形成一種平衡：付出、收穫、等待下個季節來到、保持足夠的耕種土壤、留著種子不要吃掉等等。這樣的機制中，存在著心懷未來的美好願景。據說西伯利亞某些民族寧可挨餓，也不願吃掉貯藏的種子，那麼做就等同是吃掉了未來。

但洛克也指出，金錢徹底扭轉了這套機制，因為你收成的量可能比你自己一季所需或能吃完的量多十倍，但若賣出去，技術上你就不算是『浪費』。就算你銷售的對象讓這些東西放著腐壞，那也已經不是你的問題了。資本市場將很多壓力加諸在生產端：養殖魚類、製造溫室氣體、在非產季時收成茄子、過度耕作土壤……我們幾乎不會考慮到那些自然限制。

因此，如果為了減少農糧體系中的浪費而將昆蟲當成食物和飼料，雖然目標值得讚揚，但若在現行體系下利用昆蟲，必須對目前產生浪費以及倫理問題的生態社群環境有更廣泛且深入的了解，才能形成制約。

已故的系統設計工程師兼生態學家詹姆斯・凱（James Kay）認為，我們這個世界的複雜性總是會帶來不確定與取捨。問題在於，我們不確定要衡量取捨的究竟是什麼。無論我們吃什麼、做什麼，都需要代價。我們光是存在，就必須承擔讓許多昆蟲、細菌、動物和植物死亡的責任。即使我們過起採集生活、吃起「野味」，也還是可能有過度採集的問題，而且破壞性可能更勝於農牧養殖。就算不直接食用動物，我們也生活在牠們棲身的空間中，吃著牠們要吃的食物。當然，我們也為其他生物提供了生存空間，像是我們的腸道、建造的住房，以及死後腐朽的身軀。

像伊托摩農場這樣的昆蟲養殖者，碰到水與能源用量、疾病管制、飼料換肉率、幫蟋蟀保持舒適與「心情愉快」以及確保自己的人類家庭能吃飽住暖等問題時，也會面臨取捨。澳洲恩斯班蜂蜜農場的馬修・瓦特納－托斯（Matthew Waltner-Toews）說，他的養蜂模式可說是蜜蜂中心式，也就是以蜜蜂的利益為最優先，有別於他看到更多人採用的人類中心式養殖方式。但即使做了這樣的選擇，他仍然要面對各種取捨。他選擇用瓦黑蜂箱（Warré hive），但他同時也在考慮某些最新的創新養蜂方式，像是大肆宣傳的自流式蜂箱（Flow™ Hive），還有用保麗龍做的蜂箱。無論使用哪種蜂箱都意味著不同考量之間的取捨，包括養蜂人的便利性（便於取蜜、蜂巢中已設有塑膠蜂房）、蜜蜂的舒適度（隔熱值、用蜂蠟自行建造蜂房的自由），以及對養蜂人和其後代所居環境的長遠影響（例如蜂巢是否可回收）。

這些都是我從倫理學與昆蟲飲食的探討之中衍生出來的議題。我們將必須考慮受苦、價值、情境、美、弱者、持續存在的多邊承諾以及取捨。我鑽研這些問題許久，最終發現無法找出任何確切的解答、無法將倫理問題提升為道德準則，使得我開始思考這究竟是不是癥結所在。

困難之處在於，如果要將倫理原則應用在對待和食用昆蟲的方式上，必須明確表達出原則和準則，並且承認現實以及活在這個複雜世界上的不確定性。如果有隻動物受到我們的照顧，而且容易受到傷害，我們會希望儘可能避免造成牠的疼痛或讓牠受苦。我們有原則，而且我們重視原則，但我們必須確保自己不要陷於黑白分明的道德準則之中，那會變成一種讓我們自己免除責任的方式。我們無法在不傷及其他動物性命的情況下生活，無論是在路上踩到牠們、吃掉牠們原本賴以維生的植物，還是直接或無意中吃掉牠們。我們與其他生物之間的條約是以各種不同的語言形式交織建構，涵蓋費洛蒙、視覺和聽覺構成的對話。人類與昆蟲在倫理上的互動關係充滿了尚未解決、而且可能無法解決的問題。這個領域沒有十誡可循，我們只能謹慎小心、不斷提問，並且為我們的行為負責。

## 一點點幫助

# 昆蟲飲食的管理法規

**你說你找到了真正的解決辦法／**

**喔你知道，我們都想看看那個計畫**

---

＊標題取自披頭四歌名〈朋友的一點點幫助〉（With A Little Help From My Friends）

＊副標取自披頭四歌曲〈革命〉（Revolution）歌詞：

「你說你想來場革命，嗯，你知道的，我們都想要改造這個世界」

（You say you want a revolution, well, you know, We all want to change the world.）

我岳母是在中國長大的，她曾經說：「鎖是用來防君子的，不防小人。」這句話也適用在法規和貿易協定上。如果人們採行昆蟲飲食是因為渴望與其他物種建立符合倫理的互動關係，而且想追求更和諧融洽、更能讓地球永續發展的生存方式，那麼政策和法規就如同婚前協議書一樣，能為這場充滿希望的戀愛制定形式和保護措施；政策和法規，就是門上的鎖。

對於吃蟲的營養價值評估，我們已經有一些科學佐證，不過對於食品安全的議題卻還缺乏充分研究。事實上，我們自認已經掌握的食安資訊，往往是用其他種類的動物加以類比和推論。有很多問題是屬於昆蟲和特定地區專有，也有少數問題是普遍性的。就目前來說，對於「食用昆蟲在食品安全上有什麼樣的風險？」「最適合管理這些問題的方式是什麼？」這些問題，我們所能得到的回答只有「不確定」以及「沒有『一體適用』的答案」。

在這樣的情況下，我們可以提出一些值得昆蟲飲食提倡者好好考慮的問題。某些與食物相關的疾病是來自於食物本身，比方說過去曾經有人因吃蟲引起過敏反應，也有人同時吃了昆蟲和分類上較接近的動物（包括貝類）而引發交互作用。但人類能否為節肢動物找出一體適用的食安規則，仍是我們無法確定的問題。根據其他類型的食物過敏來看，我們可以知道過敏牽涉到基因、過敏原接觸率、接觸年齡以及各種環境因子，這些影響因素之間有著相當複雜的關係。相較於歐洲都市化地區，亞洲國家人民比較常出現對貝類過敏的情況（貝類是亞洲常見的食物），對花生和其他堅果過敏的情況則比較少見（亞洲人較少攝取這類食物）。中國每年大約有超過一千個因為吃蠶蛹導致過敏的病例，不過這個數據可能也是受到中國的人口規模還有接觸蠶的比例高於其他國家所影響。

工業化學物質或重金屬的殘留物一旦進入食物中，幾乎就不可能去除。就這點而言，這些物質和過敏原相當類似，也就是已經成為食物本身固有的物質。如果避免食物過敏最好的辦法就是完全不吃某一類的食物，那麼對於金屬和殺蟲劑帶來的危害，最好的處理方式就是預防這些物質進入食物鏈。在討論到昆蟲時，這方面的顧慮意味著從採集走向養殖的趨勢。夏綠蒂・珮恩和她的同事研究南非市場上銷售的天蠶蛾幼蟲，發現其中的鹽分和錳含量令人擔心；其他研究人員則發現某些毛蟲體內的銅、鎘和鋅濃度有提高的現象。這個世紀初有人分析從墨西哥瓦哈卡（Oaxaca）出口到南加州的草蜢（蚱蜢），結果發現其中的鉛濃度比美國食品藥物管理局（FDA）規定的安全含量多出三百倍。經過研究調查發現，瓦哈卡從土壤、植物到野生蚱蜢，都普遍受到附近的尾礦汙染。然而，草蜢最主要的鉛污染來源卻是採用鉛釉製成的「chirmolera」，那是一種用來研磨香料的小碗。

食品安全議題涉及許多背景脈絡，想要保障食物的安全和品質，我們必須針對不同的昆蟲釐清專屬於牠們的問題。牠們是在哪裡成長、在哪裡進行加工處理，而相關的生態、社會和經濟條件又是如何？南非的天蠶蛾幼蟲與安大略省的蟋蟀，就像泰國的雞與瑞士的牛那樣截然不同。

如同我在本書中提過的，某些昆蟲在未經處理的情況下無法供人食用，像是椿象、糞金龜和天蠶蛾幼蟲等等；有的是因為牠們所吃的東西，有的則是因為牠們的身體會製造毒素。因此，這些昆蟲在拿來食用前必須經過妥善處理。在非洲某些地區，以木薯和蠶寶寶為主食可能會讓人罹患硫胺素缺乏症，因為木薯含有氰甙化合物），但蠶寶寶無法提供解除氰甙化合物毒性所需的含硫胺基酸；採用這種飲食方式的人往往患有嚴重的共濟失調症候群。

從細菌學的角度來看，養殖昆蟲應該與其他牲畜的風險概況相似，但這個說法是類比推論，缺乏足夠的研究支持。雖然就不同的養殖動物而言，造成食物腐敗和致病的細菌各有不同，但其他牲畜的風險管理方式對於昆蟲有時也同樣有效。汙染昆蟲的大部分細菌和病毒都可藉由煮沸加以摧毀，只不過孢子形態的細菌仍有可能進入生產系統中。瓦赫寧恩大學的食品科學研究團隊已發現，將麵包蟲幼蟲烤過並磨成粉，與麵粉、水混合後再經過乳酸發酵，可以抑制細菌汙染並延長麵包蟲粉的保存期限。如果將天蠶蛾幼蟲除去內臟並且曬乾，保存期限可以增加將近一年；但如果沒有曬乾並妥善保存，那就很容易受到菌類侵襲，某些菌類還會產生有致癌性的黃麴毒素。

對於昆蟲飲食的食品安全議題，我們該如何推動進步？在大多數情況下，我們必須針對各種不同的昆蟲找出安全的料理和食用方式。在其他（非昆蟲的）食品產業中，製造者和加工者發展出「危害分析重要管制點」（Hazard Analysis Critical Control Point，簡稱HACCP）計畫。HACCP計畫包括在從農場到餐桌的過程當中找出食物可能產生危害的任何時間點，並採取必要程序控管或消除這些危害。舉例來說，活體蟋蟀可能會遭到鋪墊碎屑、鳥類、工作人員和訪客帶有的細菌汙染，但如果建築物十分嚴密，訪客也受到管制，那麼風險就可以降到最低；而且如果蟋蟀在上市之前經過烹調，基本上就能消除因細菌引起危害的所有可能風險。

這類計畫必須仰賴某種監控系統來偵測可能出現的汙染物。有些公司打算使用電子感應器來偵測細菌和有毒物質，也有些公司把腦筋動到昆蟲本身；美國和英國已有科學家訓練蜜蜂和胡蜂偵測外觀不易識別的地雷、爆裂物、食品毒素、植物異味和果蠅侵襲。有研究者發現，寄生性的側溝繭蜂（*Microplitis croceipes*）對於揮發性化學物質的敏感度是電子鼻感測器的十倍。[105] 此外，也有人致力研究以菌類為食的甲蟲，以便了解是否能將這類甲蟲用於偵測食物中的致病真菌。

對於目前尚未商品化的可食昆蟲，也就是在「非正式經濟」下養殖、銷售或被人食用的昆蟲，我們應該將那些嫻熟於採集和料理這類昆蟲的人當成參考經驗的對象。如果這些昆蟲本身具有毒性，但可以透過某些料理方式解毒，那就一定要經過這類處理程序才能讓人食用。此外，就如同昆蟲學家嚴慶棣所強調的：「傳統社會為了讓不可食昆蟲變得可供食用所發展出來的方法，是其重要的智慧財產。」

我在前面曾經提到，二〇〇八年時米露・德瓦拉在她所開的餐廳以「試水溫」的漸進方式推出含有蟋蟀的菜色。前面所說的是顧客反應，但餐廳稽查單位也發揮了影響力。德瓦拉在談到餐廳推出含有調味烤蟋蟀的印度煎餅時，回想當時的情況：「那天晚上我們忙著製作客人點的二十幾份餐點，一切都很好，直到不曉得哪位記者向溫哥華衛生單位投訴。我們一直忙著研發新菜色，忽略了要向主管機關報備，這件事完全是我們自己的錯。」

蟋蟀煎餅因此暫停供應，衛生單位為兩隻[106]尚未烹煮的蟋蟀檢測了細菌含量（這些蟋蟀就和任何生肉一樣有細菌），接著反覆進行了好一陣子禮貌客氣的溝通，衛生單位還指示廚師如何清潔及料理生的昆蟲，蟋蟀煎餅才得以重回菜單上，一直到二〇一一年秋天才又再次停止供應。德瓦拉在二〇一五年受訪時表示，她有計畫再次推出昆蟲料理，但在顧客普遍接受之前只能以低調的方式推廣。

如果加拿大和澳洲的餐飲食品業者都只能低調地銷售自己的商品，避免驚擾顧客以及容易受負面評價影響的衛生單位，那麼歐洲的昆蟲飲食提倡者所面臨的挑戰就更複雜了。而且其中有些最為嚴峻的難題，是源自看似毫無關聯的一連串歷史事件。

歐洲在一九九四年爆發狂牛症，歐盟執行委員會因此禁止使用來自哺乳動物的加工動物蛋白（PAP）餵食牛隻、綿羊和山羊。加工動物蛋白主要來自屠宰場的動物內臟和其他「廢棄物」，過去一向被添加到飼料中，用來餵食尚未發育好瘤胃的幼齡反芻動物，直到牠們有能力消化乾草為止。這種補充性的蛋白質可讓幼獸成長得更快，長期下來就能達到節省飼料的作用。在狂牛症爆發前，屠宰場這種廢物利用的做法似乎是產業生態學最具生產效益的表現。

但科學家發現牛腦海綿狀病變（BSE）以及與其相關的傳染性海綿狀腦病（TSE）疫情，是因為染病動物（尤其是其神經組織）被製成肉品提供給其他動物食用而爆發傳染，因此禁止使用加工動物蛋白顯然是防止疾病傳播的合理對策。

二〇〇一年一月，由於歐盟執行委員會擔心家畜飼料和貓狗等其他非反芻動物的飼料之間發生交叉汙染，PAP的使用禁令範圍擴大到所有養殖動物，只有魚粉未在遭禁之列。沒有人考慮到昆蟲。相關單位擔心的是更重大的議題，像是大量撲殺牛隻、貿易壁壘、農民自殺事件等等；他們勢必得採取行動並且讓大眾看到他們的處置，這些措施必須要果斷迅速，卻不見得周詳嚴謹。

二〇一五年十月時，大部分的歐盟成員國仍然明令禁止將昆蟲作為食物販售，但據說並沒有「明確」的監管措施。在法規模糊不清的情況下，各地仍有許多關於超市銷售昆蟲食品的傳言，包括荷蘭（有昆蟲漢堡和炸物零嘴）、比利時（黑菌蟲幼蟲漢堡）以及英國（袋裝販售的麵包蟲、蟋蟀和蚱蜢）。全球連鎖店鋪當中歷史第二悠久的丹麥連鎖零售商店伊爾瑪（Irma），在二〇一五年三月宣布要開始販售食用昆蟲，但這些昆蟲商品卻在上架兩天後就停售了。伊爾瑪發言人馬丁・韓森（Martin Hansen）接受當地電台訪問時表示：「這些商品下架的原因，是主管機關對於銷售這種產品有不同的看法。」

二〇一五年八月時我在巴黎聽到傳言，說義大利某些地區的主管機關已要求一家超市將昆蟲商品下架，但我無法斷定這是舊聞（二〇一二年海關就曾拒絕讓一批從南韓運來的蠶入境），還是一波新的事件。這個消息從義大利傳出後還有人出來說明，歐盟市場正式許可的昆蟲產品只有蜂蜜、蜂王乳、蜂膠以及用胭脂蟲製成的紅色染料。

義大利薩丁尼亞島民的傳統「美食」卡蘇馬蘇乳酪，就是讓鎧氏酪蠅（*Piophila casei*）的蛆蟲在綿羊奶製成的佩克里諾乳酪（pecorino）上爬來爬去，德國的蟎蟲乳酪「Milbenkäse」也是將蟎蟲放入綿羊或山羊奶製成的乳酪中，藉此增添風味；這類食品都算是遊走在法規的「灰色地帶」，只有在某些司法管轄區內是合法的。

二〇一四年，比利時食品安全局大膽跳脫官僚主義的窠臼，公布了通過審核可供人安心食用的十種昆蟲。二〇一五年，比利時更聲明將昆蟲作為人類攝取蛋白質的替代來源「相當具有發展潛力」，並承認部分歐盟地區已經默默容許昆蟲養殖與行銷。

狂牛症爆發後的食品禁令，讓安托萬・聿貝赫和歐洲昆蟲生產商協會遭受到嚴重的挫折。這些禁令意味著，儘管因賽克公司可以主張他們的事業兼具生態和經濟效益，也符合聯合國糧農組織所鼓勵的發展方向，法律卻不容許他們將研究結果和試做商品實際應用在商業生產上。對於安特拉公司利用這個情勢化為自己的優勢，聿貝赫感到又驚訝又生氣，不過因賽克本身跨足寵物食品並與新加坡等地其他公司合資的做法，也同樣展現了商業上的運籌智謀。

從以前到現在，農糧體系中的龍頭公司譴責政府立法規範並嘗試阻撓的情形所在多有。但就我們這些花費數十年研究全球食源性疾病疫情的學者看來，這些法律規範往往是訂得太少、來得太遲、管得太瑣碎，而且過於信賴這些公司的花言巧語；再怎麼說，這些公司存在的原因並不是「供應糧食」，在這層表象之下，他們真正的目的還是為企業主和股東賺取利益。

我不是要將因賽克、安特拉和伊托摩這些公司與泰森食品（Tyson）、嘉吉（Carghill）以及麥當勞等大公司畫上等號，但在將某種商品劃入食物這個重大類別而立法規範時，謹慎並不是壞事。

歐洲昆蟲生產商協會的成員只是希望能有明確的法令和公平競爭的環境，確立規則，讓從生態出發的改革技術能夠進入市場。大多數在食用昆蟲業界工作的人都會同意艾夫頓．哈洛倫（Afton Halloran）和他研究同仁的觀點。哈洛倫等人英勇地深入食用昆蟲法規這片混沌叢林中一探究竟，不畏裡頭那些一碰到就會殺死你腦細胞的心智寄生蟲（雖然沒辦法證明，但我很確定裡面有這種東西）；這些研究者安然歸來後（他們一定是有對付心智寄生蟲的疫苗才能毫髮無傷地回來講述自己的經歷），提出了這樣的主張：「食用昆蟲產業最大的發展阻礙，就是沒有全面性的法規將昆蟲作為食物和動物飼料的生產、使用和貿易都納入規範。」

這個論述在我看來相當合理。歐盟的法規是在恐慌情勢下倉促立法，不盡然是出於理智思考，至少現在回顧起來，多少有矯枉過正之虞。平心而論，跨領域、跨學科的綜合性大規模同儕審查機制目前還在初步發展階段，希里維奧．范多維茲（Silvio Funtowicz）和傑瑞．拉維茨（Jerry Ravetz）將這種研究方式稱為後常態科學（post-normal science，簡稱 P N S）。拉維茨和范多維茲認為，需要後常態科學的情況是「不確定事實為何、價值飽受爭議、影響廣大且急需決策」，這些都符合狂牛症爆發感染時的情況。

不論大家對原本的決策有什麼看法，農民都必須接受這些規定，昆蟲養殖者自然也不例外，現在的問題在於未來該怎麼做。在深入探討這個議題之前，我認為我們應該先考慮為什麼法規有存在的必要。法規關係到我們所謂理想社會的核心，盧梭（Jean-Jacques Rousseau）稱之為社會契約，也就是公民為了滿足需求而共同限制自己的欲望。就食用昆蟲而言，法規之所以必須存在的原因是：如果農民透過某種體系將產品分送到特定地區、國家甚至全世界，這些地方的人們在與親友坐下來共進餐點時，勢必要有某種程度的保證，好確定這些食物不會害死他們，也確定養出這些食物的土地和農民世世代代都能得到適當的照顧。對土地和農民的照顧包括給予農民應有的工資、保障動物獲得合理的對待，以及確保農民為我們養殖或種植的動植物免於感染疾病。

如果生產這些東西的農民跟我住在同一條街上，或者他們是透過當地商店銷售產品，我就可以直接檢查對方農場的情況，用這種方式取得保障。這樣的當地產銷體系是建立在信任（還有我們自己時刻保持警惕）之上。相較之下，全球化的產銷體系雖然也是以信任為基礎，但某些企業領導者儘管在商業經營上精明練達，對生態問題卻顯得愚昧無知，出現多次背叛消費者信賴的前例，因此這樣的信任必須透過法規的形式清楚彰顯出來。

當糧食體系的某些部分快速拓展時，會有各式各樣的人參與其中，也會有投機份子想從中快速獲利。不論是漢堡、沙拉、被當作營養食品的杏仁，還是被視為精益蛋白質攝取來源的雞肉，這些食品在商機爆炸性成長之餘，也伴隨著細菌性或病毒性的傳染病，像是大腸桿菌、沙門氏菌和禽流感。我們沒道理認為昆蟲不會散布疾病；實際上，目前與昆蟲有關的國際和國內法規都著重在找出昆蟲傳播疾病的方式以及如何防範，這點對於鼓勵人們食用昆蟲構成了嚴重的阻礙。

我有位朋友經營露天咖啡館兼麵包坊，不時有公共衛生稽查人員前去檢查，對廚房裡的幾隻蒼蠅表示疑慮。如果牠們降落在披薩上怎麼辦？牠們當然會一起被烤熟，儘管在外觀上不太討喜，但也不會對公共衛生構成嚴重危害。但如果披薩上面的餡料就是昆蟲呢？這對我們過去數十年來辛辛苦苦建立的公共衛生與食品安全標準規定會有什麼影響？

農業與食品的管理法規起源於農業、衛生和食品安全的提倡者，但這些團體之間很少互相交流。而且這類法規中不僅有適用於特定地區、特定區域的規定，也包含涉及全球的法規，因此法規監管的落實情形用有點混亂來形容都還算是輕描淡寫。

二〇一五年八月十日，也就是我在巴黎的Le Festin Nu品嘗那些幼蟲和蝗蟲的隔天，我走了幾公里的路來到世界動物衛生組織的辦公室。我和副執行長布萊恩·埃文斯（Brian Evans）約好在這裡見面，他曾任加拿大首席獸醫官。一直以來，世界動物衛生組織投入大量資源致力於防治或根除對動物有害的疾病和害蟲，但這些動物並不包括昆蟲。就他們的觀點而言，昆蟲往往被視為問題本身，而非問題的解決之道。由於某些會員國已經開始進行國際昆蟲貿易，我想問問埃文斯，除了害蟲和疾病媒介以外，該組織是否已開始重視昆蟲做為食用動物的價值。他的答案，若以最簡短的方式來說是「沒有」；若要講得更精確一點，應該說「算是有」。

「算是有」這個答案是針對蜜蜂而言，這可說是為制定其他昆蟲的管理法規開了先例。養蜂業已成為一大商機，主要用途是為單一作物（扁桃樹、油菜等）授粉，蜂蜜往往是授粉之外的副產品，但部分蜂蜜產業也具有數億美元的價值。麥蘆卡蜂蜜就是無關授粉但成長最為快速的市場之一，這種蜂蜜是由蜜蜂採集麥蘆卡樹（*Leptospermum scoparium*，又名松紅梅）的花蜜所釀，因具有療效而受到消費者歡迎。

由於授粉事業遍及全球，加上特定蜂蜜市場加持，因此蜜蜂的公共關係比其他昆蟲來得好。世界動物衛生組織的〈陸生動物衛生法典〉（Terrestrial Animal Health Code）就列出一份清單，包含了意大利蜂和東方蜂會感染的多種疾病。這份法典是由各個國家自行回報已知疾病的案例，其中包括細菌引起的疾病，例如由幼蟲芽孢桿菌（*Paenibacillus larvae*）傳染的美洲幼蟲病、由蜂房球菌（*Melissococcus pluton*）傳染的歐洲幼蟲病，以及多種蟎蟲。但即使是對於蜜蜂，一般的法規體系也仍是混合了全國性和地區性法令的大雜燴，往往要仰賴養蜂人的良知，看他們是否願意讓競爭對手和鄰居們知道自己的蜜蜂染病。實際情況會是如何，我就留給各位讀者自行想像了。

除了蜜蜂之外，其他關於昆蟲疾病的說法大多是以其他動物研究推論而得的流言臆測、遊說施壓和媒體報導，少有相關研究支持。即使聯合糧農組織鼓勵使用昆蟲生產食品及飼料，但世界動物衛生組織在二〇一五年仍然沒有訂定法典規範昆蟲疾病，像是澳洲研究人員在二〇〇〇年發現的致命性蟋蟀麻痺病毒、在二〇〇九年造成北美洲蟋蟀養殖者龐大損失的家蟋蟀濃核病毒，或是第一型阿根廷蟻病毒（*Linepithema humile virus 1*）和畸翅病毒，這些病毒與蜜蜂的死亡率密切相關，而且會藉由入侵性的阿根廷蟻散布到世界各地。

聯合糧農組織關注的主要是糧食和農業，世界動物衛生組織則是針對動物疾病，且以農場牲口為主。那麼食品安全和公共衛生問題是由哪個組織來推動？理論上應該是世界衛生組織的食品安全部，但這個部門一向著重於人類爆發傳染病之後的疫情追蹤，以及在食源性疾病疫情出現後評估相關影響。對於食用昆蟲這個國際性的議題，有一個顯然非常相關的機構，那就是國際食品法典委員會（Commission of the Codex Alimentarius）。這個委員會的名稱源自拉丁文，意為「食品法典」，也常被簡稱為Codex。Codex是在一九六三年由聯合糧農組織和世界衛生組織聯合設立，宗旨是「協調各方意見、建立國際性的食品標準，藉此維護消費者健康並促進公平的食品貿易」。Codex共有一百八十七個會員國，雖然其制定的各項標準、規範和實務守則採自願性遵守，但由於世界貿易組織等機構將Codex的標準納入協定中，使得這些標準在實質上具有相當大的強制力。

在二〇一二年舉行的第十七次Codex亞洲區域協調委員會會議中，寮國在柬埔寨、泰國和馬來西亞的支持下提議針對可食用的蟋蟀訂定食品標準，但這項提案並未受到批准。二〇一六年底，Codex當中有關昆蟲的規範僅限於其他食品中昆蟲或昆蟲碎屑的容許量上限。

Codex處理昆蟲的方式反映了會員國的官方做法，也與美國食品藥品監督管理局（FDA）等機構的做法一致；FDA的宗旨是「針對供人食用的食品，制定天然或不可避免之缺陷對健康無危害的容許限度」。FDA已公布一份清單，其中列出多種食品的昆蟲容許含量上限，例如蘋果泥每一百公克不得含有五隻以上完整或等量的蟲體（蟎蟲、蚜蟲、薊馬或介殼蟲不在此限），冷凍花椰菜每一百公克不得含有平均總和六十隻以上的蚜蟲、薊馬和蟎蟲，對於綠咖啡豆則是規定遭受昆蟲侵擾或破壞的平均比例不得超過總量的百分之十。該機構的網站寫著：「FDA之所以制定這些行動值，是因為就經濟層面而言，想種植、採收或加工出完全不含自然發生、無可避免且無危害之缺陷的生食是不切實際的。凡是對消費者有害的產品，無論是否超過行動值，皆會受到管制。」[107] FDA還訂定了「GRAS」（公認安全）這個食品分類，截至二〇一五年底，其中沒有任何以昆蟲製作的食品。不過，麻薩諸塞州的公共衛生部已核准蟋蟀脆片在食品雜貨店上架銷售，FDA則允許販售以養殖昆蟲製成的人類食品，但若使用的是野外捕捉的昆蟲則不予許可。歸根究柢，這些法律規範的界定模糊不清。

在二〇一五年，法規的板塊出現了一些變動。歐洲食品安全局（EFSA）是歐盟的顧問團體，其下的科學委員會在二〇一五年十月八日公布了「昆蟲製食品與飼料的製造和攝取之風險概況」，指出「就生物性和化學性危害來說，用來製作食品與飼料的昆蟲之生產方式、使用的介質、收成階段、昆蟲種類與生長階段以及加工方式，對於生物性和化學性污染的發生和嚴重程度都有相當影響。至於環境因素所產生的危害，應與其他動物生產系統相去不遠。」[108]

不久後，西班牙有關當局預期歐盟會就這份報告採取相關措施，因而宣布他們準備撤銷對於販售昆蟲供人食用的禁令。在二〇一五年十一月十九日，歐盟實施了有關新型和創新糧食來源的法規，涵蓋昆蟲、藻類和複製家畜肉品。然而，這些新法規要求所謂「新型食品」（沒錯，立法者也訂出了這類食品的定義）的生產者繳交一份詳盡的檔案給歐盟相關單位，說明自家產品的優點。

聿貝赫在代表昆蟲食品與飼料國際平台（IPIFF）發言時表示，針對新型食品實施新法規的主管機關應該要思考如何為缺乏周轉現金的昆蟲養殖者降低「行政負擔和費用」。[109] 我在那年八月拜訪他時，他認為最好的情況是歐盟直接將昆蟲像魚粉一樣列入豁免條款中。「新型食品」像是某種備案計畫，不過仍為食用昆蟲開啟了大門。

我和埃文斯會面時，除了仔細思考昆蟲疾病相關議題，還把討論焦點移向了更普遍的問題，也就是所謂的新興傳染病。我們兩人都認為，就如同近幾十年的研究結果，大家都知道那些對人類和養殖動物造成莫大影響的疾病背後的起因，也知道對策在於解決土地利用、貧富失衡、都市設計、能源利用等問題，並且重新思考糧食生產和分配的方式。我們也都同意，大多數的國際組織往往不會正視這些疾病的「政治性」起因，而是著眼在疫苗、藥物和其他短期生財方式。在針對透過昆蟲製食品和飼料傳染的疾病的防治工作上，也有同樣的問題。

歐盟內部現在爭論不休的法規爭議，在於為會員國設立食品安全和品質保障的規範。然而，這對於世界貿易組織和Codex會員國的貿易和法規也同樣有所影響。對試圖找出經濟上可行之道、讓昆蟲進入糧食體系的企業來說，這些影響至關重大。我認為這些都是無可辯駁的。

但在我看來顯而易見的是，無論我們設計的昆蟲飲食法規架構多麼清楚、多麼具有彈性，光靠法規也無法建構出足以確保全球永續發展的農業與糧食體系。這樣的法規架構是必要的嗎？是的。有了法規就夠了嗎？當然不是。法規和政策之所以重要，是因為可以幫我們釐清一些大眾關注的問題，也能促使我們思考如何處理某些非常重要但卻被遺漏的事情：性別、平等、動物福利、同情，或許在某種程度上，還關係到所謂「永遠愛你」這件事。

政策和法規是一道安全網，用來防堵不道德和無知的生產者和食品販售業者，可以說是一種官僚性的婚前協議書。但是，婚姻也並不是以婚前協議書定義的。

## 只要有愛就可以了？

# 重新談判
# 人蟲契約

**我們只要跳舞就滿足了？**

---

＊標題來自披頭四歌名〈只要有愛就可以了〉（Love Is All You Need）
＊副標來自披頭四歌名〈只要和你共舞就滿足了〉（I'm Happy Just to Dance with You）

關於喜愛昆蟲和制定法規的討論當然都很好，但在現實世界中，人蟲關係往往會落入Facebook所謂「一言難盡」的感情狀態。為了讓事情順利進展，我們必須承諾長期遵守某一套制度安排，就算我們想試著顛覆這些安排或者至少加以改變，仍必須遵行。雖然糧食體系中與昆蟲有關的許多問題，都可以藉由修改食品安全和疾病管制法規來解決，但生態問題可就複雜難解得多了。我們會發現，我們所在的環境處於一種緊繃的狀態，這股拉力來自於法規所構成的藩籬以及人類和生態潛力的那片闊野，也就是我們認為合乎法律的事物和我們渴望的事物正互相拉扯。關於如何採集昆蟲的問題也在此時浮上檯面，向我們搖動著食指，暗示著種種疑慮。為便於討論，我們先回顧一下我在序言中提出的普遍分類：野外採集、半人工養殖以及集約式養殖，我們要來探討這些方式分別適合哪些食用昆蟲。

有些昆蟲向來是隨機採集（如蟬、蝗蟲）或季節性採集（如白蟻、蚱蜢、黑蠅），而且很可能以後也都會是如此。如果仔細審視美國和馬達加斯加蝗災中出現的問題，就會看出蝗蟲無法作為食物的主要原因，在於人們缺少適合用來採集蝗蟲並加以處理、保存的方法。白蟻的數量可能從來就不足以用來發展這些新技術，不過週期蟬提供了一些有趣的可能性，加上安德森設計工作室等幾家積極推動的公司表現出不錯的成績，顯示只要有正確的收成、加工與保存技術，那些每隔十三或十七年就會出現的週期蟬大軍也能化為每年少量供應的高價點心。就我所知，還沒有人嘗試採集黑蠅，不過黑蠅的數量之多，必然是一個美食商機。

就半人工養殖的昆蟲（意即就算人類文明毀滅或許也能存活、甚至繁衍興旺的昆蟲）而言，我們現在不夠了解牠們是如何與棲息環境相互影響，以及什麼樣的基礎設施能讓牠們成為永續健康的食物來源。這類昆蟲包括了天蠶蛾幼蟲和棕櫚象鼻蟲幼蟲，我們也可以把蜜蜂算進去，不過蜜蜂在人類社會中的地位比這兩種昆蟲來得更微妙，而且蜜蜂的半馴化過程在某種程度上也顯示出馴化的極限。

在非洲南部的許多國家，像是納米比亞、南非共和國、波札那和辛巴威，由於對天蠶蛾幼蟲的需求不斷增加，已讓天蠶蛾幼蟲從維持生存的口糧轉變成極具價值的經濟作物。光是南非共和國國民每年採集的可樂豆天蠶蛾幼蟲就將近兩公噸，總價值可達數千萬美元。波札那則是大量出口天蠶蛾幼蟲到南非共和國，出口後大多是裝箱銷售或加工為家畜飼料。這些天蠶蛾幼蟲絕大多數都是採集而來，因而為永續發展帶來了嚴重的隱憂。

天蠶蛾幼蟲的數量會受到降雨量和可食用的可樂豆木數量影響。由於天蠶蛾幼蟲可以賣到不錯的價錢、市場需求也高，許多採集者不僅採集大量的幼蟲，也會將蛹採回，這會影響日後化蛹成蛾的數量，進而威脅到透過採集達到永續發展的可能性。此外，天蠶蛾遭人砍伐用於建築和柴薪，也讓過度採集的問題日益惡化。在波札那的某些地區，天蠶蛾幼蟲已經完全絕跡，辛巴威則傳出有荷槍匪徒攻擊採集者、洗劫他們採集到的天蠶蛾幼蟲。

面對野生天蠶蛾幼蟲遭到過度採集的問題，對策之一就是強化生產力並積極管理，也就是從隨機採集改為人工養殖。理論上，四千公頃的植林地每年可生產將近兩百公噸的天蠶蛾幼蟲。在納米比亞的優寇烏地保護區（Uukwaludhi Conservancy）內，傳統部族領袖已經對採集時間設下限制；每位採集者都必須向村落領袖繳交一筆費用，而這些理論上必須維護村落長遠利益的領袖就會因此受惠。這不太能算是社區參與，不過也還算是個開頭。

我們可以參考優寇烏地保護區的例子發展出改良加強的做法，朝棕櫚象鼻蟲幼蟲的養殖方式發展。實行這類做法的前提是建立保護棲地，並充分了解天蠶蛾幼蟲在生命週期的不同階段中對食物和空間的需求。成蛾族群數量難以預測、地理位置分布不均，加上市場價格和天氣不穩定等因素，使得這門生意充滿風險。畢竟牠們是野生動物，完全仰賴生態系統的健全度和恢復力存活。基於這些原因，許多泰國農民選擇養殖蟋蟀、棕櫚象鼻蟲和麵包蟲。

在從採集轉為養殖的同時，社會正義與生態永續的問題，還有種族與性別平等議題，都變得更為複雜。在全球各地，婦女和孩童大多都是最主要的昆蟲採集者。在拉丁美洲和非洲撒哈拉沙漠以南地區，婦女和孩童進行採集的時間多於男性，昆蟲在他們的飲食中所佔的比例也比較高。以亞馬遜地區雅諾馬米人的兩個部落為例，因為脊椎動物在當地大多是男性的食物，婦女較難攝取這類蛋白質，所以她們藉由食用更多昆蟲來補足營養。在亞馬遜北部的圖卡諾族，昆蟲在婦女的動物性蛋白質來源中所佔的比例大約是男性的兩倍，因為男性比較容易取得魚肉和獵物。非洲撒哈拉沙漠以南地區的農村婦女和孩童向來是透過採集天蠶蛾幼蟲來增加收入及補充營養，但如今卻逐漸被無業的年輕男性取代。整體來說，這些採集者（無論男女）既貧窮又缺乏市場資訊和運輸工具，因此獲得的報酬也很微薄。

以往，當商業企業和發展輔助機構為從前所稱的「開發中國家」[110]（我現在稱之為食蟲國家）制定提升家戶營養與健康情形的相關計畫時，原本的動機是協助貧窮的農村婦女與孩童。在推廣昆蟲飲食時，也有人以這個理由提倡養殖昆蟲。制定這類計畫的人士通常擁有良好的技術和行銷技能，他們知道如何讓雞長得更快、更健康，但這些專家對於社會和生態往往顯得不夠了解。這些計畫在成功擴大成商業營利企業之後，有一些事業的主控權就被男性掌控，女性和孩童辛勤付出卻得不到什麼回報，像在後院飼養家禽這類計畫就是如此。昆蟲養殖業也已經出現類似的情形，在前面討論昆蟲飲食「綠色希望」的章節中，我曾提到「主機板」網站於二〇一六年四月刊登的那篇有關昆蟲養殖與女性賦權的文章；作者布魯菲爾在文中坦言「從高階昆蟲市場受益的是男性。辛巴威的研究發現，女性主要會在市集、公車總站和啤酒餐館販售天蠶蛾幼蟲，但獲利較高的批發貿易仍專屬於男性，因為女性難以取得跨國載運大量天蠶蛾幼蟲所需的運輸管道。不僅如此，由於男性握有大量採購天蠶蛾幼蟲的資金，他們每公斤的平均成本只有九十辛巴威元，相較之下，女性得付出一百六十辛巴威元。」

隨著食用昆蟲的需求快速增加，東南亞和日本也逐漸開始憂心採集活動為環境帶來的衝擊。昆蟲是泰國某些地區的傳統食物，以東北部地區為主。在過去十年間，都市和旅遊地區的食用昆蟲需求呈爆炸性成長，造成嚴重的環境壓力。如果環境衝擊是發生在特定國家的國界內，該國可以採行相關的法規和管理計畫；然而當昆蟲藉由進口輸入時，管理工作就變得更複雜了。

在昆蟲飲食的世界，進口是一種讓消費國將環境成本（以及社會成本）外部化、轉嫁給生產國的解決方案。為了滿足消費需求，泰國現今會進口蠶蛹、地蟋蟀、食葉蚱蜢、螻蛄和田鱉。在泰國與柬埔寨邊境的龍哥市場（Rong Kluea），批發商每年從柬埔寨、緬甸、寮國和中國進口大約八百公噸的可食昆蟲，其中包括大約兩百七十公噸來自中國的蠶蛹（並非採集而得），以及一百七十公噸左右來自柬埔寨的蚱蜢。這些進口商品在其出口國造成的環境衝擊仍然無法可管，而且大多都未曾經過檢驗。[111]

在日本，有許多因素使得情況更趨複雜。珮恩與其他研究同仁發現，雖然日本傳統上作為食物的昆蟲約有一百一十七種原生種，但食用昆蟲的多樣性與總量卻大幅下滑。胡蜂幼蟲、蚱蜢和蠶在日本部分地區仍有很高的食用量，但原生族群的數量在日本和全球各地都在下降。昆蟲飲食的形式不論在日本還是世界各地，都是全球流行文化中的一種飲食改變，但昆蟲飲食除了會受到殺蟲劑使用以及工業意外（例如福島核電廠事故）的影響，也會因昆蟲在食品、娛樂和寵物等用途上的消費需求而受到影響。日本從泰國、韓國、中國和紐西蘭進口昆蟲，如果沒有在源頭積極進行生態管理，是絕對不可能達到永續發展的。

愛德華．海姆斯（Edward Hyams）在他最具指標性的著作《為人服務的動物：萬年馴化史》（*Animals in the Service of Man:10,000 Years of Domestication*）當中，只討論到三種昆蟲：蠶、蜜蜂和胭脂蟲。海姆斯之所以將胭脂蟲算進來，是因為人類雖然沒有對這種介殼蟲進行育種繁殖，但仍種植了胭脂蟲的寄主植物吸引牠們前來吸食，以便將之製成蟲膠和染料。雖然胭脂蟲捲入了二十一世紀的食物戰爭，也曾經是某個部族在中東沙漠裡賴以為生的食物，不過牠們通常不會被納入新昆蟲飲食的選項中，因此我就不對牠們的馴化過程多加著墨了。

蠶的生產過程或許可以作為實用的參考，讓我們了解從採集昆蟲到養殖昆蟲的變遷。世界各地早有各種產絲的蛾類幼蟲被人馴化，中國大約是從西元前三千年開始，印度大約比中國晚一千年，希臘的科斯島則是從西元前五世紀或四世紀時就已開始。受到經濟和政治因素影響，以家蠶（*Bombyx mori*）這一蛾種為主的中國養蠶業在歷史上一直主導著全球蠶業。就和象鼻蟲及天蠶蛾幼蟲一樣，這種常用於產絲的蛾類幼蟲是以特定樹木作為食物來源，因此必須種植這種樹木並加以維護才能確保牠們的生存。蠶寶寶孵化後，體重會在三十到四十天內增加一萬倍；在這段期間，重量僅三十公克的蠶寶寶要吃掉一公噸以上新鮮採摘的桑葉，所以如果沒有馴化，這個產業將會造成嚴重的生態破壞。

家蠶與特定樹種的關係以及牠們在中國的生態文化史，使得家蠶成為我們研究天蠶蛾幼蟲和棕櫚象鼻蟲等可食昆蟲時值得探討的案例。世界上其他地區的產絲業都已認同並接受家蠶馴化的文化起源以及生態功能，蠶業並未像養雞業那樣被當作普通的昆蟲生產系統看待，因此讓更多地方享受到蠶業帶來的益處。從美國在十九世紀時試圖成為蠶業大國的經驗，可以看出在不了解家蠶與生態關係的情況下貿然引進蠶業會造成什麼樣的問題。根據昆蟲學家吉伯特・瓦德鮑爾所寫，一八四二年的《新英格蘭絲業公約》（New England Silk Convention）會議作成了以下決議：「茲決議：鑒於美國與中國原生林中同樣生有桑樹，顯然是神意所授，欲讓美國如同中國一般成為產絲大國。」[112]但早年這些投入美國蠶業的人們不知道的是，比起美國的紅桑（*Morus rubra*），家蠶更喜歡中國的白桑（*Morus alba*）。就如瓦德鮑爾補充的：「這份決議的作者可能是因為欠缺植物學知識而誤解了神意。」想增加天蠶蛾幼蟲、棕櫚象鼻蟲和蟋蟀的族群數量，其中一個挑戰就是確認我們對生物學、文化以及這些昆蟲之間的關係有足夠的認識。

一般來說，當食用昆蟲的需求增加時，妥善管理保護區和棲息地或許是最能達到永續發展的野外採集方式，只是我們必須在這個轉變過程中小心顧及社會與經濟關係。二〇一五年英國首次公開舉辦「食用與飼料用昆蟲研討會」（Insects for Food and Feed Conference），會中對這個複雜世界的難解問題有大量討論，讓我頗受鼓舞。像是夏綠蒂・珮恩、安德魯・穆勒（Andrew

Muller）、約書亞・埃文斯（Joshua Evans）和麗貝卡・羅伯斯（Rebecca Roberts）等人，都鼓勵與會者回歸食蟲運動的政治性，將現今複雜的農糧體系欠缺公平的背景因素納入考量。也有人問，當談到「我們」該如何讓「他們」得以溫飽時，這些討論指稱的對象是誰。研究生妲札・多博曼（Darja Doberman）更提出，在非洲撒哈拉沙漠以南地區，有人會以釀製啤酒剩下的黍類穀糠來養蟋蟀，而黍類製成的食品也可以加入蟋蟀粉來提升營養價值（根據我的經驗，研究生往往是最能掌握革新發展的學者）。看來，這可說是一種結合生態考量、當地文化、公共衛生以及營養科學的做法。

對於集約養殖的昆蟲（例如蟋蟀、麵包蟲和黑水虻，或許蠶也可以算進去），我們應該可以採行其他集約養殖動物所適用的研究方法、管理規範以及法規。過去幾十年來，許多有關養殖業的研究都著重於如何有效利用飼料來源、如何提升飼料換肉率以及如何管理環境汙染；昆蟲養殖可以從這些前例中汲取經驗，然而除此之外，還有其他複雜問題。首先，昆蟲往往被視為用來解決其他畜產養殖問題的對策，這些問題包括排放溫室氣體、製造汙染、耗盡漁業資源，還有開墾森林來種植大豆等。解決任何難解問題的同時，難免會衍生出新的問題，這種「昆蟲解決方案」也不例外。然而，只要我們能謹慎地將環境、性別和經濟等議題納入考量，昆蟲養殖仍是有助人們「逐步」接受食用昆蟲的可行做法。

如果說蠶的馴化可以成為借鏡，幫助我們思考如何馴化可供食用或作為其他用途的昆蟲，以及管理人類與這些昆蟲之間的關係，那麼既是野生動物又受到人類集約養殖的蜜蜂不僅是相當值得參考的例子，也可說是一記警鐘，提醒我們馴化的極限，還有新技術所帶來的意外後果。

以蜜蜂的生態棲位、加值產品多樣性以及人類導入的創新技術而言，人類與蜜蜂的關係史為這三者間的關聯提供了相當豐富的資訊。養殖食用動物和種植作物是一門高風險的生意，所以生存對策之一就是發展出多種、多樣的加值產品。以乳品業來說，加值產品就是優格、各式各樣的牛奶和乳酪、小牛肉（公牛犢的肉）以及漢堡肉（年老乳牛的肉）。各種牛奶的價值並不相同，像是娟珊牛所產的乳汁脂肪含量較高，因此價格也比荷蘭乳牛的牛奶來得高；同樣地，每種蜂蜜的價值也不盡相同。

某些蜂蜜的價值與蜜蜂所採的花粉和花蜜有關，像是採集紐西蘭麥蘆卡樹（*Leptospermum Scoparium*）花蜜所釀的蜂蜜，因為具有藥用價值，相關商品的產值可達十億美金。麥蘆卡蜂蜜富含甲基乙二醛這種抗菌性化學成分，最高可賣到其他蜂蜜十倍的售價。可想而知，這樣的商機促使各國積極尋找國內的其他蜜源植物，希望也能生產富含甲基乙二醛的蜂蜜。然而，儘管人類想藉由餵食蜜蜂特定植物來提高經濟價值，但蜜蜂就跟我們一樣需要多樣化的食物。

蜜蜂所食用花粉的蛋白質含量會因植物種類和季節而異，從百分之四到百分之四十以上不等；這些花粉是蜜蜂生理發育的必需品，因此蜜蜂需要的不僅僅是花朵而已，牠們需要的是**豐富**而且**多樣**的花粉。

蜜蜂對於多樣化花粉與花蜜來源的需求深切影響到養蜂業何以成為重要農產業，也在某些方面說明了蜜蜂為什麼無法完全適應種植單一作物的工業化農業。養蜂人唯有為蜜蜂提供多種富含蛋白質的花粉，才能讓蜜蜂這種馴化物種生生不息。近代養蜂史上最驚人的創新之舉，就是一八五一年出現在美國費城的朗氏蜂箱。朗思特羅斯牧師設計出一款由可疊式巢箱組成的蜂箱，內含可移動的巢框、固定式的格狀網板以及塑膠製的底板，可用來讓蜂房大小和蜂巢結構標準化。朗氏蜂箱內部有獨立的分隔空間，能阻擋蜂后進入，因此可以貯存完全純粹的蜂蜜，不會有幼蜂混雜在其中。當蜂巢裝滿時，養蜂人可以在蜂箱上增加新的蜂箱。這項設計不僅讓養蜂作業流程變得自動化，也讓養蜂業成為農業工業化中重要的一環。蜜蜂雖然可在朗氏蜂箱內生活，但這種蜂巢設計是為了便利人類，而不是為了蜜蜂的福祉。蜜蜂難以取得自己貯存在朗氏蜂箱裡的蜂蜜，在乾旱或冬季時還有可能挨餓，儘管牠們與蜂蜜只有咫尺之隔。

在許多工業化國家，朗氏蜂箱的運用也讓遷移式授粉業應運而生，數以千計的蜂巢被裝在卡車上，運往一個又一個種植單一作物的農地（例如扁桃、櫻桃、藍莓、油菜等），產值可達數百萬美元。如果在單一農作開花期過後沒有將蜜蜂載運到其他地方，這些蜜蜂就會形同置身在沙漠中，難以生存。一旦進入這個生產體系，授粉業者就陷入兩難：只能不斷把蜜蜂載往下一個地點，否則就必須回家鄉尋找更多樣化的花粉來源。根據研究，大規模授粉業約有兩成的「常態」折損，而蜂群衰竭失調症造成的折損則是四成。所有養蜂人都曾經碰到蜂群因挨餓、受凍或感染各種疾病而死亡或遭受損失。然而，近年攀升的蜂群死亡率已逐漸被我們視為工業化農業的另一個「常態」現象，就像生肉裡的沙門氏菌。

回過頭來思考高希爾所謂革新之道會從偏遠地區萌芽的說法，對於現今業界以朗氏蜂箱為主流的做法，我們該從何尋找替代方案、同時還要能繼續履行我們與蜜蜂的合約協定呢？亞當・高普尼克（Adam Gopnik）在ＢＢＣ新聞網刊載了一篇關於歐洲人如何看待蜜蜂的蜂王與蜂后的評論文章，文中提到一六〇九年查爾斯・巴特勒（Charles Butler）觀察發現蜂巢乃是「女性君主制」

的事情。高普尼克在這篇文章的結論中寫道：「蜜蜂的故事帶給我們的教示之一，就是應該相信管家（巴特勒英文butler的諧音）而不是哲學家；與其相信對蜜蜂抱持既定看法的亞里斯多德，不如相信親自研究過蜜蜂的巴特勒。」[113]

這話讓我惴惴不安，我決定問問家中那位「親自研究過蜜蜂」的人，也就是我兒子馬修。馬修在自己的網站上主張，他使用瓦黑蜂箱是為了「儘可能模仿蜜蜂在中空的樹幹中築巢的環境……我們會在蜂巢下方加上新的空箱，保留上方的隔絕層來保護幼蜂。蜂后可以自由選擇在新的蜂房中產卵，當幼蜂孵出後，蜜蜂們就可以將蜂蜜放入蜂房。蜂箱最頂端有一個隔絕箱，用來讓蜂箱內的溫度保持穩定，蜂箱的外牆則是用比較厚的木頭製成，可以達到更好的隔絕效果。冬天時，蜜蜂們可以自由地在蜂箱中上下移動尋找蜂蜜。蜜蜂的壓力減少，代表牠們對其他問題（疾病、害蟲、季節變化、環境毒害等）的應變能力會更好。這整個蜂箱的結構非常適合蜂群長時間生活在一個地方。」

馬修採用常見於瓦黑蜂箱的養蜂法，自己親手製作木箱放到蜂箱底層（nadiring），這需要使用舉重器具才能進行。此外他也提到，使用瓦黑蜂箱採收的蜜量比朗氏蜂箱少，但這樣採到的蜂蜜售價比大型養蜂場出產的商品價格來得高。

「就結果來說，」馬修表示，「我得到的蜂蜜品質更好，蜜蜂也更健康、更快樂。在我看來，這些好處遠勝於我付出的成本！」

在考慮為農業與糧食體系增加昆蟲的數量、種類並採用更謹慎的管理方式之餘，我們能否從創新的養蜂方式所帶來的意外後果汲取教訓？我們能否以顧及人蟲關係（包括我們享受到的種種益處）的方式，妥善管理蟋蟀、麵包蟲、棕櫚象鼻蟲和天蠶蛾幼蟲？養蜂史給我們的另一個明顯教訓就是，如果想以有利永續發展且合乎倫理的方式養殖天蠶蛾幼蟲、蟋蟀、麵包蟲和棕櫚象鼻蟲，我們必須顧及社會和生態的整體條件，以及除了飼料換肉率、保存時間和消費者心態之外的人蟲互動關係。只要跨出實驗室，原先可供觀測的個別事實就變成了各種容易受到影響的交流語言，從費洛蒙到鳴唱、從磁感到視覺感知等。在不斷變動的群體網路之中，實驗室觀察到的事實只不過是其中的隻字片語。

早有人認為技術專家和科學家若想改變現況、造福大眾，就必須與預期會因此受惠的群體積極溝通；這樣的想法雖非第一次有人提出，但每隔一段時間還是需要不斷重複、不斷強化，並且重新塑造。這樣一再重複在某些方面來說是有必要的，因為科學界和一般大眾間的這種關係具有相當深刻的影響力。科學家試圖對世界上的各種事情提出一般論：抽菸是不好的、蟋蟀是好的、殺蟲劑對健康有害、使用殺蟲劑是良好營養與健康的必要條件、以商業化的方式生產天蠶蛾幼蟲可以解決蛋白質型營養不良的問題、昆蟲可以確保全球糧食安全。然而就如同美國國家科學基金會（National Science Foundation）在二〇〇三年的報告中指出的，生態環境與人類福祉的相互作用引出的各種問題往往需要由「地域性」的科學來解答，而且關於生態和健康的各種事實不像重力定律或光速，並不是放諸四海皆準。科學家和他們要溝通的群眾在討論重點和觀點上都非常不同，公眾本身就是參差不齊，涉及歷史背景下產生的權力結構、性別動力、經濟活動、生態限制，以及往往無法完整表達、相互摻雜的渴望與目標。

我們眼中為解決問題而衍生的一般科學與這個宇宙的複雜事物之間，原本就存在著緊張關係，並不只限於昆蟲飲食。如今人類已有數十年來理論科學與應用研究的成果，可以透過某些合理的方式引導我們解決這個混亂局面。

對於這些難題和緊張關係，有很多解決方式。一九九〇年代時，有些人為了讓自然世界與人類建設的世界達到平衡，將這兩者的結合畫成所謂的「健康蝴蝶圖」（Butterfly Model of Health）。[114]這樣的圖片是很有用的啟發思考工具，也是一種提醒我們重要事物的核對清單。實質上，這些概念是來自我們所謂的「新科學」或「後常態科學」（我在談到狂牛症的時候曾經提過這個詞），我會建議昆蟲飲食領域所有的應用科學家和學者好好研究這份文獻。歸根究柢，無論是從學術觀點（取得可信度高的證據）還是從應用觀點（透過某種方式使用這類證據改善世界）來看，這些同儕群體應該廣納各式各樣對特定主題有相關經驗和資訊的人，以及會因這些資訊的處理方式而受到影響的人。這樣一來，生活在受保護或管理地區的人們也能參與其中，共同建立調適方案並加以落實和評估；根據以往紀錄，在企圖達到許多目標、而且這些目標會相互影響時，這樣的做法是有效的。這些目標包括了健康與營養、生態韌性與生物多樣性、倫理以及福祉。若再參考人類以往試圖改善自身福利所帶來的各種影響，我們還可以加上其他的目標：經濟與政治的永續發展、種族與性別平等，還有近年來為了讓人類、動物和健全生態系統並存而面臨的種種難題。有些綜合概念涵蓋了這些層面，包括生態健康（EcoHealth）、共享健康（One Health）以及韌性（Resilience）等等。

阿姆斯特丹大學人類學家艾米莉．耶茨-多爾（Emily Yates-Doerr）近年提出許多類似這樣的問題，特別是針對昆蟲飲食相關研究的設計方法，以及這類研究的結果在推廣昆蟲飲食上的應用方式。她在二〇一五年發表論文〈箱子裡的世界？糧食安全、可食昆蟲以及「共享世界、共享健康」的共同作用〉（Food Security, Edible Insects, and 'One World, One Health' Collaboration），文中檢視了研究室裡的科學家們對於問題的看法（線性、可概括、可複製、可置換到世界上任何地方），以及各種複雜的地區性、歷史、文化和生態社群因素如何衍生出飲食習慣與口味偏好，還有這兩者的相互關係。我教授食源性疾病和水媒疾病的流行病學已有二十五年，我在這段時間發現自己必須年復一年不斷重複強調，人的飲食選擇並非只有營養考量。我們會為了自身歷史背景形成的某些特有習慣、為了享受或是為了獲得某種認同，而食用以某些方式料理的特定食物。

就如耶茨-多爾在文中所寫：「從科學家們的研究結果可以看出，如果希望任何糧食安全相關計畫能夠成功，研究架構中不能只有『共享世界』的概念或單一的健康形式。想要影響『共享世界』的糧食供應，就必須顧及到其中各種不同的世界。」115

我接觸到「共享世界」、「共享健康」、「生態健康」這些概念的經驗不勝枚舉，但現在我同意耶茨-多爾的看法，而我自己在研究之餘也會將這樣的省思運用在生活裡。我們所生存的這個世界的整體性，是來自於「億萬種」不同的有機體、人類、環境和文化，若是沒有這些就不可能成立。作為昆蟲飲食提倡者，作為人類，我們的挑戰就在於預見這樣的整體性，同時確保我們的多元性。

# 我們在談論

# 接下來要<br>走向何方？

## 蟋蟀和這個戴著鑽石的傢伙？

---

＊標題取自披頭四歌曲〈在你內外流轉〉（Within You Without You）歌詞：「我們在談論我們之間的空間」（We were talking about the space between us all）

＊副標取自披頭四歌名〈露西在綴滿鑽石的天空中〉（Lucy in the Sky with Diamonds）

我從多倫多飛到倫敦，再搭乘希斯洛機場快線，然後搭上擁擠的地鐵前往位於攝政公園附近的小旅館；舟車勞頓弄得我一身痠痛，還有點頭暈反胃。時間已近中午，我向群島餐廳（Archipelago Restaurant）[116]預約了一點半的午餐，這家餐廳以多元的異國風味菜聞名，菜單上還包括了幾道含有昆蟲的料理。在陽光之下漫步走過這段一小時的路程，再來些昆蟲餐點，應該能讓我振作一點。

走進群島餐廳，感覺就像踏入十九世紀的老古玩店，裡面有許多孔雀羽毛裝飾、佛像、印尼杖頭木偶，店內大量運用綠色、紅色、粉紅色、棕色色調，並融合了木頭、玻璃、布料織品和黃銅等元素。

我向店家說出預約時他們提供給我的通關密碼之後，服務生領著我到窗邊的一張桌子，旁邊還有一尊玻璃佛像陪伴我用餐；這尊佛像有著半透明偏紅色的身體、灰色的頭部，還有一頭金色的捲曲頭髮，雖然沉默寡言，但他似乎相當享受這裡的氛圍。餐廳裡還有另一個客人，是位年約三十多歲、看起來整潔體面的美國人，他在英格蘭讀考古學。他也嘗試了這裡每道以昆蟲入菜的菜餚，還說在他成長的密西根州小鎮裡，他很可能是唯一敢這樣大膽嘗鮮的人。我問他覺得這些昆蟲餐點怎麼樣，他表示非常喜歡。

這頓午餐我點了「夏之夜」（摩洛哥醃醬煎蟋蟀加上藜麥、菠菜和果乾）、「愛蟲沙拉」（嫩葉蔬菜，搭配一碟用橄欖油炸過並灑上辣椒、檸檬草和大蒜的麵包蟲，擺盤誘人、口感十足）、「布希曼人的魚子醬」（焦糖麵包蟲搭配俄式薄餅、椰子鮮奶油以及伏特加果凍）、「中世紀蜂巢」（焦化奶油冰淇淋、蜂蜜焦糖奶油醬和一隻雄蜂幼蟲），以及「巧克力蝗蟲」（有白巧克力、牛奶巧克力和黑巧克力），還有一杯甜白酒。餐點中的昆蟲都和其他食材融合得恰到好處，增加了口感並且達到提味的作用。

我和為我送餐的服務生聊了一下，他是澳洲人，曾經在雪梨歌劇院擔任活動策劃，還曾帶團去英國和歐洲。他本身就是熱愛各種文化的旅行愛好者，在這裡覺得如魚得水。這家餐廳的創辦人來自南非，到倫敦定居以後注意到「異國」肉品（像是斑馬、鱷魚、蟒蛇）在當地有不少商機。昆蟲從一開始就在他們的菜單上，所以群島餐廳並不是這股「新浪潮」的追隨者。

群島餐廳提供的昆蟲甜點種類比我在任何地方看到的還要多，耐嚼與爽脆的口感交融，還有蜂蜜、焦糖和堅果（在「布希曼人的魚子醬」裡）的天然風味，加上巧克力，讓我驚豔不已。這些昆蟲都是直接使用在餐點中，但並不張揚；與Le Festin Nu的餐點或內山先生的路邊野味相較，群島餐廳的食物給人更為放鬆的感覺，而比起引發話題討論的布里斯本帕伯利克餐酒坊、或是只使用少量昆蟲碎屑點綴菜色的雪梨家常便飯餐廳，這裡的食物顯得更「平常」一點。

午餐後，我想到我在二〇一五年的旅行中未造訪的一家餐館：哥本哈根的諾瑪餐廳。這家餐廳的烹飪團隊在主廚瑞哲彼的領導、哄勸和強力要求之下，不僅獲得米其林二星的評價，還多次贏得「全球最佳餐廳」大獎。正如我先前提到的，諾瑪餐廳也曾被譽為昆蟲飲食的冠軍。二〇一六年，我看了皮耶・狄尚（Pierre Deschamps）拍攝的紀錄片《諾瑪：米其林風暴》（*Noma: My Perfect Storm*）之後，又回頭把關於諾瑪的報導更仔細地重新讀過。雖然瑞哲彼確實將昆蟲引進菜色之中，但提倡昆蟲飲食並不是他的主要目標。身為「北歐料理」的冠軍，瑞哲彼的使命在於讓廚師們從當地生態系統中發掘更多可供食用（而且美味）的動植物，無論是否屬於北歐風味。這樣做的意圖，是讓廚師和前來用餐的客人都能對自己所屬的自然生態系統有更進一步的認知。[117]

我突然發現，這和我在雪梨家常便飯餐廳的經歷相互呼應，讓我明白了什麼。諾瑪餐廳以炙手可熱的國際級「巨星」廚師為首，沒有突顯昆蟲食材，而是強調使用當季的地方物產。他們用的都是優良食材，不特意提倡以昆蟲入菜，只是讓昆蟲平常化，成為各式菜色的其中一部分。這也呼應了在日本串原村時「伐木工人」大介先生對我說的話，他們吃當地的各種食物，有時候確實也會捕捉虎頭蜂來吃，但這並不代表他們的全部。二〇一六年十月時，我詢問溫哥華的餐廳主廚德瓦拉打算用什麼方式重新推出昆蟲餐點，她說這始終是個挑戰，而她的餐廳在這方面目前還沒有什麼新的進展。實際上，她最近還曾在「食物的未來」（Future of Food）研討會上發表演說，主題是「昆蟲、海藻以及人造肉品」。在人口爆炸、資源面臨匱乏的地球上，昆蟲是製造食物的多元選項之一。

當我思及昆蟲未來在「西方」飲食中的角色時，我想起了三歲的孫女；有天我打開從伊托摩農場帶回來的幾包點心，當著她的面倒進桌上的小碗裡面，結果她不假思索地吃得精光，還不忘把碗傾斜，好拿起最後一點碎屑吃掉。我問她比較喜歡哪一種，她毫不遲疑地答說她喜歡麵包蟲，因為牠們的腳不會卡在牙縫裡。我也還記得，我另一位也差不多三歲的小孫子從聖誕襪裡拿出兩包伊托摩農場的零嘴時，他的反應是：「蟋蟀！這個好吃！還有麵包蟲！太棒了！」

從種種層面考量，我其實並不擔心昆蟲是否會成為人類飲食的主流，不論是在地面上還是外太空。[118]在饕客們的昆蟲飲食新風潮之後，我們將會找到最適合的飲食方式。我猜想，就人類消費這一端而言，像帕伯利克餐酒坊和群島餐廳這樣的餐館會變得很常見，而生產端則會相當多元，包含從因賽克公司到伊托摩農場、安特拉農場的各種經營方式。未來幾十年內，將會有數十億人口特意食用昆蟲；我所謂的特意是指自己選擇要吃，而不是像現在這樣從咖啡和焙果、小扁豆和茶或是漢堡跟番茄醬裡面不經意地吃下昆蟲碎屑。不是所有人都會吃蟲，也有些人只是偶爾吃一下，昆蟲會是眾多飲食的選擇之一。就像我在出門旅行時偶爾會吃蝦子，但只有在靠海的地方才吃，我不會吃大老遠運送到內陸的蝦子。對我來說，吃蝦並不是在冒險嘗鮮，沒有什麼新奇、嚇人或古怪之處可言，跟拯救世界也無關，但這些都是人們給吃蟲這件事情貼上的標籤。我在家裡時不會吃蝦，因為我們住的地方離海很遠，而我太太又對蝦和貝類過敏。當我和其他會吃蟲的人一同用餐或吃點心時，我就會吃蟲。在二十一世紀，有些人會繼續將吃蟲當成攝取蛋白質的重要來源、當成複雜世界中多元飲食的其中一種，或是當成展現勇氣的方式；但在其他情況下，昆蟲將會成為某些人在危難之中的營養補給，像是難民；此外，也會有過著儉樸生活的人將昆蟲當成食材。

未來某些昆蟲將會成為市場商品以及盤中菜餚的選項，我非常期待。我也很關注這個過程會如何發展，以及這段摸索的過程會帶來哪些意外影響。新昆蟲飲食運動當中最為積極的領導人士正在促使我們反思人類是如何獲取食物，並讓我們更為全面地採用符合生態考量的做法。有些人致力於打破農糧體系的循環，回收廢棄物質並以昆蟲產品取代魚粉和大豆，同時也有人正在設法完全改變我們的農糧生產方式。

在從打獵採集演變到農耕畜牧的歷史過程中，我們的祖先幾乎想都沒想就讓牛、豬、羊甚至是魚等動物進入糧食系統中，成為我們今日認為理所當然的食物。如今是人類近代歷史上首度有機會運用我們能取得的所有資訊，在有自覺的情況下決定要食用哪些動物、採取何種生產方式，來提供龐大人口所需的食物。如果我們只把這看作技術性問題、或是某種增加食物選項的方式，甚至是減少人類生態足跡的方式，我們就糟蹋了這個千年難得一遇的機會。

澳洲托列斯海峽群島原住民凱莉・艾列賓娜（Kerry Arabena）所提出的觀點，不僅超越政治史和生態史，更將兩者結合；她認為所有人類在宇宙中都是原住民，[119] 藉由重新認知這個原生身分，我們可以汲取原住民和當地累積的知識，加上形塑西方學術的各種科學、經驗以及對生態社群複雜性的探索，進而達到想像上和實質上的更新活化。就這個觀點而言，更新活化是來自於對生態的深入了解，以及重新認識創造我們、養活我們的百萬種節肢動物。

所以，這就是我對新昆蟲飲食運動的盼望：不只是讓我們多一種食物選擇，也能讓我們用更近的距離去了解昆蟲世界，進而用全新的方式看待整個世界，並且對我們自身產生新的想像。也許，在探索昆蟲作為食物的可能性時，我們也會發現自己更複雜的一面。

我想將吃蟲視為一種常態的飲食選擇。我想將吃蟲當作一種開啟眼界的管道，讓我們見識到人類文化是多麼豐富、我們所處的生態系統又是如何多樣；讓我們重新想像在億萬種與我們共享環境的動物當中，我們是在什麼樣的位置；還有打開人類的視野，看看我們在奧妙神奇的宇宙之中共同擁有的起源。

我們的星球是如此令人讚嘆，時間卻是如此有限。對於胸懷大志的昆蟲飲食支持者，我的建議是去找那些專家，找那些靠大自然吃飯的人、那些心懷自然的人、那些不只是把昆蟲看做商品的人、那些重視昆蟲的人；請去學習他們的經驗和知識，請教他們的意見，好好聆聽，然後將他們的故事與不同文化的人分享。你必須一說再說，為常態賦予新的定義，你一定可以帶來改變。

# 第七部

# 革命九號

以前的小說，可能是格雷安．葛林（Graham Greene）或薩默塞特．毛姆（Somerset Maugham）寫的某篇故事吧，在進食或是性交這類親密行為之後（反正這兩件事也算類似，只是對象不同），故事中的男人或女人（也可能是男女兩人）就會抽起菸、或是來杯白蘭地，或是又抽菸又喝白蘭地，同時一邊思考著剛剛發生的事所代表的意義。從十九世紀開始，昆蟲就讓像達爾文這樣的歐洲人質疑自己最根本的宗教信仰。我們能吃著蟋蟀和麵包蟲、一邊談論生命的意義嗎？餐盤中的昆蟲能夠讓我們活得更久，同時又讓我們學會如何過得更好嗎？就讓我們像約翰．藍儂所提議的一樣，在人間想像天堂吧

## 想像

# 甲蟲、昆蟲飲食，以及生命的意義

「想像世界上沒有天堂。」
—— 約翰・藍儂

「地獄的標語是：胡亂地吃、胡亂地被吃。
天堂的標語是：好好地吃、好好地被吃。」
—— W・H・奧登（W.H. Auden）
《某個世界：一本尋常之書》
（*A Certain World: A Commonplace Book*）

---

＊標題出自披頭四歌名〈IMAGINE〉

大約西元前一千年時，養殖蜜蜂在中東已經有一段漫長歷史，當先知們吃著從蝗蟲獲取的蛋白質、搭配著向蜜蜂搶來的甜美蜂蜜，一位凶狠爆烈、情緒激昂的吟遊詩人向他們宣揚：「諸天述說神的榮耀，穹蒼傳揚祂的手段」（詩篇19：1）。這或許是嗜殺戰士的虛張聲勢，自認為有神可以倚靠；但這番慨然之情也讓日後歐洲許多博物學家和自然哲學家有感而發。比方說，在一七三八年，身為德國自然科學院（German Academy of Natural Scientists）成員的費德里克·克利斯蒂安·雷瑟（Friedrich Christian Lesser）醫師出版了一本書，書名為《昆蟲神學：從昆蟲身體結構與昆蟲經濟證明神的存在與完全》（*Insecto-theology: Or A Demonstration Of The Being And Perfections Of God, From A Consideration Of The Structure And Economy Of Insects*）。

如今，即使是最激進的無神論新達爾文主義者，在宣稱昆蟲種類的多樣性反映出大自然創造力的同時，也不免有同樣的心情。一般的說法是，在了解自然的過程中，我們不僅是在試圖做到古希臘德爾斐箴言中的「認識你自己」，也是試著讓自己在社會和道德層面上變得更好。塞繆爾·詹森（Samuel Johnson）博士在救下一隻爬到他鼻子上的小蟲之後，對他的傳記作者詹姆斯·鮑斯威爾（James Boswell）說了一句名言：「對於人類這種渺小的生物來說，沒有什麼是太過渺小的。我們藉由研究渺小的事物獲得偉大的技藝，儘可能減少我們的不幸、增加我們的福祉。」

聽起來是很美好，但說真的，從日常生活來說，這話到底是什麼意思？歐洲的博物學家也好，我童年時的老師和夏令營輔導員也好，他們都把自然視為某種例證或教訓。了解、重視自然的本質，就像藝術自有其價值一樣，這樣的想法對他們來說是相當陌生的概念；自然一直被看作無窮盡的儲藏室，可以提供源源不絕的道德教訓、食物以及製造各種物品的原料。自然必定有某種「用途」這樣的想法，深植在二十一世紀許多永續發展的相關文獻當中，包括少有人知在環境議題上抱持堅定立場的《經濟學人》。十九世紀有「昆蟲神學」觀點，到了二十一世紀，則有人認為生物圈應該被看作生態系統**服務**的供應者，就像是尿布或醫院手術服的清洗服務、法律意見、水源和糧食安全，甚至是提供開放原始碼軟體、產生各種比喻和哲學概念的平台。

近年支持昆蟲飲食的人也提出類似的論點，他們說昆蟲飲食可以減少人類的生態足跡、降低溫室氣體排放量、提供更永續健康的食物，並且創造出友善環境的社會。在某種程度上，這種說法讓我覺得很有希望、很有意思，而且有時讓人感到相當振奮。但就更深入的層面而言，這樣的說法也讓我感到困擾。正如諾貝爾獎得主約書亞·萊德伯格（Joshua Lederberg）在《重訪霍爾丹之代達洛斯》（*Haldane's Daedalus Revisited*）一書的序言中所寫的：「最重要的是，科學是不存在義務論（deontology）的：它無法解釋為什麼人應該要對科學或任何事物感興趣。」[120]

昆蟲飲食提倡者暗指的是，我們**應該**會想發展出能在自然世界永續發展的生活方式，因為我們**在乎**自然世界。我同意，但我也會自問：我**為什麼**同意？如同我先前所說，「在乎」是我們對於昆蟲遭受苦難採取行動的道德基礎。但如果科學無法解釋我們為什麼應該對世界萬物感興趣，我們又如何解釋人類為什麼應該要在乎這一切？我為什麼要在乎昆蟲飲食是不是瑪汀所謂的「拯救地球的最後希望」？為什麼要在乎人類自相殘殺、破壞地景、讓所有物種走向滅絕？這個星球終有一天會消滅，或許是未來數十億年後，也或許就在明天。所以我們隨便亂搞，早點去死就好了，有什麼好在乎的？

有些演化生物學家會說，大體來說我們應該要善待彼此，這是人類共同的常識。但我又要再問一次：為什麼？是因為這樣能讓我們在演化競賽中勝出，比其他物種都繁殖得更多嗎？但我們已經贏了，已經做到這一點了。有些人過了生育年紀後感到鬆了一口氣，還很高興脫離那個時期。

從霍爾丹一則（可能是出於杜撰的）軼事當中，可以看出自然實用論這種心態的其中一個元素。這則軼事是說霍爾丹某天跟一群神學家在一起，當有人問他從造物主的創造之中可以得出什麼結論時，據說霍爾丹的回答是：「造物主對甲蟲情有獨鍾。」

從霍爾丹的觀點來看，專門為吃甲蟲寫一本書的原因之一就是要了解所謂的造物主是什麼心態，然後在團契、逾越節或開齋節等場合共享更符合自然主義的大餐，把他（或是有人比較喜歡指稱為她、又或者是無性別的「無所不在的存在」）給吃掉。

我接下來的推論有點大膽，但考量到昆蟲飲食的論述交織在生命多樣性和複雜連繫的演進之中，如果退居笛卡兒式的研究、一直將「方法」跟「原因」混為一談，那就顯得太過膽小而心胸狹隘了。當我們在回答五歲孩子沒完沒了的「為什麼？」，有時候答案會變得毫無意義（因為DNA、因為重力、因為費洛蒙……），最後我們只能回答**就是這樣，沒有為什麼！**這當然顯現出某種不足，至於該說是智識不足、勇氣不足還是想像力不足，我還無法確定。

在這場遍及世界各種網路和通道的追尋過後，關於那位創造世界萬物又對甲蟲情有獨鍾的造物主，我們有什麼想說的？仔細琢磨昆蟲、演化和昆蟲飲食的物質結構與機制之後再來談所謂的**意義**，難道不會顯得過於霸道，就像自翊為「明理之人」的理查・道金斯（Richard Dawkins）一樣嗎？也許是這樣吧，這該說是虛張聲勢的尾聲。就像加拿大小說家瑪格麗特・勞倫斯（Margaret Laurence）一樣，我相信隨著年歲漸增，我們會變得更能接受新事物、更勇於冒險挑戰、更不會願意忍受知識份子的怯懦為現代生活帶來的種種麻煩。我相信有相當多人的看法和我相同。

「究竟是什麼東西為這些方程式賦予生命之火，並且造就出宇宙來（讓人類）描述呢？」物理學家史蒂芬·霍金（Stephen Hawking）在《時間簡史》（*A Brief History of Time*）一書中這樣問道。「一般建造數學模型的科學方法，無法用來解釋為什麼要有一個可以用模型描述的宇宙。為什麼宇宙要這樣大費周章的存在？」在這本書中，霍金如此結論：「若是發現完整的理論，最終一定人人都可理解大概的原則，而非只局限於少數科學家。這樣一來，不論是哲學家、科學家還是一般大眾，所有人都可以共同探討我們和宇宙之所以存在的原因。如果我們真的能找到答案，將是人類理性的終極勝利，因為屆時我們就能夠明白上帝的心意。」[121]

霍金數十年來習慣從物理學家的角度思考，因此他的錯誤就在於期待以理論證明宇宙的起源之火，但這不就是問題所在嗎？宇宙的起源之火超越理論的限度，就如同現實超越語言的範疇。即使去想像神祕的重力、巧合與夸克之間的空間、星辰、星球以及黑洞的起源，也無法為其建立足以預測的理論架構。問題在於，我們要怎麼開始認知到自己在數百萬中生物當中只是少數。或者更準確地說，根據演化論者琳·瑪古利斯（Lynn Margulis）等人的說法，人類是從細菌進化而來，實際上是一個複雜的細菌集合體，所以我們是由其他數兆個更小的有機體所組成的動物。

如同生命中許多重要的事物，對於這件事情我們也缺乏適合用來談論的語言。在先前提到的《重訪霍爾丹之代達洛斯》序言中，萊德伯格表示生物學「已經裝載了眾多事實，恐怕會拖累邏輯和語言學未來在釐清細節上的進展。」阿爾伯特．愛因斯坦（Albert Einstein）也曾說過：「要解決問題，就不能仰賴當初製造問題的同樣思維。」然而，產生種種知識局限、社會包袱、偏見和盲點的文化，與我們的語言本就來自「同樣思維」。

因此就某種程度來說，這場對意義的追尋就是對某種語言的探尋。有些人認為英文這個吸納各方語言詞彙的語言或許可以勝任，有些人則會想考慮其他在宗教或政治上具有相當重要性的語言，像是拉丁文，或是阿拉伯文、中文或俄文。早期支持笛卡兒學說的人們曾經盼望科學能提供一種普世共通的語言，類似現在的世界語（Esperanto）。也有人提倡以數學作為普世語言，如果你是數學家或物理學家，這對你來說還行得通。但這些選項都無法像霍金夢想中的語言一樣，做到「不論是哲學家、科學家還是一般大眾，都可以共同探討我們和宇宙之所以存在的原因」。

傳統語言多半使用簡化的名稱，而且往往與各種故事有關，從最初就帶有各自的包袱（而且通常到後來也沒有擺脫）。這樣的例子不下數百個，比較為人所知的像是神、阿拉、耶和華、梵天和阿胡拉．馬茲達。也有一些詞嘗試跳脫名稱的文化根源而指稱某些特性，像是光明、善良、愛、火和力量。這些名稱全都試圖指認出在作為載體的字面之下隱而未現的意涵。事實上，我們都需要有人不斷提醒，我們所使用的字詞並非它們所指稱的事物。名稱是用來溝通的簡化手段，而這也是我們作為人類必須接受的事。所有語言都是比喻，其實我認為這值得讚揚；但學者的敘述本該中立，當他們忘記了自己用來敘述的語言帶有文化包袱，而以此做出權威性的主張，問題就產生了。

達爾文因為看到某些寄生蜂的行為，而背棄了維多利亞時代的基督教信仰。在一八六〇年寫給美國博物學家阿薩・格雷（Asa Gray）的信中，達爾文這樣寫著：「我承認我沒辦法像其他人那樣平淡地看待周遭那些天意安排和仁善的事證，即使我應該要希望這樣做。我認為世界上有太多悲慘的事情，所以我沒辦法說服自己相信慈悲全能的神會精心創造出姬蜂這類在活生生的毛蟲體內生吃對方的昆蟲，或是賦予貓喜歡玩弄老鼠的習性。」霍金想要了解的「上帝的心意」與達爾文所背棄的「神」，所指的都不是廣義概念上的神。達爾文是在否定某一種神，他所否定的是脾氣暴戾、但因符合政治和經濟掌權者、國王與商人的立場而深受他們愛戴的上帝，是那些自認無所不知之人和革命者熱愛批評的上帝。霍金所說的又與這不同，但他指的是什麼？

哈佛大學古生物學者史蒂芬・傑伊・古爾德（Stephen Jay Gould）對於孕育出人類和科學的各種自然與文化的複雜性都有獨到觀察，他在評論寄生蜂引起的道德難題時表示，人類「似乎被困在我們自身文化傳說的神祕結構裡，只懂得使用戰爭和征服這類比喻，除此之外即便是最基本的敘述也不會用別的詞語形容。對於自然史的這個轉折處，我們只會解讀成融合了戰慄恐怖和奇異魅力的故事，而且對於毛蟲的同情憐憫往往還沒有對姬蜂捕食效率的讚美來得多。」[122]

這當中最令人混亂的矛盾之處，一方面在於我們儘管自認為還算了解事理、而且多半很理性，卻是因演化而察覺到演化的存在，也是因此突然了解我們是從何而來的事實。另一方面，我們所知的事實就是，在自然與人為造成的擇汰壓力和災禍（從彗星撞擊和地震到水源汙染及草地沙漠化）與隨機變異相互作用之下，才有了今天的我們。而與這個過程唯一有關的結果，就是我們的後代可以存活得夠久，足以繁殖綿延。如今的我們，就像裝著化學物質、微生物和蟲子的水袋，也像長了腦袋、會焦慮憂愁的黃瓜（畢竟我們跟黃瓜含水的比例差不多*譯註），雖然我們宣稱已經了解自己的起源，但創造出我們的這個過程並沒有提供任何能夠確定這一點的理由。我們暫時擁有的任何一點信心都是來自試誤、經驗分享、結構化實驗、觀察、數學模型以及不斷的相互挑戰，還有檯面下未經證實的一種信念：認定宇宙至少不會是帶有惡意或狡猾的。恕我直言，但這種強烈相信我們所盼望事物的信念，跟宗教也沒有什麼不同。

在二十世紀上半葉，身兼科學家、古生物學者、地質學家和耶穌會教士，還取了中文名「德日進」的皮耶・德雅・德・夏爾丹（Pierre Teilhard de Chardin）曾寫過一本書，書名是《人類現象》（*The Phenomenon of Man*，其中與「男性」同義的「man」一詞流露出過時的父權意識，但我們就暫且忽略），由英國演化生物學家朱利安・赫胥黎（Julian Huxley）爵士作序。除了以達爾文的自然主義觀點看待透過肉體感官感知到的物質世界，德日進還根據古生物學和演化生物學提出了內在複雜性與人格性如何產生的論述。他也論及我們現在所謂的心智，以及人類社會的創造力。德日進對於這些資料的解讀方式同時威脅到當時宗教上和科學上的正統觀點，所以在他有生之年，天主教會從未允許他的著作出版，而英國科學界的教條擁護者們，包括彼得・梅達沃（Peter Medawar）、史蒂芬・羅斯（Steven Rose）和理查・道金斯（Richard Dawkins）等人，都指稱他是吹牛者，說他鼓吹惡質的類科學和謊言。

在《人類現象》一書的序言中，赫胥黎如此斷言：「我們必須從人類階段回推到生物階段，推論所有的物質體系中可能都存在心智。」以當時的傳統思想而言，想像狗會感受到苦痛或是大象會流露感情都是極為愚蠢的，就算這些事情可以明顯觀察出來，也都只會被當成將動物比擬為人類的擬人論；赫胥黎在這樣的背景下如此主張，可說是相當強硬堅定。當然，現在大多數理性的學者都同意，我們看到的世界是觀測者和被觀測對象構成的函數，而我們所謂的知覺、情緒、苦痛以及其他動物的文化也並不只是擬人論。事實上，近期研究基本意識以及昆蟲群落遭受苦痛之可能性的結果，與德日進早期試圖整合物質世界與經驗世界的想法不謀而合。[123] 身為教士的德日進認為：「宗教和科學乃是相同知識完全實踐時的兩種面貌型態或階段。」

二十世紀著名的哲學家兼作家亞瑟·柯斯勒（Arthur Koestler）基於複雜性和系統理論，在這個議題上抱持非宗教性的立場。在《機器中的幽靈》（*The Ghost in the Machine*）和《守護神的總結》（*Janus: a Summing Up*）兩本著作當中，柯斯勒認為我們能想到的所有東西，從原子、節肢動物到具有生態社群性的人類社會，全都可以運用雙重面向的全子（holon）概念來解釋。全子既是由許多更小的元素組成的整體，同時也是其他更大的整體的構成元素。如果把人當成全子來看，我們既是由細胞構成的個體（細胞最初可能也是單細胞的生命型態），在由植物、動物、土壤和社會群體構成的生態社群體系裡也是其中一份子。

湯瑪斯·赫胥黎（Thomas Huxley）在一八九三年出版《演化論與倫理學》（*Evolution and Ethics*），當這本書翻譯成中文時，「evolution」（進化）一詞被譯為「天演」，也可解讀成「上天的展演」，還有什麼詞比這更適合用來形容逐步開展的宇宙？這無異於約翰·藍儂的歌曲作品

＊譯註：此處「anxious cucumbers with brains」應是來自國外網路哏「The Human Body is Made up of 90% water. We're basically cucumbers with anxiety.」，為便於讀者快速理解，此處以增譯處理。

〈想像〉（Imagine）所闡述的意旨。演化紀錄證實這個世界在重力、強核力和弱核力作用之下斷趨向複雜，而我們也是從其中產生，然後衍生出雷吉爾所說的愛和威爾森所稱的親生命性。就如德日進所言：「在愛的力量驅使之下，世界的碎片互相尋找彼此，讓世界得以存在。」

這種對演化證據的解讀方式，或許能說明我們**為什麼**應該重視科學以及地球上的生命演化。讓方程式化為生命的起源之火不僅是宇宙的初始，也是宇宙的終結：宇宙起於演化之始，終於演化之末。不僅如此，因為火就在我們之內，我們也在火之中，「我們始終是一體，包括我和你。我們共同受苦、共同存在，而且永遠會重新創造出彼此。」既然意識是從演化的部分過程中產生，這火也是在產生的過程之中。因為這樣的火焰在世界萬物中無所不在，我們也都正在參與未來世界的創造。

這種對人類難題的結構方式，比較接近我在本章開頭引用的奧登的看法，相較於藍儂那句美則美矣但過於簡化的「想像世界上沒有天堂」，奧登所言更為貼切。這個奠基在生態知識上的認知，難免和米開朗基羅筆下不盡真實而脾氣暴戾的上帝有所分歧，也和達爾文背棄的上帝或藍儂否認的天堂並不相合。不過，米開朗基羅描繪的男性長者也不是上帝唯一的形象，而且還可能是科學和神學上最不受重視的一種。西元前五世紀的原子論者想像出一種宇宙的空間模型，原子在其中四散，並重新群聚成不同的構造。兩世紀後的斯多葛主義者則想像宇宙是暫存的，不斷起滅重組。在十五世紀時，庫薩的尼古拉（Nicholas of Cusa）宣稱宇宙沒有中心，宇宙中的萬物都在持續移動，因此無論你身在何處，你自己就是中心，其他事物則是在你周圍移動。庫薩的尼古拉認為宇宙幾乎是無限的，只比上帝小一些，因為上帝是無限的。又一個世紀過後，喬丹諾．布魯諾（Giordano Bruno）提出他的見解，認為不管怎麼樣宇宙和造物主都是無限的，這可說是歐洲版的耆那教思想。這個「不管怎麼樣」的小小差異，被教會當權者注意到了，也成了影響命運的決定性因素；庫薩的尼古拉當上樞機主教，布魯諾卻是被綁在木樁上燒死。執著於想法上的細微差異，就像執著於昆蟲種類的細微差異一樣，都會導致嚴重的後果。如果你覺得這些辯論聽起來很耳熟，別懷疑；除了與「上帝」有關的部分以外，現代物理學的文獻始終離不開時間、空間和無限以及如何統合這些概念的論戰。就我所知，目前還沒有出現決定性的實驗或模型。

在二〇一五年十二月的《新科學人》（*New Scientist*）節慶特刊中，美國衛斯理大學宗教學教授瑪莉珍．盧本絲坦（Mary-Jane Rubenstein）這樣寫道：「如果人類並沒有那麼像神，那麼上帝也不可能那麼像人。上帝看起來不應該是個飄在空中的男性長者，祂看起來應該就像宇宙本身。」盧本絲坦形容庫薩的尼古拉和布魯諾所抱持的泛神論觀點「在神學上比無神論更具威脅性，就是因為他們改變了上帝所代表的意義，上帝不是在世界之上、以人類為中心的造物者，而是在世界之中的造物之力。」她補充道，這些概念可能會促使我們「重新思考我們所說的某些與神相關的詞語是代表什麼意義，像是創造、力量、復興和眷顧。或許現代的宇宙學不是要我們捨棄信仰，而是要讓我們用不同方式思考：是什麼賦予生命、何謂神聖、我們從何而來，還有我們要往哪裡去？」

昆蟲飲食也同樣給我們帶來這些問題，昆蟲飲食並非只是更能達到永續的食物來源，也不是只要我們向昆蟲「學習」或感謝牠們的付出而已。許多人期許我們以昆蟲為「學習榜樣」，但他們認定可以當作學習對象的昆蟲卻只有那寥寥幾種，比方說要向團隊合作的蜜蜂看齊，或是效仿螞蟻的勤奮勞動或工程技術。至於蠟蝽和姬蜂？還是不要吧。如果考慮到節肢動物的演化，還有我們在這生態複雜的星球上出現的過程，我可就不確定人類該怎麼向自然「學習」了。一般來說，這種效仿的期許，代表我們是將自己看重的價值觀投射在經過挑選的少數昆蟲身上。我們身在自然之中，自然也在我們之中，而我們能夠學習的方式，也就只有關注存活在我們體內外、還有組成身體的數兆個細胞。有些研究演化的人著眼於分子、有機體或群體之間的競爭，如果我們運用想像力將目光縮放幾倍，就可以看到這一切；不過更驚人的是，我們也會看到分子、有機體和地景以各種層疊交錯、密不可分的方式演化並構成世界，而我們也是這個世界中的一份子。因為我們身在自然之中，那些規模更大的模式和敘事也深植在我們當中，就像曼德博的碎形[124]。我們是自身存在的這個宇宙的一部分，同時也在不斷地改變宇宙。

正如富蘭納瑞觀察到的，我們所承襲的生存環境是協同性的，沒有什麼事物可以獨立於其他事物存在。十九世紀的博物學家在帶有優越感、種族主義、父權意識的當代帝國思想之下，將受苦看作在死前延續後代的掙扎，將競爭視為無可限量的創造之力或缺乏這等力量的證明，我看到的卻是一個人人都必須藉由剝奪其他生命來存活的世界，無論是直接吃掉其他生物還是將牠們的棲地占為己有。當他們認為沒有地方能燃起火焰時，我卻是發現自己活在一個突現的實相中，包含我演化的根源、我曾短暫協助形成的事物，以及我將要回報的對象。我的義務就是採用影響最輕微的飲食方式、盡可能減少造成的傷害，然後在走到盡頭時，像螞蟻、白蟻和姬蜂一樣，將自己交還給突現的生物群體，讓牠們把我吃掉並繼續活下去。對我來說，昆蟲飲食就是自然主義式的聖餐儀式，是一種慶頌我所吃的終將也會吃掉我的儀式。

包括甲蟲在內的所有昆蟲，還有牠們共同遺留下來的一切，不僅存在於我們身上、我們的

DNA中，也存在於我們居住的這個世界；牠們讓我學到，創造過去和未來宇宙的那股力量是沒有面貌的。這股創造之力並不存在於**單獨**的事物（原子、細菌、植物、昆蟲、哺乳類、人類），想尋找蘊含重力的粒子、或是心靈所在的器官（勒內・笛卡兒〔René Descartes〕認為是松果體），又或者是影響情緒的腸道細菌，在這層意義上來說都是找錯了方向。

創造之力和生命之火，存在於我們充滿變動、張力、不斷開展的關係與對話之中。狄倫・湯瑪斯（Dylan Thomas）以意象獨特的詩句描述的「通過綠莖催動花朵之力」，包含了人類運用透鏡所見的多頻並置眼中的無數漣漪碎波，而且以各種形式發聲，它不是宣告規範，而是透過從磁力、重力到化學分子與光的波粒等各種方式與萬物對話。這場對話形貌如同極光、感受如同親生命性、滋味如同蜂巢中剛取出的蜂蜜，它要求我們進食、許我們成為其他生物食糧的榮耀，讓萬物的創造得以延續，直至未知的終點；那也許不是永恆的終結，而是宇宙收縮成一點然後爆炸，誕生出新的宇宙。

我願意接受這樣的理解方式。在這個時常顯得黑暗而破碎的世界，這樣的想法給我們值得稱頌慶祝的事物，促使我們重視彼此和這個星球，讓我們思考自己可以成為什麼樣的人，又是為了什麼。核子物理學家里歐・西拉德（Leo Szilard）曾說，樂觀主義者就是相信未來尚未確定的人，而我就是這樣的樂觀主義者。我們有能力決定未來世界的本質，對我來說，這就是日復一日努力的動力：在我們承襲的一切之上，創造出一個如同我們所盼天堂的世界，或著就像甘地所說的，我們想要什麼樣的改變，就去「成就那個改變」。

那麼，在我們短暫的生命中，作為生物圈當中群體內的個體，我們能否培養出最好的集體意識？洛克伍德在研究十九世紀造成慘重損失的美國蝗災後，對於蝗蟲的起源和消失的原因如此表示：「對洛磯山脈的蝗蟲來說，在山巒起伏的西部地區，那些肥沃豐饒的河谷就是牠們藏身的聖地，是隨時可以找到所需資源、讓牠們在絕境中仍能求生的棲地。我們也有這樣的場所：教堂、清真寺、廟宇寺院和猶太會堂，還有一些神聖的樹林、巨石以及被林木占領的大教堂。這些神聖的場所在地表上只占不到百萬分之一的面積，但每年湧入四分之三的人口，而且對我們的安寧幸福而言非常重要。」

我在思考昆蟲飲食的採集和養殖選項時想到了這一點，我不是很喜歡把清真寺、教堂和猶太會堂想成聖地，因為這些地方太容易變成軍事化的堡壘而充斥恐懼。但或許這只是我多慮，又或者應該說，在錯誤的戰爭裡，任何聖地都可能成為當地民兵的基地，即便是環境保護區。我比較能接受的，是經常有人提出但也往往被遺忘的概念，那就是創造之火無處不在，並非在特定事物或建築當中，而是存在於彼此的關係裡。對我來說，聖地就是可以眺望幾公尺外的一片寬廣水域，四周環繞小群小群的飛蟲，並且有微風輕輕吹向水面，讓那些蟲不會飛來停在我身上叮咬我。

我希望在考慮以昆蟲為食的同時，我們可以創造出能讓人尊重並重視昆蟲的聖地，讓我們培養人蟲共榮的關係，並且妥善保護。我希望我們能和朋友同伴好好享受新鮮冒險的飲食，能夠無懼地表達出我們在乎彼此、在乎我們的敵人，也在乎這個曾經孕育我們、如今讓我們攜手共創新局的地球。

在我的生命長路

# 誌謝

我深深感激加拿大藝術協會（Canada Council for the Arts）提供「職業作家獎助金」（Grant for Professional Writers）贊助這本書的研究工作，也感謝安大略藝術委員會（Ontario Arts Council）提供的「作家獎助金」。

本書中關於倫理學的章節，是我從與哲學家凱倫・霍爾的長談中得到啟迪而寫的。她的著作《責任、複雜性與墮胎：倫理思維的新面貌》（*Responsibility, Complexity, and Abortion: Toward a New Image of Ethical Thought*），讓我了解到倫理思想在這個充滿不確定性和對立意識形態的時代中面臨的複雜性，所以我自然向她討教昆蟲和昆蟲飲食在倫理方面的問題。很感謝霍爾博士協助我了解這個主題、認真回答我問的蠢問題，並激勵我用各種不同的角度看待這個世界，有令人不安的看法，也有很美好的觀點，感謝她為我啟動轉換思維的所有關鍵。從霍爾博士所謂複雜性和倫理的意義上來看，我必須說，雖然沒有她的協助我一定寫不出這一章，但內容仍然是出於我的

＊取自披頭四歌曲〈在我的生命長路〉（In My Life）

手筆，包括其中的誤解之處與哲學上有瑕疵的論點。

特別感謝我長期辛苦、勤奮認真的研究助理克莉絲汀娜・格蘭梅諾絲（Christina Grammenos），她協助我查詢數百本書籍和論文，並在我忙得不可開交的時候定期為我摘要內容。感謝所有幫忙我翻找挑選披頭四作品的Facebook好友：麥可・布萊森（Michael Bryson）、安思莉・巴特勒（Ainslie Butler）、多明尼克・查倫（Dominique Charron）、朵拉・杜埃可（Dora Dueck）、謝恩・柯瑞諾夫（Shane Kurenoff）、茱蒂絲・蘿森（Judith Rosen），尤其要感謝披頭四歌迷馬西莫・羅塞蒂（Massimo Rossetti）。謝謝大家給我很多很棒的建議，只可惜我沒辦法全部都用上。

感謝丹妮艾拉・瑪汀、傑弗瑞・洛克伍德、史考特・理查・蕭以及嚴慶棣回覆我提出的問題，提供我許多靈感和資訊。因為你們每一位所寫的文章，讓我在退休生活的懸崖上燃起對昆蟲學的熱情，一躍而入屬於這個研究領域的水池，即使知道認知得太淺薄會碰壁、鑽研得太深入會窒息、太快浮出水面會得潛水夫病。感謝夏綠蒂・珮恩為我將日文電郵翻譯成英文，也感謝她充滿熱情、開創性、見解獨到且費盡苦心的研究，以及她在我探索認識全球昆蟲飲食時提供的協助，尤其是在日本。感謝加拿大、法國、寮國和澳洲等地的農民、學者和昆蟲企業家抽空接受我的訪談，感謝ECW的傑克・大衛（Jack David）協助我出書，還要感謝凱西（Kathy），謝謝妳容忍我古怪難搞的興趣。最後，我想向瑪莉・艾莉諾・班德（Mary Eleanor Bender）致上謝意，如果不是她在四十五年前的啟發，我就不會寫出最後一章中談及的主題。一九七〇年秋天，我在美國印第安納州就讀高盛學院，那是一間小型的人文教育機構；當時我可以在早上八點爬起來去聽瑪莉・班德講課，那門課程是二十世紀文學。這位老師身材嬌小、獨身未婚又上了年紀（我當時這樣覺得，但她大概才五十幾歲），她會倚靠在講台上，平靜地對我們講述沙特、卡謬、尤內斯庫、卡夫卡、多斯・帕索斯、吳爾芙、曼斯菲爾德、喬伊斯、羅伯-格里耶……這些作家深深影響了二十世紀的歐洲如何形塑及處理世界上的各種問題。當時的我深受這些文學作品吸引。在課程的尾聲，她從講台抬頭望向我們，然後看著**我**，並且說：「他們已經給問題下了定義，現在輪到你來找出解決方法。」這些話語成為我終生職志和熱情的來源，瑪莉・艾莉諾教授，謝謝您，抱歉我過了這麼久才拿到這堂課的學分。

提供昆蟲料理的餐廳似乎就像季節性的分蜂一樣，出現了又消失。在本書內文中，我已提到在研究期間造訪的幾家餐廳，它們似乎都還在探索飲食偏好在文化上的變化與空間，這些餐廳包括維吉的店、帕伯利克餐酒坊、家常便飯餐廳、群島餐廳。為了避免讀者慕名前去卻撲空，或是錯過新開的好餐廳，我建議大家詢問附近或所在市鎮有沒有這類的店家，並上網查詢新的餐廳資訊，最美味的昆蟲或許就在你家附近！

**何處尋：食譜**

歐洲與北美地區正在興起昆蟲料理的風潮，每天都有新的食譜出版。你可以上我的網站（davidwaltnertoews.wordpress.com）查詢參考書目，就能找到一些食譜。

以下是近年出版的幾本昆蟲料理書：

Martin, Daniella. 2014. *Edible: An Adventure into the World of Eating Insects and the Last Great Hope to Save The Planet*. Boston: New Harvest, Houghton Mifflin Harcourt.

Nelson, Michelle. 2015. *The Urban Homesteading Cookbook: Forage, Farm, Ferment and Feast for a Better World*. Vancouver: Douglas & McIntyre.

van Huis, Arnold, Henk van Gurp, and Marcel Dicke. 2014. *The Insect Cookbook: Food for a Sustainable Planet*. Translated by Françoise Takken-Kaminker and Diane Blumenfeld-Schaap. New York: Columbia University Press.

此外，網路上也有不少昆蟲食譜的來源，像是：

Bug Vivant (bugvivant.com/edible-insect-recipes)

Entomo Farms (entomofarms.com/recipes)

Girl Meets Bug (edibug.wordpress.com/recipes)

Insects are Food (insectsarefood.com/recipes.html)

The *Telegraph* (telegraph.co.uk/foodanddrink/foodanddrinknews/10401191/Top-11-bug-recipes.html)

*Time* magazine (time.com/3830167/eating-bugs-insects-recipes/)

讓她深深打動你

# 餐廳、企業與食譜

昆蟲飲食業界一直在快速變動，有時也難以預測，因此下面我只列出一些重要的網站和書籍，可供你找到更多關於餐廳、企業和食譜的資源。[1]

## 基本資訊來源

這個網站提供了非常多現有資訊：scoop.it/t/entomophagy-edible-insects-and-the-future-of-food

資料紀錄網站「菜單上的昆蟲」（*Bugs on the Menu*）提供清楚易懂的簡介，你還可以追蹤推特動態取得更多食譜靈感。

參閱：bugsonthemenu.com/intro以及twitter.com/BugsontheMenu

## 哪裡有販售可供人食用的昆蟲

丹妮艾拉・瑪汀的網站（edibug.wordpress.com/where-to-get-bugs/）

伊托摩農場（entomofarms.com）

法國昆蟲生產製造商與經銷商聯盟（Fédération Française des Producteurs Importateurs et Distributeurs d'Insectes）（ffpidi.org/）

## 動物飼料

一般資訊

（4ento.com/2015/03/12/top-10-insect-feed-companies）

Enterra Feed (Canada) (enterrafeed.com)

Ynsect (France) (ynsect.com)

AgriProtein (South Africa) (agriprotein.com)

*取自披頭四〈Hey Jude〉歌詞：「當你將她放在心上的那一刻」（The minute you let her under your skin）

Management for Climate Mitigation." *Nature Climate Change*. 4(10): 924–929.

Barron, Andrew B, et al. What insects can tell us about the origins of consciousness, *Proceedings of the National Academy of Sciences* (2016). DOI: 10.1073/pnas.1520084113

Belluco, Simone, Carmen Losasso, Michela Maggioletti, Michela, Cristiana C. Alonzi, Maurizio G. Paoletti, and Antonia Ricci. 2013. "Edible Insects in a Food Safety and Nutritional Perspective: A Critical Review." *Comprehensive Reviews in Food Science and Food Safety* 12(3): 296–313.

Berenbaum, May Roberta. 1995. *Bugs in the System: Insects and Their Impact on Human Affairs*. Reading, MA: Addison-Wesley.

Berenbaum, May Roberta. 2000. *Buzzwords: A Scientist Muses on Sex, Bugs, and Rock 'n' Roll*. Washington, DC: Joseph Henry.

Berenbaum, May Roberta. 2009. "Insect Biodiversity – Millions and Millions." Pp. 575–582 in *Insect Biodiversity: Science and Society*, edited by R.G. Foottit and P.H. Adler. Hoboken, NJ: Wiley-Blackwell.

Bodenheimer, Friederich Simon. 1951. *Insects as Human Food: A Chapter of the Ecology of Man*. The Hague: W. Junk.

Brown, Valerie A., John A. Harris and Jacqueline Y. Russell. (Eds). 2010. *Tackling wicked problems through the transdisciplinary imagination*. London, Earthscan.

Brune, Andreas. 2014. "Symbiotic Digestion of Lignocellulose in Termite Guts." *Nature Reviews Microbiology* 12(3): 168–180.

Bukkens, Sandra F. 1997. "The Nutritional Value of Edible Insects." *Ecology of Food and Nutrition* 36(2–4): 287–319.

Cahill, Thomas. 1995. *How the Irish Saved Civilization: The Untold Story of Ireland's Heroic Role from the Fall of Rome to the Rise of Medieval Europe*. New York: Nan A. Talese, Doubleday.

蟲蟲可以來煩我

# 主要參考書目

為了撰寫這本書，我研究了超過六百個資訊來源的全部或部分內容，涵蓋學術書籍、流行書籍、論文和網站。你可以在我的網站上面找到更完整的參考書目。下列清單只包括我在書中曾直接引用或我認為特別重要的書目，以作者姓氏字母排序。

My research for this book included reading through all or part of more than 600 scholarly and popular books, papers, and websites. You can find a more complete list of references on my website (www.davidwaltnertoews.com). The list below only includes sources from which I have taken direct quotes or which in my opinion are particularly noteworthy. They are in alphabetical order, by author's last name.

Arabena, Kerry-Ann. 2009. Indigenous to the universe: a discourse on indigeneity, citizenship and ecological relationships [thesis]. Canberra: Australian National University. Available from: https://digitalcollections.anu.edu.au/handle/1885/9264

Bajželj, B., K.S. Richards KS, J.M. Allwood, P. Smith, J.S. Dennis, E. Curmi, and C.A. Gilligan. 2014. "Importance of Food-Demand

"Autonomous Biological Control of *Dactylopius opuntiae* (Hemiptera: Dactyliiopidae) in a Prickly Pear Plantation with Ecological Management." *Environmental Entomology* 45 (3): 642–648. doi: 10.1093/ee/nvw023

Dronamraju KR, editor. 1995. *Haldane's Daedalus Revisited*. Oxford: Oxford University Press.

Dunn, David, and James P Crutchfield. 2006. "Insects, Trees, and Climate: The Bioacoustic Ecology of Deforestation and Entomogenic Climate Change." Working Paper No. 2006-12-055. Santa Fe Institute, Santa Fe, NM.

Durst, B., V. Johnson, R.N. Leslie, and K. Shono, eds. 2010. *Forest Insects as Food: Humans Bite Back*. Bangkok: Food and Agriculture Organization of the United Nations.

Durst, P.B. and Y. Hanboonsong. 2015. "Small-Scale Production of Edible Insects for Enhanced Food Security and Rural Livelihoods: Experience from Thailand and Lao People's Democratic Republic." *Journal of Insects as Food and Feed* 1(1): 2531. doi: http://dx.doi.org/10.3920/JIFF2014.0019

EFSA Scientific Committee. 2015. "Risk Profile Related to Production and Consumption of Insects As Food And Feed." *EFSA Journal* 13(10): 4257. Available from: http://www.efsa.europa.eu/en/efsajournal/pub/4257. doi: 10.2903/j.efsa.2015.4257

Evans, Edward P. 1906. *The Criminal Prosecution and Capital Punishment of Animals*. London: William Heinemann. Available from: http://www.gutenberg.org/files/43286/43286-h/43286-h.htm

Erzinçlioglu, Zakaria. 2000. *Maggots, murder and men: memories and reflections of a forensic entomologist*. Colchester (GB): Harley Books.

Campbell, Christy. 2006. *The Botanist and the Vintner: How Wine Was Saved for the World*. Chapel Hill, NC: Algonquin Books of Chapel Hill.

Cerritos, René and Zenon Cano-Santana. 2008. "Harvesting Grasshoppers *Sphenarium purpurascens* in Mexico for Human Consumption: A Comparison with Insecticidal Control for Managing Pest Outbreaks." *Crop Protection* 27(3): 473–480.

Cerritos Flores, R., R. Ponce-Reyes, and F. Rojas-García. 2015. "Exploiting a Pest Insect Species *Sphenarium purpurascens* for Human Consumption: Ecological, Social, and Economic Repercussions." *Journal of Insects as Food and Feed* 1(1): 75–84.

Chen, Xiaoming, Ying Feng, and Zhiyong Chen. 2009. "Common Edible Insects and Their Utilization in China." *Entomological Research* 39: 299–303.

Cifuentes-Ruiz, Paulina; Zaragoza-Caballero, Santiago; Ochoterena-Booth, Helga; Morón Rios, Miguel. 2014. A preliminary phylogenetic analysis of the New World Helopini (Coleoptera, Tenebrionidae, Tenebrioninae) indicates the need for profound rearrangements of the classification. ZooKeys. 415: 191-216.

Codex Alimentarius Commission. 2010. Development of Regional Standard for Edible Crickets and Their Products: Agenda Item 13, Seventeenth Session, Bali, Indonesia, 22–26 November, 2010. Comments of Lao PDR. *Food and Agriculture Organization of the United Nations and World Health Organization*. Available from: ftp://ftp.fao.org/codex/Meetings/CCASIA/ccasia17/CRDS/AS17_CRD08x.pdf

Crittenden, Alyssa. 2011. "The Importance of Honey Consumption in Human Evolution." *Food and Foodways* 19(4): 257–273.

Cruz-Rodríguez, J.A., E. González-Machorro, A.A. Villegas González, M.L. Rodríguez Ramírez, and F. Majía Lara. 2016.

Food Culture." *Food Security* 7(3): 739–746. doi: http://doi.org/10.1007/s12571-015-0463-8

Hanboonsong, Y., T. Jamjanya, and B. Durst. 2013. *Six-Legged Livestock: Edible Insect Farming, Collection and Marketing in Thailand*. Bangkok: Food and Agriculture Organization of the United Nations: Regional Office for Asia and the Pacific. http://www.fao.org/docrep/017/i3246e/i3246e.pdf

Handley, M.A., C. Hall, E. Sanford, E. Diaz, E. Gonzalez-Mendez, K. Drace, R. Wilson, M. Villalobos, and M. Croughan M. 2007. "Globalization, Binational Communities, and Imported Food Risks: Results of an Outbreak Investigation of Lead Poisoning in Monterey County, California." *American Journal of Public Health* 97(5): 900–906.

Henry, M., L. Gasco, G. Piccolo, and E. Fountoulaki E. 2015. "Review on the Use of Insects in the Diet of Farmed Fish: Past and Future." *Animal Feed Science and Technology* 203: 1–22.

Houle, Karen. 2014. *Responsibility, Complexity, and Abortion: Toward a New Image of Ethical Thought*. Toronto: Lexington Books.

Hölldobler, Bert, and Edward O. Wilson. 2009. *The Super-Organism: The Beauty, Elegance, and Strangeness of Insect Societies*. New York: W.W. Norton & Company.

Huang, H. T., and Pei Yang. 1987. "The Ancient Cultured Citrus Ant." *BioScience* 37(9): 665-671.

Kanazawa, S., Y. Ishikawa, M. Takaoki, M. Yamashita, S. Nakayama, K. Kiguchi, R. Kok, H. Wada, and J. Mitsuhashi. 2008. "Entomophagy: A key to Space Agriculture." *Advances in Space Research* 41(5): 701–705.

Kinyuru, John N, Silvenus O. Konyole, Nanna Roos, Chritine A. Onyango, Victor O. Owino, Bethwell O. Owuor, Benson B. Estambale, Henrik Friis; Jens Aagaard-Hansen, and Glaston

Feng, Y., and X. Chen. 2003. "Utilization and Perspective of Edible Insects in China." *Forest Science and Technology* 44(4): 19–20.

Flannery, Tim. 2012. Here on Earth: A Natural History of the Planet. Toronto: HarperCollins.

Gemeno, César; Baldo, Giordana; Nieri, Rachele; Valls, Joan; Alomar, Oscar; Mazzoni, Valerio. 2015. Substrate-borne vibrational signals in mating communication of Macrolophus bugs. Journal of Insect Behavior. 28(4): 482-498.

Glover, D., and A. Sexton. 2015. "Edible Insects and the Future of Food: A Foresight Scenario Exercise on Entomophagy and Global Food Security." Institute of Development Studies: Evidence Report No 149. Available from: http://www.ids.ac.uk/publication/edible-insects-and-the-future-of-food-a-foresight-scenario-exercise-on-entomophagy-and-global-food-security

Golubkina, Nadezhda, Sergey Sheshnitsan, and Marina Kapitalchuk. 2014. "Ecological Importance of Insects in Selenium Biogenic Cycling [Report]." *International Journal of Ecology* 2014.

Gould, Stephen Jay. [1982] 1994. "Nonmoral Nature." Pp. 32–44 in *Hen's Teeth and Horse's Toes: Further Reflections in Natural History*. New York: W. W. Norton.

Goulson, Dave, Elizabeth Nicholls, Cristina Botías, and Ellen L. Rotheray. 2015. "Bee Declines Driven by Combined Stress from Parasites, Pesticides, and Lack of Flowers." *Science* 347(6229). doi: 10.1126/science.1255957

Halloran, Afton, Nanna Roos, and Yupa Hanboonsong. 2016. Cricket Farming as a Livelihood Strategy in Thailand. *The Geographic Journal*. doi:10.1111/geoj.12184

Halloran, A., P. Vantomme P, Y. Hanboonsong, and S. Ekesi. 2015. "Regulating Edible Insects: The Challenge of Addressing Food Security, Nature Conservation, and the Erosion of Traditional and Affection: The Unique Legacy of Food Insects?" *Animal Frontiers* 5(2): 8–13.

Losey, John E., and Mace Vaughan. 2006. "The Economic Value of Ecological Services Provided by Insects." *BioScience* 56(4): 311–323.

Lundy, Mark E., and Michael Parrella. 2015. "Crickets Are Not a Free Lunch: Protein Capture from Scalable Organic Side-Streams via High-Density Populations of *Acheta domesticus*." *PLoS ONE* 10(4): 1–12.

Madsen, David B., and Dave N. Schmitt. 1998. "Mass Collecting and the Diet Breadth Model: A Great Basin Example." *Journal of Archaeological Science* 25(5): 445–455.

Makhado, Rudzani, Martin Potgieter, Jonathan Timberlake, and Davison Gumbo. 2014. "A Review of the Significance of Mopane Products to Rural People's Livelihoods in Southern Africa." *Transactions of the Royal Society of South Africa* 69(2): 117–122.

Martin, Daniella. 2014. *Edible: An Adventure into the World of Eating Insects and the Last Great Hope to Save the Planet*. Boston: New Harvest, Houghton Mifflin Harcourt.

McGrew, William C. 2014. "The 'Other Faunivory' Revisited: Insectivory in Human and Non-Human Primates and the Evolution of Human Diet." *Journal of Human Evolution* 71: 4–11.

Nowak, Verena, Diedelinde Persijn, Doris Rittenschober, and U. Ruth Charrondiere. 2016. "Review of Food Composition Data for Edible Insects." *Food Chemistry* 193: 39–46.

Oonincx DGAB, and I.J.M. de Boer. 2012. "Environmental Impact of the Production of Mealworms as a Protein Source for Humans — A Life Cycle Assessment." *PLoS ONE* 7(12): e51145. doi:10.1371/journal.pone.0051145

Paoletti, Maurizio, Erika Buscardo, and Darna Dufour. 2000. "Edible

M. Kenji. 2013. "Nutrient Composition of Four Species of Winged Termites Consumed in Western Kenya." *Journal of Food Composition and Analysis* 30(2): 120–124.

Klunder, H.C., J. Wolkers-Rooijackers, J.M. Korpela, and M.J.R. Nout. 2012. "Microbiological Aspects of Processing and Storage of Edible Insects. *Food Control* 26(2): 628–631.

Lemelin, Rayland Harvey, ed. 2013. *The Management of Insects in Recreation and Tourism*. Cambridge: Cambridge University Press.

Lockwood, Jeffrey A. 1987. "The Moral Standing of Insects and the Ethics of Extinction." *The Florida Entomologist* 70(1): 70–89.

Lockwood, Jeffrey A. 2004. *Locust: The Devastating Rise and Mysterious Disappearance of the Insect that Shaped the American Frontier*. New York: Basic Books.

Lockwood, Jeffrey A. 2011. "The ontology of biological groups: do grasshoppers form assemblages, communities, guilds, populations, or something else?" *Psyche*. Volume 2011 (2011), Article ID 501983, 9 pages http://dx.doi.org/10.1155/2011/501983

Lockwood, Jeffrey A. 2013. The infested mind: why humans fear, loathe, and love insects. Oxford: Oxford University Press. 203 p.

Long, John A, Ross R. Large, Michael S.Y. Lee, Michael J. Benton, Leonid V. Danyushevsky, Luis M. Chiappe, Jacqueline A. Halpin, David Cantrill, and Bernd Lottermoser. 2015. "Severe Selenium Depletion in the Phanerozoic Oceans as a Factor in Three Global Mass Extinction Events." *Gondwana Research*. doi: 10.1016/j.gr.2015.10.001

Looy, Heather, Florence Dunkel, and John Wood. 2014. "How Then Shall We Eat? Insect-Eating Attitudes and Sustainable Foodways." *Agriculture and Human Values* 31(1): 131–141.

Looy, Heather, and John R Wood. 2015. "Imagination, Hospitality

*domesticus* Volvovirus, a Novel Single-Stranded Circular DNA Virus of the House Cricket." *Genome Announcements* 1(2): e0007913.

Plotnick, Roy, Jessica Theodor, and Thomas Holtz. 2015. "Jurassic Pork: What Could a Jewish Time Traveler Eat?" *Evolution: Education and Outreach* 8(17): 1–14.

Popescu, Agatha. 2013. "Trends in World Silk Cocoons and Silk Production and Trade, 2007–2010." *Lucrari Stiintifice: Zootehnie si Biotehnologii* 46(2): 418–423.

Premalatha, M., Tasneem Abbasi, Tabassum Abbasi, and S.A. Abbasi. 2011. "Energy-Efficient Food Production to Reduce Global Warming and Ecodegradation: The Use of Edible Insects." *Renewable and Sustainable Energy Reviews* 15: 4357–4360.

Quammen, David. 2003. *Monster of God: The Man-Eating Predator in the Jungles of History and the Mind*. New York: W.W. Norton.

Raffles, Hugh. 2010. *Insectopedia*. New York: Patheon Books.

Rains, Glen C. ; Tomberlin, Jeffery K. ; Kulasiri, Don. 2008. Using insect sniffing devices for detection. Trends in Biotechnology. 26(6): 288-294.

Ramos-Elorduy, Julieta. 2009. "Anthropo-Entomophagy: Cultures, Evolution and Sustainability." *Entomological Research* 39(5): 271–288.

Ramos-Elorduy Blasquez, Julieta; Pino Moreno, Jose Manuel; Martinez Camacho, Victor Hugo. 2012. "Could grasshoppers be a nutritive meal?" *Food and Nutrition Sciences*. 3(2): 164-175.

Raubenheimer, David, and Jessica M. Rothman. 2013. "Nutritional Ecology of Entomophagy in Humans and Other primates." *Annual Review of Entomology* 58: 141–60.

Regier, Jerome C., Jeffrey W. Shultz, Andreas Zwick, April Hussey, Bernard Ball, Regina Wetzer, Joel W. Martin and Clifford W.

Invertebrates among Amazonian Indians: A Critical Review of Disappearing Knowledge." *Environment, Development and Sustainability* 2(3): 195–225.

Paoletti, Maurizio G., Lorenzo Norberto, Roberta Damini, and Salvatore Musumeci. 2007. "Human Gastric Juice Contains Chitinase that Can Degrade Chitin." *Annals of Nutrition and Metabolism* 51(3): 244–251.

Payne CLR. 2015. "Wild Harvesting Declines as Pesticides and Imports Rise: The Collection and Consumption of Insects in Contemporary Rural Japan." *Journal of Insects as Food and Feed* 1(1): 57–65.

Payne, C.L.R., P. Scarborough, M. Rayner, and K. Nonaka. 2015. "Are Edible Insects More or Less 'Healthy' than Commonly Consumed Meats? A Comparison Using Two Nutrient Profiling Models Developed to Combat Over- And Undernutrition." *European Journal of Clinical Nutrition*. doi:10.1038/ejcn.2015.149

Payne, Charlotte L.R.; Peter Scarborough, Mike Rayner, and Kenichi Nonaka. 2016. "A Systematic Review of Nutrient Composition Data Available for Twelve Commercially Available Edible Insects, and Comparison with Reference Values." *Trends in Food Science & Technology* 47: 69–77

Payne, Charlotte L.R., Mitsutoshi Umemura, Shadreck Dube, Asako Azuma, Chisato Takenaka, and Kenichi Nonaka. 2015. "The Mineral Composition of Five Insects as Sold for Human Consumption in Southern Africa." *African Journal of Biotechnology* 14(31): 2443–2448. doi: 10.5897/AJB2015.14807

Pearson, Gwen. 2015. "You know what makes great food coloring? Bugs." *Wired*, September 10. Available from: http://www.wired.com/2015/09/cochineal-bug-feature/

Pham, Hanh T, Max Bergoin, and Peter Tijssen. 2013. "*Acheta*

Skinner, Mark. 1991. "Bee Brood Consumption: An Alternative Explanation for Hypervitaminosis A in KNM-ER 1808 (*Homo erectus*) from Koobi Fora, Kenya." *Journal of Human Evolution* 20(6): 493–503.

Smetana, S., A. Mathys, and V. Heinz V. 2015. "Challenges of Life Cycle Assessment for Insect-Based Feed and Food." *INSECTA 2015 National Symposium on Insects for Food and Feed*. https://www.researchgate.net/publication/282085709_Challenges_of_Life_Cycle_Assessment_for_insect-based_feed_and_food

Strausfeld, Nicholas J., and Frank Hirth. 2013. Deep Homology of Arthropod Central Complex and Vertebrate Basal Ganglia." *Science* 340(6129): 157–161. doi: 10.1126/science.1231828

Szelei, J., J. Woodring, M.S. Goettel, G. Duke, F.-X. Jousset, K.Y. Liu, Z. Zadori Z, Y. Li, E. Styer, D.G. Boucias, R.G. Kleespies, M. Bergoin, and P. Tijssen. 2011. "Susceptibility of North-American and European Crickets to *Acheta domesticus* Densovirus (AdDNV) and Associated Epizootics." *Journal of Invertebrate Pathology* 106(3): 394–399.

Thomas, Benisiu. 2013. "Sustainable Harvesting and Trading of Mopane Worms (*Imbrasia belina*) in Northern Namibia: An Experience from the Uukwaluudhi Area." *International Journal of Environmental Studies* 70(4): 494–502.

Tomberlin, J.K., A. van Huis, M.E. Benbow, H. Jordan, D.A. Astuti, D. Azzollini, I. Banks, V. Bava, C. Borgemeister, J.A. Cammack, et al. 2015. "Protecting the Environment through Insect Farming as a Means to Produce Protein for Use as Livestock, Poultry, and Aquaculture Feed." *Journal of Insects as Food and Feed* 1(4): 307-309. doi: http://dx.doi.org/10.3920/JIFF2015.0098

Tomotake, Hiroyuki, Mitsuaki Katagiri, and Masayuki Yamato. 2010. "Silkworm Pupae (Bombyx mori) Are New Sources of High

Cunningham. "Arthropod relationships revealed by phylogenomic analysis of nuclear protein-coding sequences." *Nature*, 2010; DOI: 10.1038/nature08742

Rinaudo, Marguerite. 2006. "Chitin and Chitosan: Properties and Applications." *Progress in Polymer Science* 31(7): 603–632.

Rittell, Horst W.J. and Melvin Webber. 1973. "Dilemmas in a general theory of planning. *Policy Sciences* 4: 155-169.

Roffet-Salque, Mélanie, Martine Regert, Richard P. Evershed, Alan K. Outram, Lucy J.E. Cramp, Orestes Decavallas, Julie Dunne, Pascale Gerbault, Simona Mileto, Sigrid Mirabaud, et al. 2015. "Widespread Exploitation of the Honeybee by Early Neolithic Farmers [Letter]." *Nature* 527: 226–230. doi:10.1038/nature15757

Rothenberg, David. 2013. *Bug Music: How Insects Gave Us Rhythm and Noise*. New York: St. Martin's Press.

Sánchez-Muros, María-José, Fernando G. Barroso, and Francisco Manzano-Agugliaro. 2014. "Insect Meal as Renewable Source of Food for Animal Feeding: A Review." *Journal of Cleaner Production* 65: 16–27.

Scientific Committee of the Federal Agency for the Safety of the Food Chain (SciCom) and the Board of the Superior Health Council. 2014. Subject: Food Safety Aspects of Insects Intended for Human Consumption. Sci Com dossier 2014/04; SHC dossier n° 9160. http://www.health.belgium.be/en/food-safety-aspects-insects-intended-human-consumption-shc-9160-fasfc-sci-com-201404

Shaw, Scott Richard. 2014. *Planet of the Bugs: Evolution and the Rise of Insects*. Chicago: University of Chicago Press.

Shelomi, Matan. 2015. "Why We Still Don't Eat Insects: Assessing Entomophagy Promotion through a Diffusion of Innovations Framework." *Trends in Food Science & Technology* 45(2): 311–318.

Waltner-Toews, David, James J. Kay, and Nina-Marie E. Lister. 2008. *The Ecosystem Approach*. New York: Columbia University Press.

Webster, Timothy H. ; Mcgrew, William C. ; Marchant, Linda F. ; Payne, Charlotte L. R. ; Hunt, Kevin D. 2014. Selective insectivory at Toro-Semliki, Uganda: comparative analyses suggest no 'savanna' chimpanzee pattern. Journal of Human Evolution. 71: 20-27.

Winston, Mark L. 2014. *Bee Time: Lessons from the Hive*. Cambridge, MA: Harvard University Press.

Wrightson, Kendall. 1999. "An Introduction to Acoustic Ecology." *Soundscape* 1: 10–13.

Xu, Lijia, Huimin Pan, Qifang Lei, Wei Xiao, Yong Peng, and Peigen Xiao. 2013. "Insect Tea, a Wonderful Work in the Chinese Tea Culture." *Food Research International* 53: 629–635.

Yates-Doerr, Emily. 2015. "The World in a Box? Food Security, Edible Insects, and 'One World, One Health' Collaboration." *Social Science & Medicine* 129: 106–112.

Yen, A.L. 2012. "Edible Insects and Management of Country." *Ecological Management & Restoration* 13(1): 97–99

Quality Protein and Lipid." *Journal of Nutritional Science and Vitaminology* 56(6): 446–448.

U.S. Food and Drug Administration. 1995. *Defect Levels Handbook*. Available from: http://www.fda.gov/food/guidanceregulation/guidancedocumentsregulatoryinformation/ucm056174.htm

van Huis, A. 2014 Nov 20. "The global impact of insects." Farewell address upon retiring as Professor of Tropical Entomology, Wageningen University, November 20. Available from: http://www.academia.edu/11840536/The_global_impact_of_insects

van Huis, Arnold; Henk van Gurp, and Marcel Dicke, 2014. *The Insect Cookbook: Food for a Sustainable Planet*. Translated by F. Takken-Kaminker and D. Blumenfeld-Schaap. New York: Columbia University Press.

van Huis, Arnold, Joost Van Itterbeeck, Harmke Klunder, Esther Mertens, Afton Halloran, Giulia Muir, and Paul Vantomme. 2013. *Edible Insects: Future Prospects for Food and Feed Security*. FAO Forestry Paper 171. Rome: Food and Agriculture Organization of the United Nations. Available from: http://www.fao.org/docrep/018/i3253e/i3253e00.htm

Waldbauer, Gilbert. 2003. *What Good Are Bugs? Insects in the Web of Life*. Cambridge, MA: Harvard University Press.

Waldbauer, Gilbert. 2009. *Fireflies, Honey, and Silk*. Los Angeles: University of California Press.

Waltner-Toews, David. 2004. *Ecosystem Sustainability and Health*. Cambridge: Cambridge University Press.

Waltner-Toews, David. 2007. *The Chickens Fight Back: Pandemic Panics and Deadly Diseases That Jump from Animals to Humans*. Vancover, BC: Greystone.

Waltner-Toews, David. 2008. *Food, Sex, and Salmonella: Why Our Food is Making us Sick*. Vancouver, BC: Greystone.

Entomological Society of America）的建議，所以此處英文採用「honey bee」而非一般慣用的「honeybee」。美國昆蟲協會認為後者的拼寫方式就如同把「John Smith」寫成「Johnsmith」。如需更多相關資訊，請參閱美國昆蟲協會的昆蟲俗名資料庫：http://entsoc.org/common-names.

8. 霍爾丹的原話是在講生命「不僅比我們所想像的更為古怪，而且比我們所『能夠』想像到的更為古怪。」他在這段話的情境中使用「古怪」一詞而非「奇怪」，也顯示了語言和文化不斷改變的複雜之處。
9. van Huis, 2014. "The Global Impact of Insects."
10. van Huis et al, 2013. *Edible Insects: Future Prospects for Food and Feed Security.*

## 第一部　認識蟲子們

11. Yen, 2012. "Edible Insects and Management of Country."
12. Lockwood, 2011. "Ontology of Biological Groups."
13. 為了記住這套分類系統，人們常使用一些便於記憶的口訣，例如顛倒過來唸成「種屬科目肛門界」（譯註：原文直譯對於中文讀者而言理解不易，也缺乏趣味性，故使用台灣學生間流傳的口訣）。
14. Cifuentes-Ruiz et al., 2014. "Preliminary Phylogenetic Analysis."
15. 舉例來說，美國食品藥物管理局出版了一本手冊，內容是關於引致食源性疾病的微生物和天然毒素，書名就叫《壞蟲子之書》（*The Bad Bug Book*）。參閱：http://www.fda.gov/Food/FoodborneIllnessContaminants/CausesOfIllnessBadBugBook/
16. 參閱：entomofarms.com
17. Bill Holm, *Boxelder Bug Variations: A Meditation on an Idea in Music and Language*. (Minneapolis, MN: Milkweed Editions, 1985).
18. Durst et al., 2010. *Forest Insects as Food.*
19. Bukkens, 1992."The Nutritional Value of Edible Insects."
20. Ramos-Elorduy et al., 2012."Could Grasshoppers Be a Nutritive Meal?"
21. Payne et al., 2015. "Are Edible Insects More or Less ’Healthy’ Than Commonly Consumed Meats?"
22. Cited in Durst et al., 2010. *Forest Insects as Food.*
23. Nowak et al., 2016."Review of Food Composition Data for Edible Insects."

# 附註

請注意，附註中所列的作者和日期已載於「主要參考書目」中。

## 序言：前往食蟲世界的車票

1. van Huis et al, 2013. *Edible Insects: Future Prospects for Food and Feed Security.*我所引用的學術論文和技術報告全部都列在「主要參考書目」一節中，只有少數例外。完整的參考書目包含超過六百筆文獻資料，已置於我的網站上：www.davidwaltnertoews.com
2. 此處原文為「brood」，意指幼年階段的昆蟲，以蜜蜂、虎頭蜂和馬蜂來說即為「幼蜂」。有些人會將這些蜂類幼蟲連同其生長的蜂巢一起拿來食用，也有將幼蟲從蜂巢中取出分別食用的吃法。
3. "Bugs in the system," *The Economist*. (September 16, 2014). http://www.economist.com/news/science-and-technology/201620560-merits-and-challengesturning-bugs-food-insect-mix-and-health
4. 雞隻、養殖魚類和其他牲畜飼料中的濃縮蛋白質一般是以「魚粉」製成，這個名稱相當委婉，實際上魚粉是以秘魯海岸捕撈到的鯷魚，經由骯髒混亂的工廠製程磨製成粉而得。大豆粉一度被稱為友善環境的肉類替代品而受到推廣，後來被用於動物飼料中作為濃縮蛋白質，如今巴西開墾大量雨林地區用以種植大豆。
5. 2015年以前，伊托摩農場（Entomo Farms）原名「Next Millennium Farms」（新千禧農場），在我首度拜訪時他們還在使用這個名字。為了避免混淆，我在本書中一律以「伊托摩農場」稱之。「Entomo」一名源於「entomology」昆蟲學的字根，從這家農場名稱的改變可以看出北美文化對昆蟲飲食觀感的變化趨勢。
6. 此處定義引用自查爾斯・杜伊（Charles Doyle）在《行銷字典》（*A Dictionary of Marketing*）第三版中的定義（Oxford University Press, 2011）。克里斯汀生本人現在偏好使用「破壞式創新」（disruptive innovation）一詞，參見：http://www.claytonchristensen.com/key-concepts/
7. 關於本書中的昆蟲英文俗名拼寫方式，我試著採用美國昆蟲協會（The

納（Alfred Wegener）所提出。韋格納提出的這個學說遭到其他科學家嗤之以鼻，直到他過世後，才在1950年代獲得證實。

39. 1970年，我依照這個與昆蟲習性相似的傳統寫了一首歌，在民謠音樂節中表演，那位讓我寫下這首歌的可愛女孩隨後答應了我的求婚。我知道這兩件事情只有相關性，沒有因果關係，不過還是有點……
40. Webster et al., 2014. " Selective Insectivory at Toro-Semliki Uganda,"
41. W. Bostwick, "Boiled Alive: Turning Bees into Mead," *Food Republic* (September 20, 2011). http://www.foodrepublic.com/2011/09/20/boiled-alive-turning-bees-into-mead/
42. 在本書中，對於美制重量單位的「英噸」（等於兩千磅）和國際度量衡單位的「公噸」（等於一千公斤或兩千磅），我一律使用「公噸」來表示。因為昆蟲和昆蟲產品的產量數字都是估計值，而且大部分都在增加當中，這方面的差異對於我的整體論述並無影響。
43. Crittenden, 2011."The Importance of Honey Consumption in Human Evolution."
44. Flannery, 2013. *Here on Earth: A Natural History of the Planet*.
45. 「現代蠢人」的拉丁文，你也知道現代智人是什麼。
46. 木質纖維素難以降解的特性，是二十一世紀生質燃料工業所面臨的主要挑戰之一。
47. 參閱：http://michaelpollan.com/reviews/how-to-eat/
48. Berenbaum,1994. *Bugs in the System*.
49. 參閱：www.unspunhoney.com.au
50. Winston, 2014. *Bee Time*, p222.
51. Rothenberg, 2013. *Bug Music: How Insects Gave Us Rhythm and Noise*,p8.
52. Dunn and Crutchfield, 2006. " Insects, Trees, and Climate."
53. Raffles, 2010. *Insectopedia*,P316.

## 第三部　我曾有過一隻蟲：人類如何創造昆蟲

54. 即使慣用手法經過翻轉，變成自我揶揄式的恐怖片（例如《與螂共舞》），這種利用巨大昆蟲勾起恐懼的傾向依然非常明顯。就是因為人類會本能地感到害怕，這種幽默才能發揮效果。
55. Quammen, 2003. *Monster of God*, p 431.
56. 熟知世界動物衛生組織發展沿革的人簡稱其為OIE，因為這個組織最初是在

24. 在南非，人們形容取出可樂豆天蠶蛾幼蟲的內臟就像是擠牙膏。
25. Payne et al., "Nutrient Composition Data."
26. "How eating insects could help climate change," *BBC News*. (December. 11, 2015).http://www.bbc.com/news/science-environment-35061609
27. Pauletti et al., 2007.
28. 雖然這種昆蟲外型酷似甲蟲，但牠們就和所有的蟑螂一樣屬於蜚蠊目，白蟻也是其中的一員。
29. 2016年，加拿大一名17歲的學生娜塔莎・葛瑞瑪（Natasha Grimard）更進一步提出，可以將加入昆蟲成分的食物用於改善難民營的難民營養狀況，她還製作出較符合難民文化飲食習慣的食品。葛瑞瑪在隔年獲頒一項知名的全球性創新獎項。參考影片：https://www.youtube.com/watch?v=ZCCytkR-YqE
30. "How Eating Insects Empowers Women," *Motherboard*. (April 18, 2016).http://motherboard.vice.com/read/how-eating-insects-empowers-women
31 Lundy and Parella, "Not a Free Lunch."
32. 將蟋蟀與其他動物的飼料換肉率進行比較的相關研究，都遭到昆蟲養殖業者大力駁斥。我的看法是，養殖昆蟲的優點或許不像人們所認為的那麼肯定。
33. Bajželj et al., "Importance of Food-Demand Management."
34. 舉例來說，可參閱網路上聯合國糧農組織在2006年發表的報告書《畜牧業的巨大陰影》（*Livestock's Long Shadow*）。
35. 我在前面討論幾丁質的時候也提過這次專訪。http://www.bbc.com/news/science-environment-35061609
36. 想要進一步了解這些難題、策略和選擇條件，可參閱我的著作《生態永續與健康》（*Ecosystem Sustainability and Health* ,Cambridge: Cambridge University Press, 2004），以及我與詹姆斯・凱（James J. Kay）和妮娜・瑪利亞・E・李斯特（Nina-Marie E. Lister）合著的《生態系統途徑》（*The Ecosystem Approach*,New York: Columbia University Press, 2008）。
37. J. Fernquest, " Eating insects: Sudden popularity," *Bangkok Post*. (May 31, 2013).http://www.bangkokpost.com/learning/learning-news/352836/eating-insects-sudden-popularity

## 第二部　昆蟲與現代世界的起源

38. 地球板塊構造會移動的概念，最早是在20世紀時由阿爾弗雷德・韋格

pshares.org/index.php/fleas-are-for-lovers/

70. Raffles, 2010. *Insectopedia*, p343.

71. 事實上，我們所知的最後一次條背土蝗群襲事件已是1908年的事情了，發生地點是印度。泰國條背土蝗為患的情況其實比較像蚱蜢。

72. Cerritos and Cano-Santana, 2008."Harvesting Grasshoppers *Sphenarium purpurascens* in Mexico for Human Consumption."

73. Cruz-Rodríguez et al., 2016. "Autonomous Biological Control."

74. 牠們被分類為瓢蟲科（Coccinellidae），是多食亞目（Polyphaga）之下的一種甲蟲。

75. Lockwood, 2013. *Infested Mind*, p171.

## 第五部　我的生命不能沒有你

76. Xu et al., 2013. "Insect Tea."

77. Cahill, 1995. *How the Irish Saved Civilization*, p.217.

78. Horst and Webber, 1973. "Dilemmas in a General Theory of Planning." See also Brown et al., 2010. *Trackling Wicked Problems*.

79. Flannery, 2010. *Here on Earth*, pp.126–127.

80. 「SLA」的名稱是從「symbiosis」（共生）衍生而來，這個組織的領導者唐納．德弗里茲（Donald DeFreeze）將其定義為「由不同身體和組織結為一體，在深厚親愛的和諧與夥伴關係之中享有集體共同的最大利益。」所以至少就抽象意義來說，這兩個SLA似乎還有點類似。

81. 參閱：http://www.aspirefg.com/

82. C. Matthews, "Bugs on the menu in Ghana as palm weevil protein hits the pan," *The Guardian* (January 3,2016).https://www.theguardian.com/global-development/2016/jan/03/bugs-eat-insects-palm-weevils-ghana-protein

83. Kinyuru et al., 2013. "Nutrient Composition of Four Species of Winged Termites."

84. 日本人有時會在人名後面加上後綴詞「さん」（-san），這是一個中性的敬稱，在英文中沒有完全對應的詞，雖然有點類似「Mr.」（先生）或「Ms.」（小姐），但語氣比這兩者更為恭敬。在本書中，對於我訪談過的對象和他們的朋友，我會以對方的名字加上這個敬稱稱呼（譯註：中文以「先生」、「大哥」等作為區別）。不過由紀子曾在加拿大受過教育，又在國際一九二四年成立於巴黎，名稱為「Office International des Epizooties」。
57. W.Grimes, “When Bugs Declared Total War on Wine,” *New York Times*. (March 26, 2005).http://www.nytimes.com/2005/03/26/books/when-bugs-declared-total-war-on-wine.html
58. M.Gladwell, “The Mosquito Killer,” *Gladwell. com*(July 2, 2001).http://gladwell.com/the-mosquito-killer/
59. 有些人會暗指為患者拔掉管子、關掉人工呼吸器是在「扮演上帝」，但若以潘尼洛神父的觀念來講，為患者插管這些處置才真的是在「扮演上帝」。
60. 讀者若有興趣了解這些聳動細節，可以參考Edward, *The Criminal Prosecution and Capital Punishment of Animals*.
61. 我曾在《雞的反擊》(*The Chickens Fight Back*, Vancouver,BC: Greystone, 2007）一書裡，透過昆蟲傳染的人畜共通傳染病相關章節中寫到這一類複雜問題。
62. 如果想進一步了解飛佈達和得滅克在食物鏈中造成的影響，可以參閱我的著作《在餐盤跳舞的細菌、病毒、寄生蟲與化學物質：為何食物讓我們生病？》(*Food, Sex and Salmonella: Why Our Food is Making Us Sick*, Vancouver, BC: Greystone, 2008）。中譯本為天培出版。
63. “Bayer Agrees to Terminate All Uses of Aldicarb,” United States Environmental Protection Agency. (August 17, 2010).https://yosemite.epa.gov/opa/admpress.nsf/e51aa292bac25b0b85257359003d925f/29f9dddede-97caa88525778200590c93!OpenDocument
64. 參閱：http://www.aglogicchemical.com/about.html
65. A.Vowels,“ Plan Bee,”*The Portico*. (September, 2015).https://www.uoguelph.ca/theportico/archive/2015/PorticoSum2015.pdf

## 第四部　黑蠅唱著歌：重塑對昆蟲的想像

66. Hölldobler and Wilson, 2009. *Superorganism: The Beauty, Elegance and Strangeness of Insect Societies, p486*.
67. “The Composer and Conductor Mr. Fung Liao,” *Bolingo.org* (July 28, 2006).http://bolingo.org/cricket/mrfung.htm
68. *Cicada Invasion Survival Guide*. http://cicadainvasion.blogspot.ca/
69. L.Bridget, “Fleas Are for Lovers,” *Ploughshares* (June 9, 2010).http://blog.

## 第六部　革命一號

96. 「尊重生命」的觀念讓史懷哲獲頒諾貝爾獎，其概念與印度的耆那教相當類似。

97. Michael Ignatieff, *The needs of Strangers*(Toronto :Penguin,1984), 13.

98. Henry Regier,"Ecosystem Integrity in a Context of Ecostudies as Related to the Great Lakes Region," in *Perspectives on ecological integrity*, eds. L. Westra and J. Lemon (Dordrecht: Kluwer 1995), 88–101.

99. Lockwood, 1987. "The Moral Standing of Insects. "

100. Barron et al., 2016. "What Insects Can Tell Us A bout the Origins of Consciousness."

101. "The Green Brain Project," http://greenbrain.group.shef.ac.uk/

102. K.Segedin,"The unexpected beauty of bugs, " *BBC* (May 1, 2015). http://www.bbc.com/earth/story/20150425-the-beautiful-bugs-of-earth-capture

103. "The beautiful bugs of Belize, "*BBC* (March 16, 2015). http://www.bbc.com/earth/story/20150309-the-beautifulbugs-of-belize

104. 這段話呼應了馬克．溫斯頓的見解：「人類與蜜蜂的關係之所以獨特，不只是因為我們仰賴蜜蜂的工作，也是因為蜜蜂的健康與存亡取決於我們能否善加管理牠們所生存的環境。」如果我們與蜜蜂簽署一份正式合約，這份合約的執行摘要應該會像這樣：我們蜜蜂將為你們提供蜂蜜和其他蜂巢生產的產品，並且幫忙授粉。作為回報，你們人類必須確保環境適合我們生存，沒有殺蟲劑的毒害，並且擁有豐富多樣的開花植物。」請參閱他的著作*Bee Time*.

105. Rains et al., 2008. "Using Insect Sniffing Devices for Detection. "關於這個主題還有其他研究報告。

106. 這顯然不是由流行病學家設計的研究。

107. *Defect Levels Handbook,* U.S. Food & Drug Administration(2016). http://www.fda.gov/Food/GuidanceRegulation/GuidanceDocumentsRegulatoryInformation/SanitationTransportation/ucm056174.htm

108. "Risk profile related to production and consumption of insects as food and feed, " *EFSA Journal, 13*(10, 2016), 4257. doi:10.2903/j.efsa.2015.4257. https://www.efsa.europa.eu/en/efsajournal/pub/4257

109. O. Rousseau, "Industry questions EU insect meat food law, "*Meat Processing*. (November 19, 2015).http://www.globalmeatnews.com/Safety-Legislation/

書籍版權代理業工作，所以她要我直接用名字稱呼她就可以了。

85. 小販特別拿了卡菲爾萊姆給我看。我在家時曾經將卡菲爾萊姆的葉子用在料理中，但從沒看過它的果實，我一直想知道果實長什麼樣子。卡菲爾萊姆外觀皺皺的，有點像小顆的番石榴，常用於製作肥皂、洗髮精以及其他個人清潔產品，也會用來搭配炒過的菜餚和咖哩。

86. 基普（LAK）是寮國當地的貨幣，一千基普換算成美元大約等同十二美分，所以如果他每年產出八批蟋蟀，每批十公斤，一年可賺超過三百美金。雖然聽起來不多，但這樣的收入在寮國已經足以維持生計。

87. 參閱：http://www.theorganicprepper.ca/updated-prepping-for-an-ebola-lockdown-10022014

88. Tomberlin et al., 2015. "Protecting the Environment through Insect Farming."

89. 參閱：http://www.enterrafeed.com/about/#history。雖然他們的網站上並未提及，但一度被認為很適合用來替代牲畜肉品、拯救地球的大豆，如今已成為導致南美洲森林濫伐的重要因素。

90. 安特拉在2016年7月20日宣布，經過四年的測試和審查，CFIA終於正式核准將他們的產品用於製作雞飼料。

91. F. Tarannum,"Crickets the New Chicken? That' s Chef Meeru Dhalwala' s Mission, " *The Tyee*. (July 30, 2015).http://thetyee.ca/Culture/2015/07/30/Edible-Crickets/

92. 俄國門諾派教徒對波蘭餃子的稱呼。

93. S. Killingsworth, "Tables for two: The black ant,"·*The New Yorker*. (Aug. 24, 2015). 來源網址：http://www.newyorker.com/magazine/2015/08/24/tables-for-two-the-black-ant

94. J. De Graaff, "Dishing up Insects with Kylie Kwong," *Broadsheet*. (May 1, 2013). http://www.broadsheet.com.au/melbourne/food-and-drink/article/dishing-insectskylie-kwong-billy

95. J. Branco, " Entomophagy, a pint of science and the men who want you to eat bugs," *Brisbane Times*. (May 20, 2015). http://www.brisbanetimes.com.au/queensland/entomophagy-a-pint-of-science-and-the-men-who-want-you-toeat-bugs-20150520-gh606x.html

Industry-questions-EU-insect-meat-food-law

110. 世界銀行在2016年停用這個詞。

111. 不只是昆蟲，大多數的進口食品也是如此。

112. Waldbauer, 2009. *Fireflies, Honey, and Silk*, p 37.

113. "A Point of View: On bees and beings," *BBC News*. (June 3, 2012).http://www.bbc.com/news/magazine-18279345

114. See J. A. VanLeeuwen, D. Waltner-Toews, T. Abernathy, and B. Smit,"Evolving Models of Human Health Toward an Ecosystem Contex," *Ecosystem Health 5* (3, 1999): 204-219. 我的另一本著作*Ecosystem Sustainability and Health: a Practical Approach*也有討論到這個圖。

115. Yates-Doerr, 2015."The World in a Box? "

116. 參閱：http://www.archipelago-restaurant.co.uk

117. 編註：瑞哲彼於2016年關閉諾瑪餐廳。2018年，在原址附近開設新餐廳Noma 2.0，自設菜園，菜單設計上也盡量運用符合時令的食材。

118. Kanazawa et al., 2008."Entomophagy: A Key to Space Agriculture. "昆蟲體積小、占用空間不大，而且食性與人類不衝突，可以用來將廢棄物質重新利用，有些昆蟲甚至還能提供衣物原料（例如蠶）。所以安迪．威爾所寫的《火星任務》(*The Martian*，改編電影《絕地救援》) 書中主角馬克·瓦特尼，假如手邊有適合的昆蟲，或許還能在火星上生存更久。或者那些太空人也可以拿蟲來吃，我印象中書裡對太空人的飲食方面似乎沒有寫得很明確。

119. Arabena, 2009. "Indigenous to the Universe. "

## 第七部　革命九號

120. Dronamraju, 1995. *Haldane's Daedalus Revisited*.

121. 我不確定霍金有沒有意識到他這個想法與霍爾丹互相呼應。

122. Gould, 1983/1994. "Nonmoral Nature. "

123. 比德日進晚一個世代的史蒂芬．傑伊．古爾德認為，這兩者應該分成兩個問題：「如何」和「為何」。他聲稱有些問題適合科學的訓導權，有些問題則適合宗教的訓導權，而這兩者是「互不重疊」的訓導權。不過，這個看法仍沒有確定該如何整合這兩種訓導權的見解。

124. 關於碎形，請參閱Benoit B. Mandelbrot,*The Fractal Geometry of Nature* (New York: Times Books, 1982).

國家圖書館出版品預行編目資料

新昆蟲飲食運動：讓地球永續的食物？/ 大衛．瓦特納一托斯（David Waltner-Toews）作；黃于薇譯. -- 初版. -- 臺北市： 紅樹林出版：家庭傳媒城邦分公司發行, 民108.04

352面；14.8*21公分

譯自：Eat the beetles! : an exploration into our conflicted relationship with insects

ISBN 978-986-97418-0-4（平裝）

1.昆蟲 2.飲食風俗

387.7 108002532

# 新昆蟲飲食運動：讓地球永續的食物？

**原著書名**／Eat the beetles!: an exploration into our conflicted relationship with insects
**作　　者**／大衛．瓦特納一托斯（David Waltner-Toews）
**譯　　者**／黃于薇
**企畫選書**／辜雅穗
**責任編輯**／辜雅穗

**行銷業務**／鄭兆婷
**總 編 輯**／辜雅穗
**總 經 理**／黃淑貞
**發 行 人**／何飛鵬
**法律顧問**／台英國際商務法律事務所 羅明通律師
**出　　版**／紅樹林出版
台北市 104 民生東路二段 141 號 7 樓
電話：(02) 2500-7008　傳真：(02) 2500-2648
**發　　行**／英屬蓋曼群島商家庭傳媒股份有限公司 城邦分公司
台北市中山區民生東路二段 141 號 2 樓
書虫客服服務專線：02-25007718；25007719
24 小時傳真專線：02-25001990；25001991
服務時間：週一至週五上午 09:30-12:00；下午 13:30-17:00
郵撥帳號：19863813　戶名：書虫股份有限公司
讀者服務信箱：service@readingclub.com.tw
城邦讀書花園：www.cite.com.tw
**香港發行所**／城邦（香港）出版集團有限公司
香港灣仔駱克道 193 號東超商業中心 1 樓　信箱：hkcite@biznetvigator.com
電話：(852) 25086231　傳真：(852) 25789337
**馬新發行所**／城邦（馬新）出版集團 Cite (M) Sdn. Bhd.
41, Jalan Radin Anum, Bandar Baru Sri Petaling,
57000 Kuala Lumpur, Malaysia.
電話：(603) 90578822　傳真：(603) 90576622　信箱：cite@cite.com.my

**封面設計**／白日設計
**印　　刷**／卡樂彩色製版印刷有限公司
**電腦排版**／極翔企業有限公司
**經 銷 商**／聯合發行股份有限公司
電話：(02)29178022　傳真：(02)29110053

■ 2019 年（民 108）4 月初版　　Printed in Taiwan

**定價 500 元**

ISBN 978-986-97418-0-4